人民交通出版社"十二五"
土建类专业规划教材

建筑工程量电算化
鲁班软件教程

JianZhu GongChengLiang DianSuanHua
LuBan RuanJian JiaoCheng

主　编：温风军　范忠波
副主编：肖明和　夏文杰　张蓓　刘强

U0343395

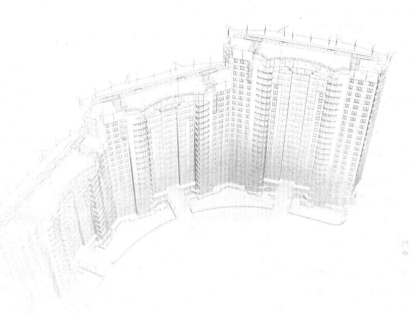

人民交通出版社
China Communications Press

内 容 提 要

本书主要围绕"工程量计算与软件的应用"分为钢筋、土建两个部分,钢筋算量部分分十五个章节介绍鲁班钢筋预算版软件的基础操作和高级技巧;土建部分分十九个章节介绍鲁班土建预算版软件的基础操作和高级技巧,讲解了工程量计算的思路和方法,详细介绍了软件在工程中的应用。

本书可作为高职高专院校土建类专业及成人教育、相关岗位培训的教材,也可作为有关工程技术人员的参考用书。

图书在版编目(CIP)数据

建筑工程量电算化鲁班软件教程/温风军,范忠波
主编. --北京:人民交通出版社,2012.8
ISBN 978-7-114-10026-0

I.①建… II.①温…②范… III.①建筑工程—工程造价—应用软件—教材 IV.①TU723.3-39

中国版本图书馆 CIP 数据核字(2012)第 196716 号

书　　名:**建筑工程量电算化鲁班软件教程**
著　作　者:温风军　范忠波
责任编辑:邵　江　温鹏飞
出版发行:人民交通出版社股份有限公司
地　　址:(100011) 北京市朝阳区安定门外外馆斜街 3 号
网　　址:http://www.ccpress.com.cn
销售电话:(010) 59757973
总 经 销:人民交通出版社股份有限公司发行部
经　　销:各地新华书店
印　　刷:北京市密东印刷有限公司
开　　本:787×1092　1/16
印　　张:31
字　　数:716 千
版　　次:2012 年 8 月　第 1 版
印　　次:2016 年 6 月　第 4 次印刷
书　　号:ISBN 978-7-114-10026- 0
定　　价:58.00 元

(有印刷、装订质量问题的图书由本社负责调换)

前　言

随着全球经济一体化的发展,建筑施工企业间竞争加剧,因而其对项目管理和企业管理的精细化的要求越来越高,工程量统筹计算及工程造价分析亦成了工程项目建设重中之重的工作。一个项目投资多至数十亿,少至几百万,差一个小数点都是巨额资金,都关系到参建各方的巨额利益。目前国内定额套价已基本普及了电算化,但是占造价分析工作量90%以上的工程量计算工作大部分仍停留在手工计算状态。随着计算机软硬件技术的不断发展,特别是CAD技术的成熟,利用计算机软件计算建筑工程量乃至由此拓展到工程管理应用(如BIM运用),已经成为建筑行业推广计算机应用技术的新热点。

"鲁班土建"是国内率先基于AutoCAD图形平台开发的工程量自动计算软件,它利用AutoCAD强大的图形功能,充分考虑了我国工程造价模式的特点及未来造价模式的发展趋势。软件特点如下:易学、易用,内置了全国各地定额的计算规则,可靠、细致,与定额完全吻合,不需再作调整。由于软件采用了三维立体建模的方式,使得整个计算过程可视,工程均可以三维显示,最真实地模拟现实情况。智能检查系统,可智能检查用户建模过程中的错误。强大的表报功能,可灵活多变的输出各种形式的工程量数据,满足不同的需求。鲁班软件在BIM技术方面的拓展使鲁班软件能更全面地服务于工程项目管理全过程。

本书内容主要包括鲁班软件钢筋预算版和鲁班软件土建算量版的操作教程,详细地讲解了工程量计算的思路和方法。通过对本教材的学习读者可快速掌握工程量计算的实务技能。

本书主要围绕"工程量计算与软件的应用"分为土建、钢筋两个专业,钢筋算量部分分十五个章节介绍鲁班钢筋预算版软件的基础操作和高级技巧,主要由范忠波、冯钢、黄延龙、郭玉霞 于颖颖、刘庆桃撰写;土建部分分十九个章节介绍鲁班土建预算版软件的基础操作和高级技巧,讲解了工程量计算的思路和方法,详细介绍了软件在工程中的应用,此部分内容主要由温风军、肖明和、夏文杰、张蓓、刘强、褚为武编写。

本书可供相关专业教师用作教学参考,也可作为高职高专土建类专业院校学生的实训教材,同时也可供在职人员选作培训教材及工程技术人员参考使用。

由于编者水平有限,加之时间仓促,虽经审阅和修改,疏误之处在所难免,敬请同行及各界读者批评指正。

编　者
2012 年 8 月

目　　录

第一部分

鲁班钢筋算量软件

第1章 软件基本知识

1.1 鲁班钢筋算量软件计算原理

　　软件综合考虑了平法系列图集、结构设计规范、施工验收规范以及常见的钢筋施工工艺,能够根据工程要求,按照结构类型的不同、楼层的不同、结构的不同,计算出各自的钢筋明细量。03G101系列图集、11G101系列图集组成见图1-1-1、图1-1-2,各类构件组成见图1-1-3～图1-1-9。

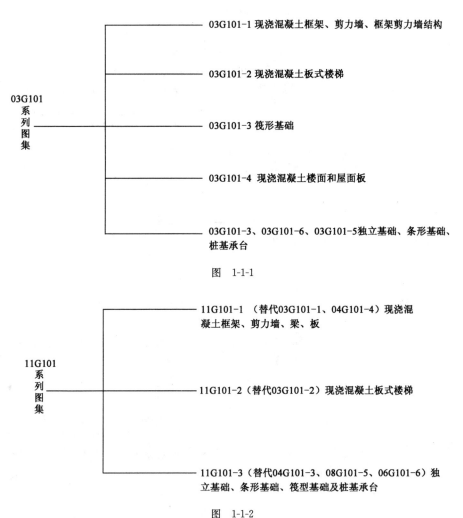

图 1-1-1

图 1-1-2

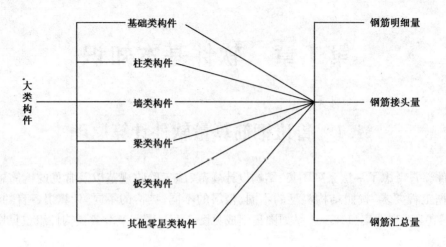

图　1-1-3

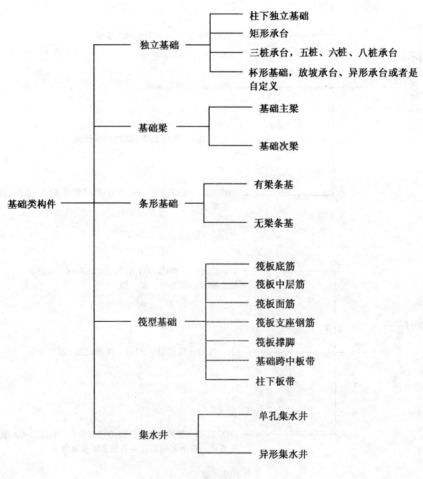

图　1-1-4

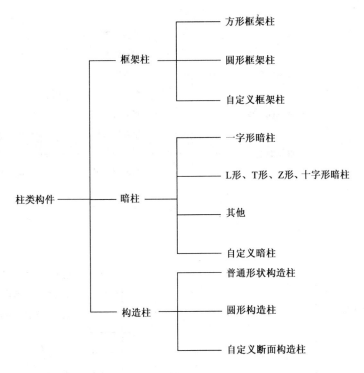

图 1-1-5

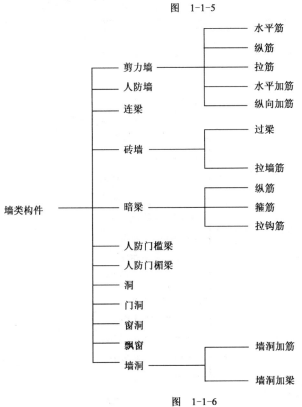

图 1-1-6

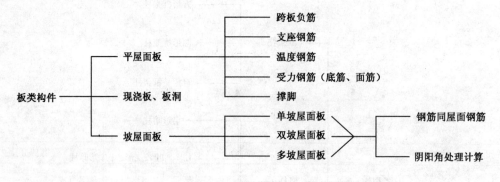

图 1-1-7

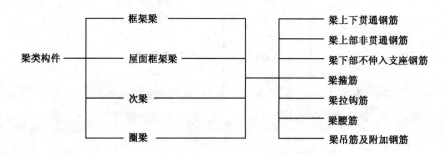

图 1-1-8

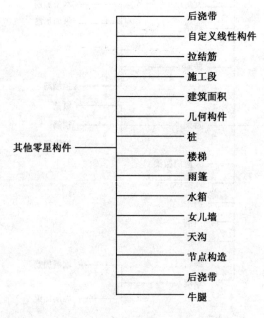

图 1-1-9

1.2 钢筋的规格的表示与输入

表 1-2-1 列出了目前支持输入的钢筋级别类型及输入方法。

表 1-2-1

种 类	符 号	属性输入方式	单根输入方式
HPB300	φ	A	A 或 1
HRB335	ϕ	B	B 或 2
HRB400	ϕ	C	C 或 3
HRB500	ϕ	D	4
冷轧带肋	ϕ^R6	L	L 或 6
冷轧扭	ϕ^t7	N	N 或 7
冷拔	ϕ^b11		11～15
冷拉	ϕ^L21		21～25
预应力	ϕ^y31		31～35

1.3 钢筋软件学习前必要准备

为了更好地理解软件中所涉及到的平法知识和图集知识,请认真学习 11G101 图集相关教材《新平法识图与钢筋计算》和"钢筋平法多媒体教学系统",有条件的话可以多去施工现场参观学习。

第 2 章　鲁班钢筋工作原理

2.1　主界面介绍

通过主界面介绍,您可以对鲁班钢筋 2012 20.3.1 版本的主界面有初步的认识。

鲁班钢筋主界面分为图形法与构件法两种,目前以图形法作为主界面,下面分别介绍两种主界面的构成。

2.1.1　图形法界面介绍

图形法主界面的构成主要有:菜单栏、工具栏、构件布置栏、属性定义栏、绘图区、动态坐标、构件显示控制栏、钢筋详细显示栏、状态提示栏、构件查找栏、实时控制栏、粘帖板管理器栏等(如图 2-1-1 所示)。

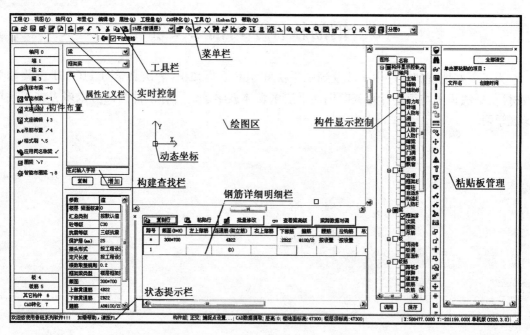

图　2-1-1

(1)菜单栏:菜单栏是 Windows 应用程序标准的菜单形式,包括【工程】、【视图】、【轴网】、【布置】、【编辑】、【属性】、【工程量】、【CAD 转化】、【工具】、【帮助】等选项。

(2)工具栏:这种形象而又直观的图标形式,让我们只需单击相应的图标就可以执行相应的操作,从而提高绘图效率,在实际绘图中非常有用。

（3）构件布置栏：包括所有布置命令，例如左键点击【轴网】，会出现所有与轴网有关的命令。

（4）属性定义栏：在此界面上可以直接复制、增加构件，并修改构件的各个属性，如标高、断面尺寸、混凝土强度等级、钢筋信息等。

（5）动态坐标：拖动直角坐标的原点到想要的参照点上，当控制手柄变红色时，说明两者已准确重合。

（6）构件显示控制栏：可以按图形、名称两种方式控制构件的显示。

（7）编辑工具栏：对构件图形进行编辑、计算，查看单个构件钢筋量等。

（8）钢筋详细显示栏：可以在此查看单构件的钢筋信息，并可添加单根钢筋。

（9）状态提示栏：在执行命令时显示相关提示。

（10）构件查找栏：输入构件名称，即时找到对应的编号。

（11）实时控制栏：在实施构件布置栏的命令时，可替代属性定义工具栏中的构件大类、小类、名称的选择；属性定义工具栏可隐藏，以增大绘图区域。绘制线性构件的方式，左边宽度，整合至该工具栏；同种布置方法的不同方式，也整合至该工具栏，如图 2-1-2 所示。

图　2-1-2

2.1.2　构件法界面介绍

主界面的构成主要有：菜单栏、工具条、目录栏、钢筋列表栏、单根钢筋图库、参数栏等，如图 2-1-3 所示。

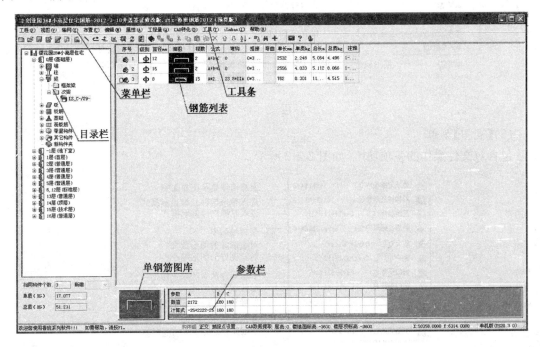

图　2-1-3

(1)菜单栏:菜单栏功能同图形法的菜单栏,无效的菜单用灰色显示,有效的保留。

(2)工具栏:保留图形法工具栏,无效项目将用灰色显示,有效的保留;并在下方增加构件法工具栏。

(3)目录栏:按楼层与构件保存工程所有的计算结果,并可自定义构件夹。

(4)钢筋列表栏:显示并可修改所有构件的详细钢筋信息。

(5)单根钢筋图库:软件的钢筋图库,可选择应用。

(6)参数栏:选中钢筋的各参数显示、修改位置。

2.2 菜单栏介绍

主界面菜单栏由【工程】、【视图】、【轴网】、【布置】、【编辑】、【属性】、【工程量】、【CAD 转化】、【工具】、【帮助】等选项组成。

(1)【工程】菜单

包含对文件操作的各项功能,如图 2-2-1 所示。

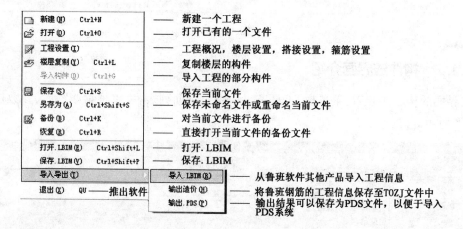

图 2-2-1

(2)【视图】菜单

包含对文件操作的各项功能,如图 2-2-2 所示。

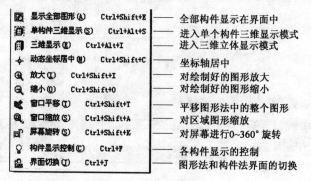

图 2-2-2

（3）【轴网】菜单

针对于图形法的轴网操作，如图 2-2-3 所示。

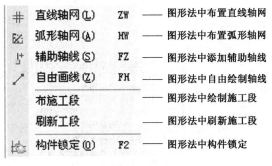

直线轴网(L)	ZW	—— 图形法中布置直线轴网
弧形轴网(A)	HW	—— 图形法中布置弧形轴网
辅助轴线(S)	FZ	—— 图形法中添加辅助轴线
自由画线(Z)	FH	—— 图形法中自由绘制轴线
布施工段		—— 图形法中绘制施工段
刷新工段		—— 图形法中刷新施工段
构件锁定(O)	F2	—— 图形法中构件锁定

图　2-2-3

（4）【布置】菜单

针对于图形法的构件布置，如图 2-2-4 所示。

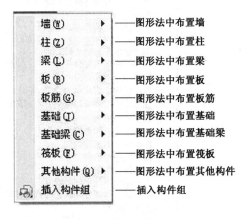

墙(W) ▶	—— 图形法中布置墙
柱(Z) ▶	—— 图形法中布置柱
梁(L) ▶	—— 图形法中布置梁
板(B) ▶	—— 图形法中布置板
板筋(G) ▶	—— 图形法中布置板筋
基础(T) ▶	—— 图形法中布置基础
基础梁(C) ▶	—— 图形法中布置基础梁
筏板(F) ▶	—— 图形法中布置筏板
其他构件(Q) ▶	—— 图形法中布置其他构件
插入构件组	—— 插入构件组

图　2-2-4

①墙：包括连续布墙、智能布墙、外边识别、外边设置、墙洞、暗梁、连梁、洞口连梁、过梁。

②柱：包括点击布柱、智能布柱、自适应暗柱、偏心设置、柱端调整、边角柱识别、边角柱设置。

③梁：包括连续布梁、智能布梁、支座识别、支座编辑、吊筋布置、格式刷、应用同名称梁、合并、圈梁、智能布圈梁。

④板：包括快速成板、自由绘制、智能布板、板洞、板合并、坡屋面。

⑤板筋：包括布受力筋、布支座筋、放射筋、圆形筋、撑脚、绘制布筋区域、智能布置、布筋区域选择。

⑥基础：包括独立基础、智能布独基、基础连梁、条形基础、智能布条基。

⑦基础梁：包括基础梁、智能布基梁、支座识别、支座编辑、吊筋布置、格式刷、应用同名称梁、打断、合并。

⑧筏板：包括筏板、筏板洞、集水井、布受力筋、布支座钢筋、撑脚、绘制板筋区域、合并板筋。

⑨其他构件：包括后浇带、拉结筋、自定义线性构件、建筑面积。

具体的操作方法查看图形法布置。

（5）【编辑】菜单

针对图形法的构件编辑，如图 2-2-5 所示。

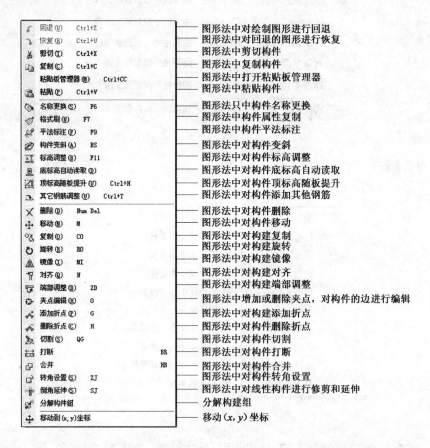

回退 (U)	Ctrl+Z	—— 图形法中对绘制图形进行回退
恢复 (R)	Ctrl+V	—— 图形法中对回退的图形进行恢复
剪切 (T)	Ctrl+X	—— 图形法中对剪切构件
复制 (C)	Ctrl+C	—— 图形法中对复制构件
粘贴板管理器 (M)	Ctrl+CC	—— 图形法中打开粘贴板管理器
粘贴 (P)	Ctrl+V	—— 图形法中粘贴构件
名称更换 (S)	F6	—— 图形法只中构件名称更换
格式刷 (U)	F7	—— 图形法中构件属性复制
平法标注 (P)	F9	—— 图形法中构件平法标注
构件变斜 (A)	BS	—— 图形法中对构件变斜
标高调整 (B)	F11	—— 图形法中对构件标高调整
底标高自动读取 (D)		—— 图形法中对构件底标高自动读取
顶标高随板提升 (I)	Ctrl+H	—— 图形法中对构件顶标高随板提升
其它钢筋调整 (U)	Ctrl+T	—— 图形法中对构件添加其他钢筋
删除 (D)	Num Del	—— 图形法中对构件删除
移动 (M)	M	—— 图形法中对构件移动
复制 (O)	CO	—— 图形法中对构件建复制
旋转 (R)	RO	—— 图形法中对构件建旋转
镜像 (I)	MI	—— 图形法中对构件建镜像
对齐 (Q)	N	—— 图形法中对构件对齐
端部调整 (D)	ZD	—— 图形法中对构件建端部调整
夹点编辑 (H)	O	—— 图形法中增加或删除夹点，对构件的边进行编辑
添加折点 (P)	G	—— 图形法中对构件建添加折点
删除折点 (C)	H	—— 图形法中对构件删除折点
切割 (S)	QG	—— 图形法中对构件切割
打断	BR	—— 图形法中对构件打断
合并	HB	—— 图形法中对构件合并
转角设置 (S)	ZJ	—— 图形法中对构件转角设置
倒角延伸 (S)	SJ	—— 图形法中对线性构件进行修剪和延伸
分解构件组		—— 分解构建组
移动到(x, y)坐标		—— 移动(x, y)坐标

图 2-2-5

（6）【属性】菜单

针对图形法的构件属性，如图 2-2-6 所示。

构件属性定义 (Y)	Ctrl+Y	—— 图形法中对构件属性定义
清除多余属性 (C)		—— 图形法中清除多余属性构件
私有属性修改 (S)	Ctrl+B	—— 图形法中私有属性修改
柱表 (Z)	Ctrl+E	—— 图形法中柱表汇总
暗柱表 (A)	Ctrl+W	—— 图形法中暗柱表汇总
连梁表 (L)	Ctrl+Q	—— 图形法中连梁表汇总
自定义断面	Ctrl+D	—— 对构造柱，框架柱进行自定义断面设置和配筋
BIM进度计划		—— 是以施工段或整个工程界限，定义区域范围内构件的计划开始时间和计划完成时间
BIM时间定义		—— 调整计划开始和结束时间
BIM属性定义		—— 对构件实体属性定义
BIM属性维护		—— 对构件实体属性维护

图 2-2-6

（7）【工程量】菜单

可查看工程中的各种工程量，如图 2-2-7 所示。

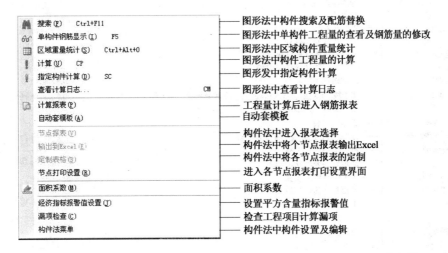

搜索 (F)	Ctrl+F11	—— 图形法中构件搜索及配筋替换
单构件钢筋显示 (I)	F5	—— 图形法中单构件工程量的查看及钢筋量的修改
区域重量统计 (S)	Ctrl+Alt+O	—— 图形法中区域构件重量统计
计算 (U)	CP	—— 图形法中构件工程量的计算
指定构件计算 (D)	SC	—— 图形发中指定构件计算
查看计算日志…	CM	—— 图形法中查看计算日志
计算报表 (P)		—— 工程量计算后进入钢筋报表
自动套模板 (A)		—— 自动套模板
节点报表 (V)		—— 构件法中进入报表选择
输出到Excel (E)		—— 构件法中将个节点报表输出Excel
定制表格 (B)		—— 构件法中将各节点报表的定制
节点打印设置 (R)		—— 进入各节点报表打印设置界面
面积系数 (M)		—— 面积系数
经济指标报警值设置 (T)		—— 设置平方含量指标报警值
漏项检查 (C)		—— 检查工程项目计算漏项
构件法菜单		—— 构件法中构件设置及编辑

图　2-2-7

（8）【CAD 转化】菜单

可进行 CAD 转化，如图 2-2-8 所示。

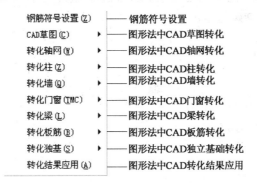

钢筋符号设置 (Z)	—— 钢筋符号设置
CAD草图 (C) ▶	—— 图形法中CAD草图转化
转化轴网 (W) ▶	—— 图形法中CAD轴网转化
转化柱 (Z) ▶	—— 图形法中CAD柱转化
转化墙 (Q) ▶	—— 图形法中CAD墙转化
转化门窗 (TMC) ▶	—— 图形法中CAD门窗转化
转化梁 (L) ▶	—— 图形法中CAD梁转化
转化板筋 (B) ▶	—— 图形法中CAD板筋转化
转化独基 (S) ▶	—— 图形法中CAD独立基础转化
转化结果应用 (A)	—— 图形法中CAD转化结果应用

图　2-2-8

（9）【工具】菜单

包含一些常用的工具信息，如图 2-2-9 所示。

（10）【帮助】菜单

使用软件的信息，如图 2-2-10 所示。

（11）【捕捉点设置】菜单

启动【捕捉点设置】可以点击 捕捉点设置… 或 F3 键，如图 2-2-11 所示。

①辅助线

角度辅助线：（根据当前坐标角度或根据屏幕）按指定角度递增显示。

延伸辅助线：显示鼠标上次停留构件的延伸线。

平行辅助线：显示鼠标上次停留构件的平行线。

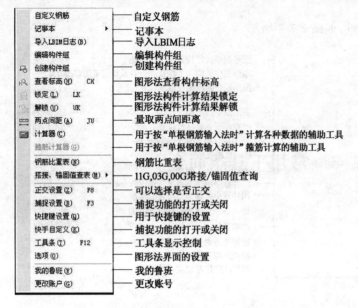

自定义钢筋 —————— 自定义钢筋
记事本 ▶ —————— 记事本
导入LBIM日志(B) —————— 导入LBIM日志
编辑构件组 —————— 编辑构件组
创建构件组 —————— 创建构件组
查看标高(H) CH —————— 图形法查看构件标高
锁定(L) LK —————— 图形法构件计算结果锁定
解锁(U) UK —————— 图形法构件计算结果解锁
两点间距(A) JU —————— 量取两点间距离
计算器(C) —————— 用于按"单根钢筋输入法时"计算各种数据的辅助工具
箍筋计算器(G) —————— 用于按"单根钢筋输入法时"箍筋计算的辅助工具
钢筋比重表(N) —————— 钢筋比重表
搭接、锚固值查表(M) ▶ —————— 11G,03G,00G搭接/锚固值查询
正交设置(Z) F8 —————— 可以选择是否正交
捕捉设置(B) F3 —————— 捕捉功能的打开或关闭
快捷键设置(Q) —————— 用于快捷键的设置
快手自定义(U) —————— 捕捉功能的打开或关闭
工具条(T) F12 —————— 工具条显示控制
选项(O) —————— 图形法界面的设置
我的鲁班(Y) —————— 我的鲁班
更改账户(G) —————— 更改账号

? 帮助(H) F1
视频教学(V)
FAQ(F)
工具手册(T)
鲁班百科(B)
鲁班路(L)
用户论坛(O)
鲁班软件官网(W)
关于(A)

图 2-2-9   图 2-2-10

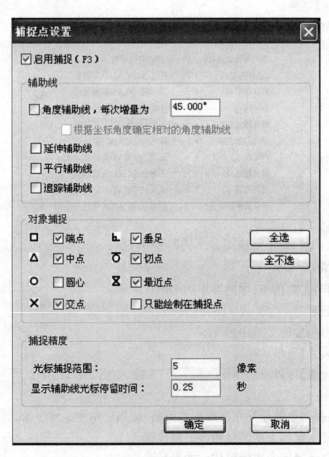

图 2-2-11

追踪辅助线：显示鼠标位置与上次捕捉点的水平、垂直与连接线。

②对象捕捉

可以设置在图形法中需要捕捉的点。

③捕捉精度

光标捕捉范围：可以设置光标捕捉的范围。

显示辅助光标停留时间：在捕捉到辅助线光标的停留时间设置。

2.3　常用工具条简介

2.3.1　常用工具条 1

常用工具条 1 如图 2-3-1 所示。

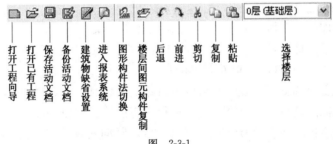

图　2-3-1

▣ 打开工程向导：打开时请注意当前工程的保存。

▣ 打开已有工程：打开时请注意当前工程的保存。

▣ 保存活动文档：随时进行保存，防止因停电或死机而造成损失。

▣ 备份活动文档：在工程目录下快速形成备份文件。

▣ 建筑物缺省设置：在此修改工程总体属性设置。

▣ 进入报表系统：打开报表。

▣ 图形构件法切换：点击切换图形法状态与构件法状态。

▣ 楼层间图元构件复制：可以把图形复制到其他楼层。

↶ 后退：功能类似于 Word 中取消错误的操作步骤。

↷ 前进：功能类似于 Word 中【回退上一步操作】命令的反操作。

✂ 剪切：功能类似于 Word 中【剪切】命令的操作，可以对图形文件执行剪切。

▣ 复制：功能类似于 Word 中【复制】命令的操作，可以对图形文件执行复制。

▣ 粘贴：功能类似于 Word 中【粘贴】命令的操作，可以对图形文件执行粘贴。

▣ 1层(首层) ▾ 楼层选择：点击三角形下拉框，可选择楼层。

2.3.2　常用工具条 2

常用工具条 2 如图 2-3-2 所示。

图 2-3-2

设置图形构件的属性：属性定义对话框，可以进行相应层柱、梁、板、墙构件的属性设置。

构件名称替换：批量替换构件名称，替换项仅为公有属性。

属性复制格式刷：选择性格式刷，根据第一个所选构件的属性，可选公私属性复制。

构件删除：删除选中构件。

设置图形构件的私有属性修改：修改图元私有属性。

对构件进行平法标注：绘图区域内修改构件属性，可以对柱、墙、梁平法标注。

开启或禁止轴网锁定(F2)：防止轴网的意外移动，可以按键盘上的 F2 开关。

对构件进行变斜调整：图形法中，可以进行相应层柱、梁、板、墙构件变斜。

对构件进行标高调整：图形法中，可以进行相应层柱、梁、板及基础构件的标高调整。

对构件底标高自动调整：图形法中，可以进行对竖向构件墙、柱设置底标高在计算时的读取相关构件的先后顺序。

对构件的顶标高随板调整：图形法中，可以进行对构件的顶标高随同板标高提升。

其他钢筋调整：图形法中，可以对构件直接增加其他配筋。

2.3.3 常用工具条3

常用工具条 3 如图 2-3-3 所示。

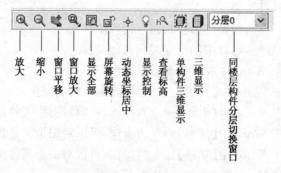

图 2-3-3

放大：当图形太小无法看清楚时，左键点击此按钮，图形会按比例逐渐放大，相当于鼠标中间滚轮向上滚动。

缩小：屏幕资源总是有限的，当需要缩小图形时，左键点击此按钮，图形会按比例逐渐缩小，相当于鼠标中间滚轮向下滚动。

窗口平移：当图形整体放大后超出了当前屏幕时，使用窗口平移的命令来进行屏幕内容的移动，相当于按住鼠标中间滚轮，左右移动。

窗口放大：执行该命令后，将鼠标移到绘图区域，光标变为"＋"形，按住鼠标左键拖拉画矩形，以框选的方式来放大选中的区域。

显示全部：可以显示全部图形。

屏幕旋转：可以使屏幕旋转 0～360°。

动态坐标居中：将坐标轴调整到屏幕中间。

显示控制：分构件、名称显示。

查看标高：查看构件标高。

单构件三维显示：进入单构件三维立体显示模式。

三维显示：进入三维立体显示模式。

分层0　同楼层构件分层切换窗口：同一楼层、同一位置分层绘制水平构件。

2.3.4　常用工具条 4

常用工具条 4 如图 2-3-4 所示。

云模型检查：检查工程中的属性是否合理，建模是否遗漏，建模是否合理，设计是否规范等。

搜索：根据构件名称搜索图形法图面上的构件，查找图形法中的钢筋直径规格，进行批量修改。

单构件钢筋显示：在图形法中即时查看构件的计算结果，并可编辑钢筋。

区域重量统计：在图形法中区域统计构件重量。

工程量计算：工程量计算，可分层分构件计算。

计算指定构件钢筋量：计算指定构件的钢筋量。

测量两点间距离：图形法中量出两点间距离。

带基点复制：可以将某个(某些)构件复制到某个位置，可多次复制。

带基点移动：可以将某个(某些)构件移动到某个位置。

旋转：可以旋转某个(某些)选中的构件。

镜像：可以将某个(某些)构件镜像。

偏移对齐：可以将布置好的框架柱与墙体对齐。

夹点编辑：图形法中，可以进行面域构件增加或删除夹点。

添加折点：可以将布置好的线性构件，增加折点并可以调整折点处的标高。

删除折点：可以将线性构件上折点删除。

切割：可以将面域构件分成多块。

图　2-3-4

17

打断线性构件：可以支持构件包含线性构件和线进行打断。

构件合并：可以支持两个或两个以上的构件合并。

转角设置：对构件进行角度旋转，支持柱、独立基础、积水井构件旋转。

倒角、延伸：对线性构件进行修剪和延伸。

建立直形轴网：可以建立直形轴网。

建立弧线轴网：可以建立弧形轴网。

绘制辅助轴线：可增加辅助轴线。

自由绘制：自由画线。

添加折点：可以对任何的线性构（梁、墙）件增加折点。

切割：只对面域构件有效（板、筏板）。

合并构件：对所有构件有效，梁需要同名称、同标高、同一水平位置才可以合并，墙合并只要在同水平面，不区分名称和标高。

2.3.5 常用工具条5

选择【构件布置栏】命令，相对应的会有如下的活动布置栏（以布置墙体为例），如图 2-3-5 所示。

图 2-3-5

选择布置构件大类：在图形法中，选择布置构件时，可以选择构件类型。如：选择【连续布墙】命令时，就可以选择剪力墙、砖墙两种构件类型。

选择布置构件小类：图形法中，选择布置构件时，可以选择具体构件名称。

属性工具栏开关：图形法界面，对【属性定义栏】展开或收缩，以增大绘图区域。

选择布置构件的标高：图形法中，设置布置构件的标高。

选择布置构件标高锁定：图形法中，可以确定一个标高锁定，应用到所以构件上。

选择布置构件的对齐形式：图形法中，布置构件沿布置方向的对齐方式，包括左边、居中、右边对齐方式。

选择布置构件的左边宽度：图形法中，布置构件沿布置方向的左边宽度。

选择布置构件的布置方式：图形法中，选择不同的方法布置构件。

2.3.6 常用工具条6

在绘图界面框选整个图形后，点击 弹出如图 2-3-6 所示窗口。

图　2-3-6

　　一次选择多种构件,通过过滤器将所选构件按大类→小类→名称排序,并可手工筛选过滤不需要的构件。

2.4　启动与保存

　　启动与保存主要内容包括:【启动软件】、【新建工程】、【打开】、【保存】、【另存为】、【快速另存】、【退出】等选项。

2.4.1　启动软件

　　打开桌面图标 启动软件,呈现如图 2-4-1 界面,默认为打开已有工程。

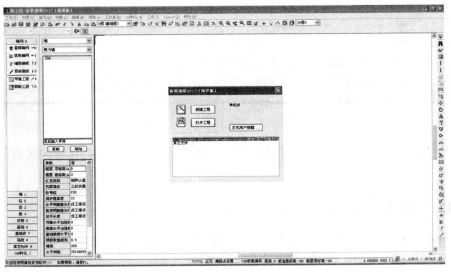

图　2-4-1

（1）打开以后，可在下面的栏目里直接双击选择已有工程，或双击【其他文件】以打开更多的工程。

（2）选择【新建工程】，点击【确定】，则进入【工程设置】，提示具体的工程设置。

（3）直接点击【取消】或关闭此对话框，则工程按系统默认的工程设置开始（不推荐）。

2.4.2 新建工程

具体步骤设置见本书第三章"工程设置"。

2.4.3 打开

使用【打开】功能打开以前建立的工程

操作步骤：

第1步：点击【工程】→【打开】，弹出如图 2-4-2 所示对话框。

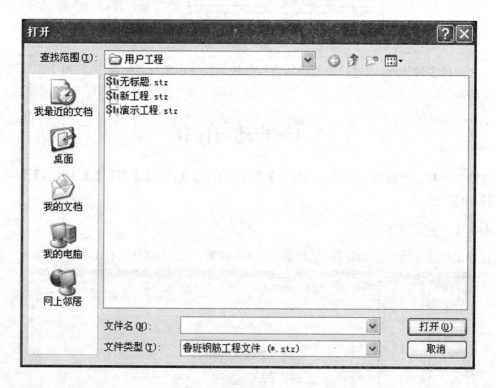

图 2-4-2

第2步：选择需要打开的工程，如"鲁班培训工程. stz"，点击【打开】按钮即可打开选择的工程。

2.4.4 保存

使用【保存】可以保存您所建立的工程，建议在【新建工程】结束后立刻就执行【保存】操作。

操作步骤:

第1步:点击【工程】→【保存】,如果是第一次保存,则会弹出【保存】界面,如图 2-4-3 所示。

图　2-4-3

第2步:从 2008 版开始,默认显示保存文件名等工程名称的联动关系,若用户不想对保存文件名做修改,回车确认即可。

说明:

(1)软件默认工程保存的目录为"X:\lubansoft\鲁班钢筋 201220.3.1.\用户工程",其中"X"为您安装软件时的盘符。

(2)如果已经保存过一次,则再次点击【保存】时会直接进行保存,不会再弹出任何窗口。

(3)为了防止工程数据丢失,建议您养成经常保存的好习惯,同时软件也提供了自动保存的功能。

2.4.5　另存为

使用【另存为】可以把当前工程以另外一个名称保存。

操作步骤:

第1步:点击【工程】→【另存为】,弹出【另存为】界面,如图 2-4-4 所示。

第2步:更改工程的文件名或存储路径,点击【保存】按钮即可将工程另存。

说明:该功能可以将工程保存在 U 盘或移动硬盘上。

2.4.6　快速另存

保存工程后,鼠标左键单击工具栏中的，软件在工程目录下快速形成备份文件,命名方式为:工程名称＋具体时间,如图 2-4-5 所示。

2.4.7　退出

如果想退出系统,选择菜单中【工程】→【退出】,即可退出,如图 2-4-6 所示。

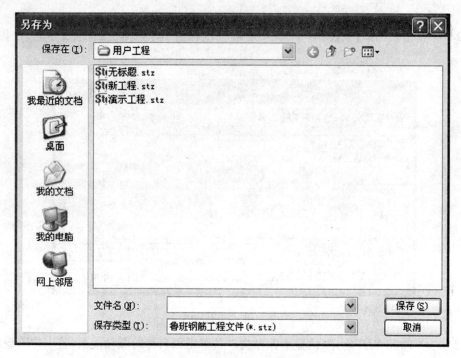

图 2-4-4

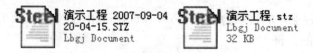

图 2-4-5

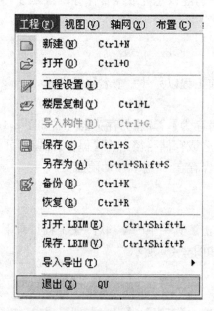

图 2-4-6

2.4.8 整体操作流程

整体操作流程,如图 2-4-7 所示。

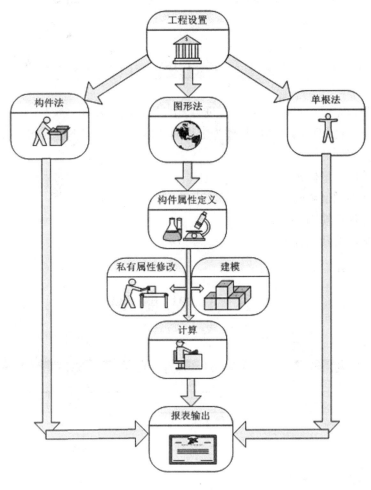

图 2-4-7

第3章 工 程 设 置

3.1 工程设置介绍

在新建工程时，需要在工程向导(工程设置)中，根据图纸说明，定义工程的基本情况。在这里定义的属性项目以及计算规则，将作为工程的总体设置，对以下方面产生影响：

(1)新建构件属性的默认设置。

(2)构件属性的批量修改。

(3)图元属性的批量修改。

(4)工程量的计算规则。

(5)构件法构件的默认设置。

(6)报表。

3.2 工 程 概 况

工程概况如图 3-2-1 所示。

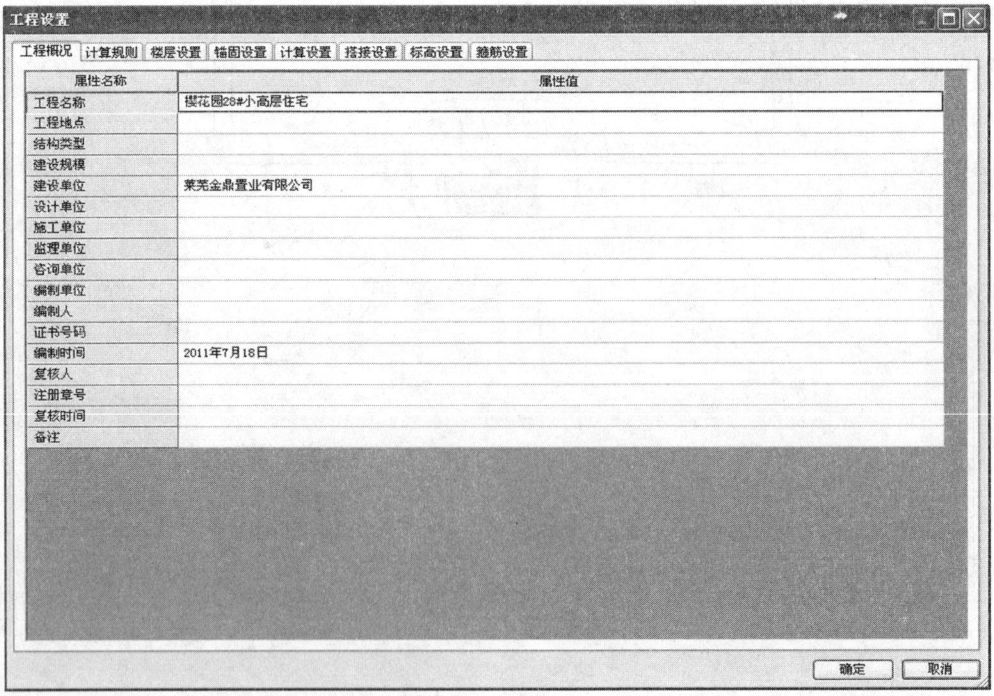

工程设置
工程概况
计算规则
楼层设置
锚固设置
计算设置
搭接设置
标高设置
箍筋设置
属性名称
属性值
工程名称
樱花园28#小高层住宅
工程地点
结构类型
建设规模
建设单位
莱芜金鼎置业有限公司
设计单位
施工单位
监理单位
咨询单位
编制单位
编制人
证书号码
编制时间
2011年7月18日
复核人
注册章号
复核时间
备注
确定
取消

图 3-2-1

编制日期可通过日历形式填写,如图 3-2-2 所示。

图 3-2-2

此处填写工程的基本信息、编制信息,这些信息将与报表联动。

3.3 计 算 规 则

计算规则如图 3-3-1 所示。

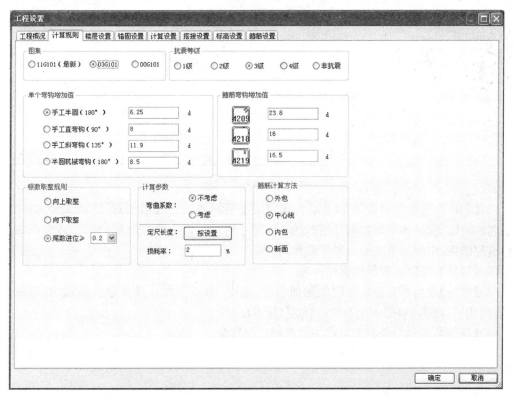

图 3-3-1

3.4 楼层设置

楼层设置如图 3-4-1 所示。

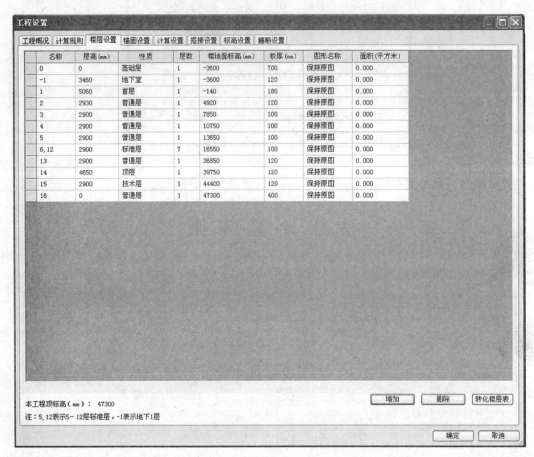

名称	层高(mm)	性质	层数	楼地面标高(mm)	板厚(mm)	图形名称	面积(平方米)
0	0	基础层	1	-3600	700	保持原图	0.000
-1	3460	地下室	1	-3600	120	保持原图	0.000
1	5060	首层	1	-140	180	保持原图	0.000
2	2930	普通层	1	4920	120	保持原图	0.000
3	2900	普通层	1	7850	100	保持原图	0.000
4	2900	普通层	1	10750	100	保持原图	0.000
5	2900	普通层	1	13850	100	保持原图	0.000
6, 12	2900	标准层	7	16550	100	保持原图	0.000
13	2900	普通层	1	36850	120	保持原图	0.000
14	4650	顶层	1	39750	120	保持原图	0.000
15	2900	技术层	1	44400	120	保持原图	0.000
16	0	普通层	1	47300	400	保持原图	0.000

本工程顶标高(mm): 47300

注:5,12表示5-12层标准层,-1表示地下1层

增加　删除　转化楼层表

确定　取消

图 3-4-1

(1)【名称】:指楼层层数,0 和 1 层为固定层不可修改,通过【增加】按钮增加楼层,增加后楼层名称可以更改,如将增加的 2 层改为-1 层。同时可以设置标准层,格式为:标准层开始至标准层结束,中间用英文标点逗号隔开。

(2)【层高】:按照工程结构标高设置。

(3)【性质】项目可自定义楼层的附加名称,如图 3-4-1 所示。外部显示格式为"楼层名称(楼层性质)",如图 3-4-1 中则为:"3,16 层(标准层)"。

(4)【层数】:显示当前每个名称中设置的楼层数量。

(5)【楼地面标高】:设置 1 层楼地面标高,通过设置好的名称和层高自动得出其他层楼地面标高。

(6)【板厚】:设置工程中每层默认状态下的板厚,0 层也为筏板厚。

(7)【图形名称】:修改单楼层图形文件名称(暂未开放)。

(8)【面积】:用于钢筋经济指标分析。

(9)【转化楼层表】:直接提取导入的 CAD 楼层表转化为本工程的楼层设置。

3.5 锚 固 设 置

锚固设置如图 3-5-1 所示。

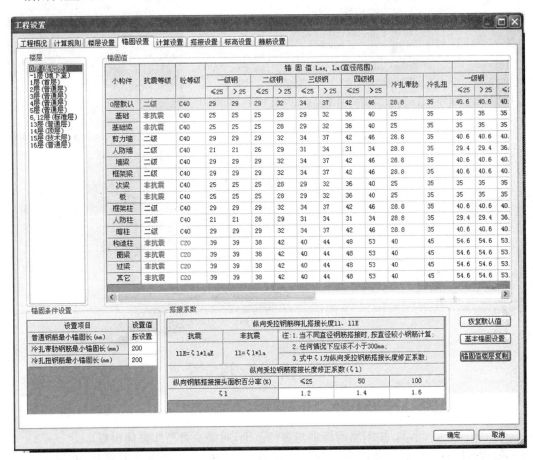

图 3-5-1

3.6 计 算 设 置

计算设置如图 3-6-1 所示。

(1)图形法中所有构件的计算设置的示意图(12.0 版只针对图形法构件)。

(2)计算设置中默认设置的各构件的常用设置,可根据工程具体说明修改。

(3)该设置可导出为模板,在其他工程中导入。

(4)计算设置项目对所有使用默认值的构件立即生效,修改过后需计算后计算方可引用。

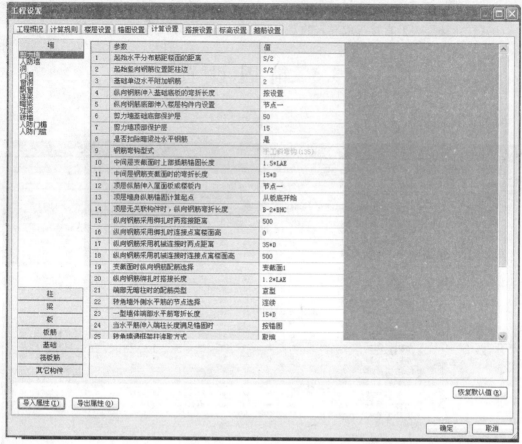

图 3-6-1

3.7 搭 接 设 置

搭接设置如图 3-7-1 所示。

可分构件大类、小类，按钢筋的级别与直径范围，对接头类型作整体设置。

修改接头类型需整体计算，计算结果方可引用。该设置可导出为模板，在其他工程中导入。

3.8 标 高 设 置

标高设置如图 3-8-1 所示。

3.9 箍 筋 设 置

箍筋设置如图 3-9-1 所示。

28

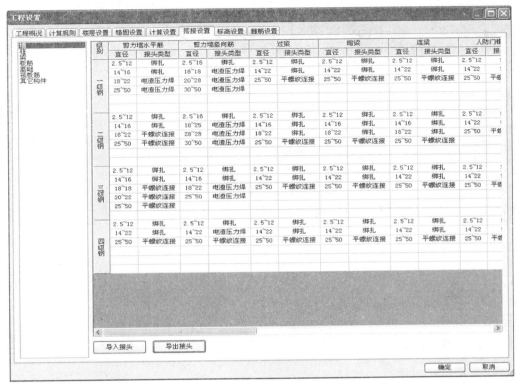

图 3-7-1

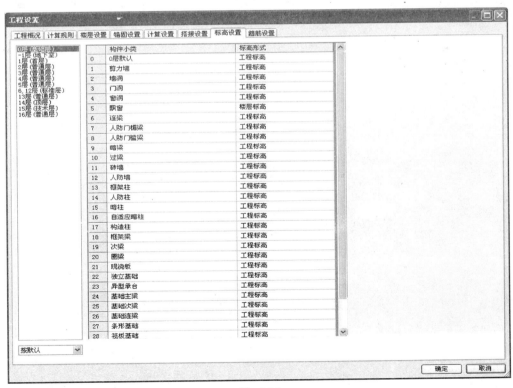

图 3-8-1

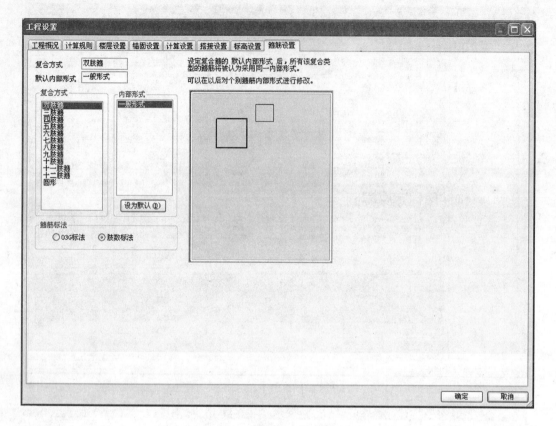

图 3-9-1

第4章 图形法构件属性定义

4.1 总 述

4.1.1 构件属性定义界面

点击【菜单】→【属性】→进入【属性定义】命令,或点击 按钮,进入构件属性定义界面,如图 4-1-1 所示。

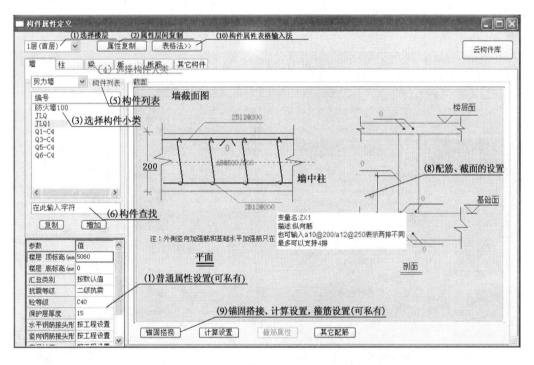

图 4-1-1

(1)选择楼层:选择构件所在的楼层。

(2)属性层间复制:属性层间复制,详见本章第二节。

(3)选择构件小类:对应所在大类的小类。

(4)选择构件大类:切换大类。

(5)构件列表:所有构件属性在此列出。

(6)构件查找:输入构件名称,即时查找。

(7)普通属性设置(可私有):包括标高、抗震等级、砼等级、保护层、接头形式、定尺长度、取整规则、其他(普通属性设置均可进行多次修改设置)。这些属性与工程总体设置和图元属性相关,可以设置为私有。

(8)配筋、截面的设置(公):配筋和截面无总体设置,在此给出初始默认值,并且属于一个构件属性的图元的配筋、截面信息必定相同。

(9)锚固搭接、计算设置、箍筋设置(可私有):这三项为弹出对话框的属性项,也有对应的总体属性设置与图元属性,可以设置为私有。

【构件属性定义】中私有属性的概念:以上的第(7)、(9)两项为可以设置为私有属性的项。私有属性的定义为:这些项目在工程总体设置中有对应的默认设置,在【构件属性定义】中也可以将这些默认设置修改,修改项变红表示,表示这一项不再随总体设置的修改而批量修改;其他未变红的项目仍然对应总体设置,随总体设置的修改批量修改。

恢复私有属性为共有属性的方式:选择项→选择【按工程设置】;填写项→选中对应的项,回退删除,点击【确定】即可。

(10)构件属性列表输入法:点击【切换到属性表格法】,可以对构件属性进行列表式的输入,如图4-1-2所示。

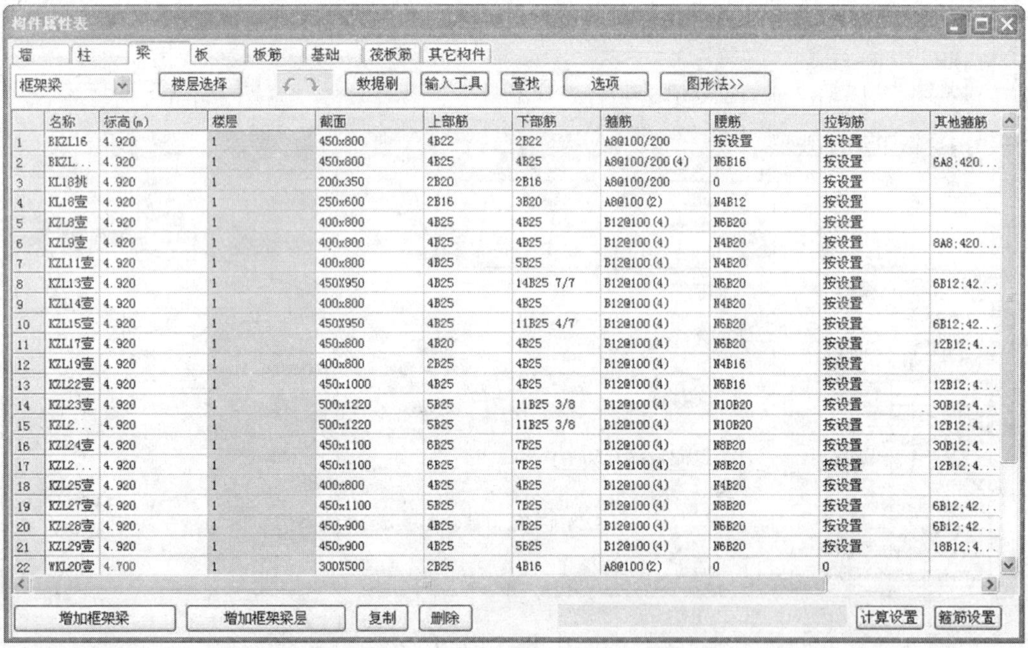

	名称	标高(m)	楼层	截面	上部筋	下部筋	箍筋	腰筋	拉钩筋	其他箍筋
1	BKZL16	4.920	1	450x800	4B22	2B22	A8@100/200	按设置	按设置	
2	BKZL...	4.920	1	450x800	4B25	4B25	A8@100/200(4)	N6B16	按设置	6A8;420...
3	KL18挑	4.920	1	200x350	2B20	2B16	A8@100/200	0	按设置	
4	KL18壹	4.920	1	250x600	2B16	3B20	A8@100(2)	N4B12	按设置	
5	KZL8壹	4.920	1	400x800	4B25	4B25	B12@100(4)	N6B20	按设置	
6	KZL9壹	4.920	1	400x800	4B25	4B25	B12@100(4)	N4B20	按设置	8A8;420...
7	KZL11壹	4.920	1	400x800	4B25	5B25	B12@100(4)	N4B20	按设置	
8	KZL13壹	4.920	1	450X950	4B25	14B25 7/7	B12@100(4)	N6B20	按设置	6B12;42...
9	KZL14壹	4.920	1	400x800	4B25	4B25	B12@100(4)	N4B20	按设置	
10	KZL15壹	4.920	1	450X950	4B25	11B25 4/7	B12@100(4)	N6B20	按设置	6B12;42...
11	KZL17壹	4.920	1	450x800	4B20	4B25	B12@100(4)	N6B20	按设置	12B12;4...
12	KZL19壹	4.920	1	400x800	2B25	4B25	B12@100(4)	N4B16	按设置	
13	KZL22壹	4.920	1	450x1000	4B25	4B25	B12@100(4)	N6B16	按设置	12B12;4...
14	KZL23壹	4.920	1	500x1220	5B25	11B25 3/8	B12@100(4)	N10B20	按设置	30B12;4...
15	KZL2...	4.920	1	500x1220	5B25	11B25 3/8	B12@100(4)	N10B20	按设置	12B12;4...
16	KZL24壹	4.920	1	450x1100	6B25	7B25	B12@100(4)	N8B20	按设置	30B12;4...
17	KZL2...	4.920	1	450x1100	6B25	7B25	B12@100(4)	N8B20	按设置	12B12;4...
18	KZL25壹	4.920	1	400x800	4B25	4B25	B12@100(4)	N4B20	按设置	
19	KZL27壹	4.920	1	450x1100	5B25	7B25	B12@100(4)	N8B20	按设置	6B12;42...
20	KZL28壹	4.920	1	450x900	4B25	7B25	B12@100(4)	N6B20	按设置	6B12;42...
21	KZL29壹	4.920	1	450x900	4B25	5B25	B12@100(4)	N6B20	按设置	18B12;4...
22	WKL20壹	4.700	1	300X500	2B25	4B16	A8@100(2)	0	0	

图 4-1-2

构件属性表操作方法:

(1)列表可以用 Tab 键换行,同时也可以用上下左右箭头换行。

(2)在构件属性表中可以显示全部楼层的构件属性,点击命令【楼层选择】,打开楼层选择界面,如图 4-1-3 所示。

(3)【↶ ↷】可以对在表格中的操作进行撤销和恢复。

(4)【数据刷】表格法中数据复制。

(5)点击输入工具,打开输入工具界面,如图 4-1-4 所示。增加常用的配筋截面尺寸信息,可以在表格输入信息的时候直接调用已经保存在输入工具里面的参数。

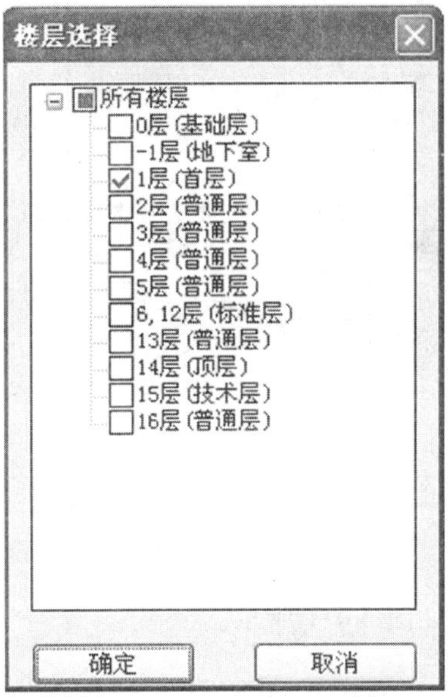

图　4-1-3

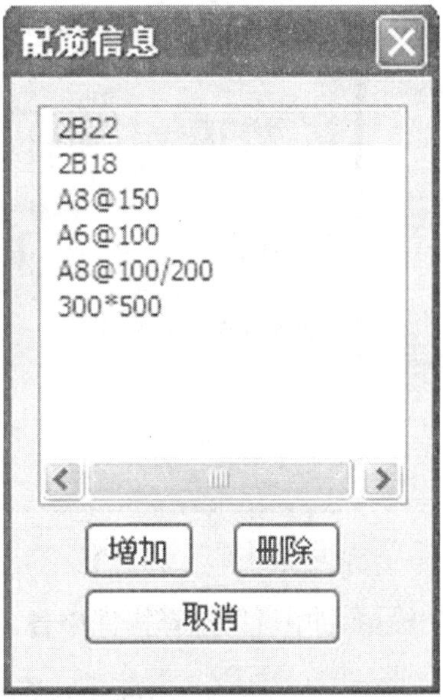

图　4-1-4

(6)点击查找,打开查找界面,如图 4-1-5 所示,在里面输入查找的信息,可以显示出查找的结果。选择【替换】,如图 4-1-6 所示,可以将查找的信息进行替换,并在属性中应用。

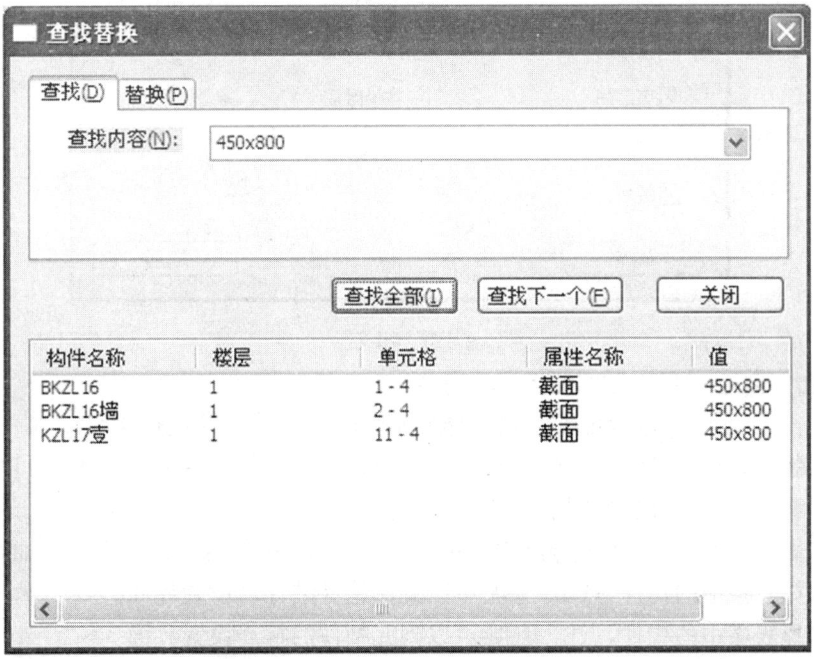

图　4-1-5　查找

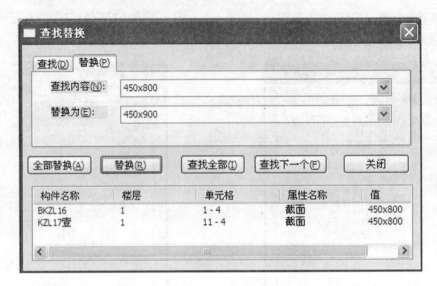

图 4-1-6 替换

(7)<u>选项</u>中可以选择构件中各个参数是否显示,如图 4-1-7 所示。

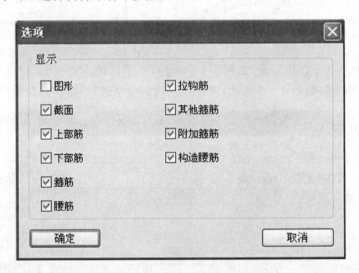

图 4-1-7

(8)点击<u>图形法>></u>可以返回原图形法界面。

(9)点击<u>增加框架梁</u> <u>增加框架梁层</u>增加构件时,软件自动在参数栏中新增加一个相对应的构件,构件属性为原图形法属性定义中的默认属性;点击增加构件层的时候,可以在楼层都显示的状态下看到当前构件在不同层的构件属性。

(10)点击<u>复制</u>可以复制构件属性以及同名构件不同楼层,<u>删除</u>是相对复制而言的。

(11)选择表格中的构件,点击<u>计算设置</u>可以到此构件的计算设置界面。

(12)选择表格中的构件,点击<u>箍筋设置</u>可以到此构件的箍筋设置界面。

提示:

(1)针对本次版本所有构件属性表格均可。

（2）构件属性可选择按楼层进行显示。

（3）支持相同名称，不同截面构件的显示。复制截面属性，截面图形也同时被复制。

（4）支持自定义构件的图形及数据显示。

4.1.2 构件属性层间复制

点击 🖳 构件属性定义(Y) Ctrl+Y 进入构件属性复制界面，如图 4-1-8 所示。

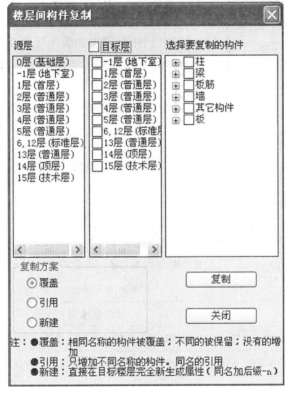

图 4-1-8

可以分层、分构件对定义好的属性层间复制。

可以以任一楼层作为源楼层，向任意其他目标楼层复制属性如表 4-1-1 所示。

表 4-1-1

源 楼 层	选择哪一层的构件属性进行复制
目标楼层	将源楼层构件属性复制到哪一层，可以多选
选择复制构件	选择源楼层的哪些构件进行复制，可以多选
复制方案	有【覆盖】、【增加】两个单选项，下面有各项具体含义
复制	点击此按钮，开始复制
关闭	退出此对话框，与右上角的"×"作用相同

软件提供三种复制方案：

覆盖：相同名称的构件被覆盖，不同的被保留，没有的增加。例如，源楼层选择为 1 层，墙有 Q1、Q2、Q3，目标楼层选择为 2 层，墙有 Q1、Q4，覆盖后，则 2 层中的墙体变为 Q1、Q2、Q3、Q4。Q1 被覆盖、Q4 被保留，原来没有的 Q2、Q3 为新增构件。

引用：只增加不同名称的构件，遇到同名称时，不覆盖原有构件属性。例如，源楼层选择为 1 层，墙有 Q1、Q2、Q3、Q5，目标楼层选择为 2 层，墙有 Q1（与 1 层的 Q1 不同），增加后，则 2 层中的墙体变为 Q1、Q2、Q3、Q5。Q1 保持不变，原来没有的 Q2、Q3、Q5 为新增构件。

图 4-1-9

新增：直接在目标楼层增加构件属性，在复制过去的同名构件后加－n。例如，源楼层选择为 1 层，墙有 Q1、Q2、Q3、Q5，目标楼层选择为 2 层，墙有 Q1（与 1 层的 Q1 不同），增加后，则 2 层中的墙体变为 Q1、Q1-1、Q2、Q3、Q5。

选择好要复制的源楼层、目标层和要复制的构件后，点击【复制】，软件提示如图 4-1-9 所示。

完成后关闭界面即可。

4.1.3　构件大类与小类

构件属性定义与绘图建模都是基于构件大类与小类的划分之上的，如表 4-1-2 所示。

表 4-1-2

大 类 构 件	小 类 构 件
墙	剪力墙、洞、连梁、暗梁、过梁、砖墙、人防门槛梁、人防门楣梁、人防墙、门洞、窗洞、飘窗
柱	框架柱、暗柱、构造柱、自适应暗柱、柱帽、人防柱
梁	框架梁、次梁、圈梁、吊筋
板	现浇板、板洞
板筋	底筋、负筋、双层双向钢筋、支座负筋、跨板负筋、撑脚、跨中板带、温度筋、柱上板带
基础	独基基础、基础主梁、基础次梁、基础连梁、筏板基础、集水井、筏板洞、条形基础、排水沟
筏板	筏板底筋、筏板中层筋、筏板面筋、筏板支座筋、筏板撑脚基础跨中、板带柱下板带

4.1.4　构件属性与工程设置的联动关系

1）默认取工程设置

在构件属性定义中的项目，除截面与配筋信息为初始默认，其他的属性项目都默认取工程总体设置中的值。

2）修改的值变红显示

除截面与配筋信息之外的其他属性项目被修改过后，项目变红显示，表示这一项不再随总体设置的修改而批量修改；其他未变红的项目仍然对应总体设置，随总体设置的修改批量修改。

3）举例

图 4-1-10 中墙高、砼等级都变红显示，表示与总体设置中"该层→该构件"不同的项目，且这两项不再与总体设置的修改联动。

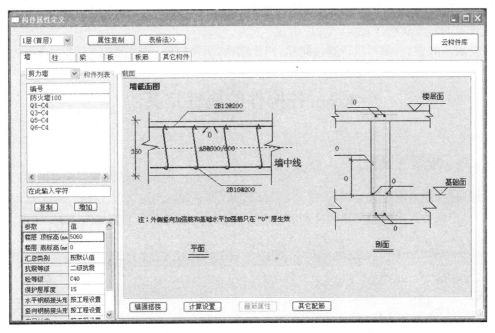

图　4-1-10

计算设置中的项如图 4-1-11 所示。

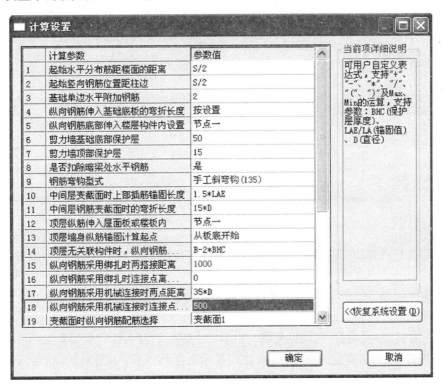

图　4-1-11

图 4-1-11 中变红的 2 项也是与总体设置中"该层→该构件"不同的项目,且这 2 项也不再与总体设置的修改联动。

恢复默认的方式:填写项→直接删除,回复默认;下拉框项→选择【按系统默认】。

4.2 各构件的属性定义

4.2.1 墙属性设置

1)墙属性:剪力墙设置

(1)点击属性界面【墙】按钮切换到墙,在构件列表中选择【剪力墙】,如图 4-2-1 所示。

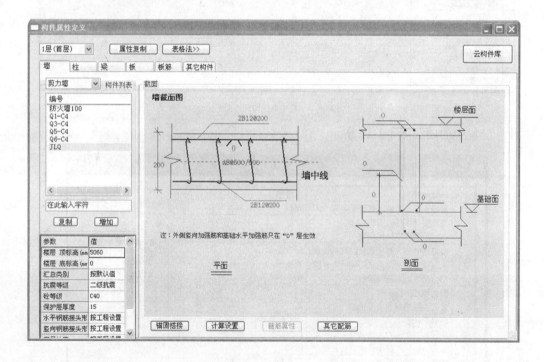

图 4-2-1

提示:支持 C14/C12-150 的输入方式和计算。起步第一根钢筋为 C14,第二根为 C12,依次类推。

(2)在构件列表下拉选择墙大类,之下选择不同的小类构件类型,如图 4-2-2 所示。

2)墙属性:人防门槛梁设置

(1)点击属性界面【墙】按钮切换到墙,在构件列表中选择【人防门槛梁】,如图 4-2-3 所示。

(2)点击图 4-2-3 的蓝色区域,进入人防门槛梁的类型选择,如图 4-2-4 所示,选择相应类型断面,然后点击【确定】,最后对其进行断面配筋定义即可。

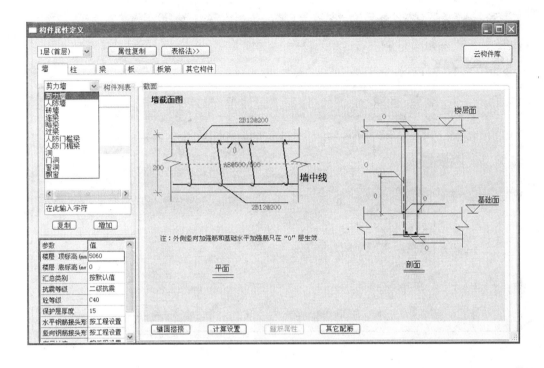

图 4-2-2

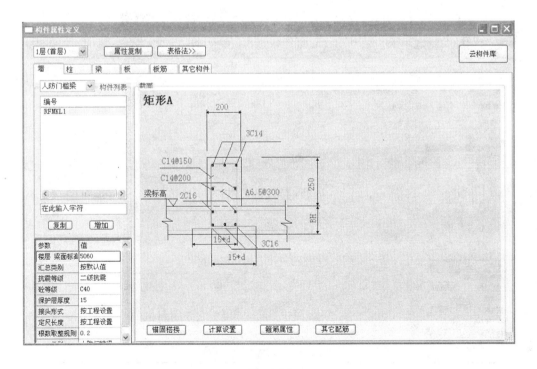

图 4-2-3

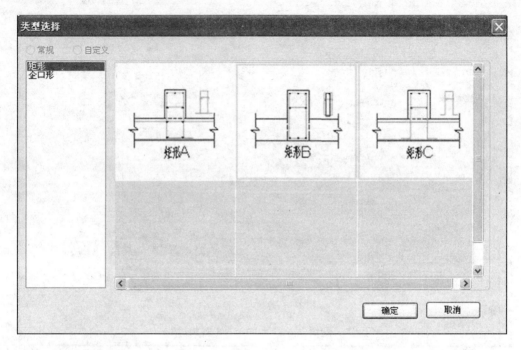

图 4-2-4

4.2.2 梁属性设置

（1）点击属性界面【梁】按钮切换到梁，在构件列表中选择【框架梁】，如图 4-2-5 所示。

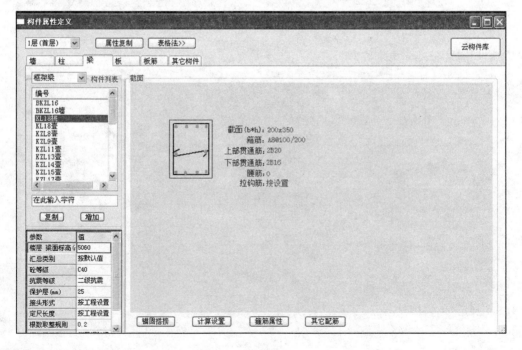

图 4-2-5

如图 4-2-5 所示,属性里可处理框架梁、次梁和圈梁三种类型,分别根据三种类型设置计算规则,可计算以下几种情况:

①挑梁钢筋的计算及变截面类型的计算。

②上部端支座及中间支座钢筋的计算,并且可处理多排钢筋的计算。

③下部钢筋中间与端支座的计算。

④箍筋加密区与非加密区的计算。

⑤可处理多跨梁上下左右偏移的计算等。

(2)单击【钢筋图例】对话框除数字以外的任何区域,弹出梁断面选择框,如图 4-2-6 和图 4-2-7 所示,选择相应的断面。

填充墙圈梁计算设置项 16 可以设置植筋,如图 4-2-6 所示。

图　4-2-6

【填充墙圈梁端部做法】选择【植筋】后,此时的项 17 和项 18 才会生效。

框架梁、次梁截面如图 4-2-7 所示。

圈梁截面如图 4-2-8 所示。

(3)吊筋属性定义,如图 4-2-9 所示,设置相应的配筋。

(4)梁拉钩筋腰筋总体设置:

支持的构件包括:屋面框架梁、楼层框架梁、次梁、基础主梁、基础次梁。

①在【工程设置】中的【计算设置】里,选择【梁】,以框架梁为例找到第 42 项的计算设置,如图 4-2-10 所示。鼠标双击【按设置】会弹出如图 4-2-11 所示的对话框。

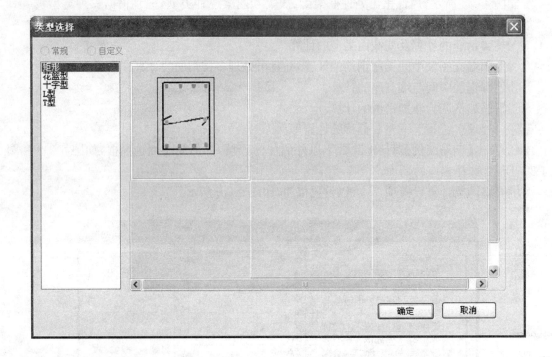

图　4-2-7

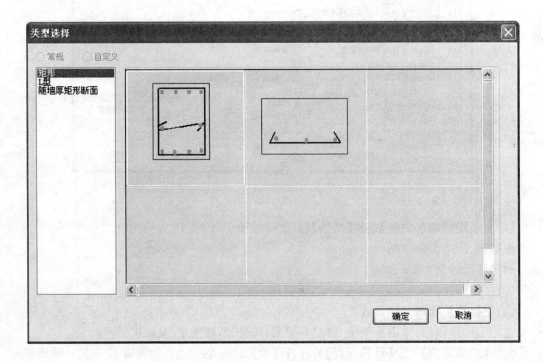

图　4-2-8

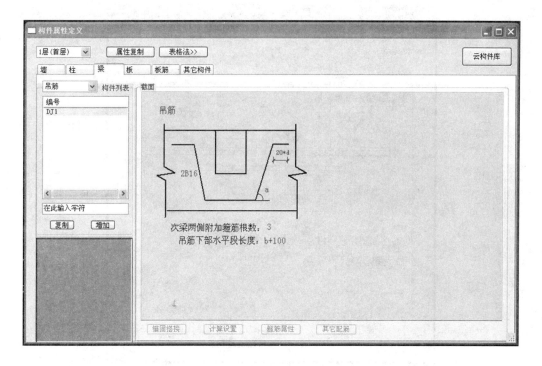

图　4-2-9

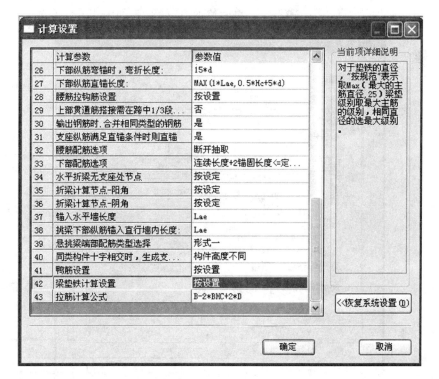

图　4-2-10

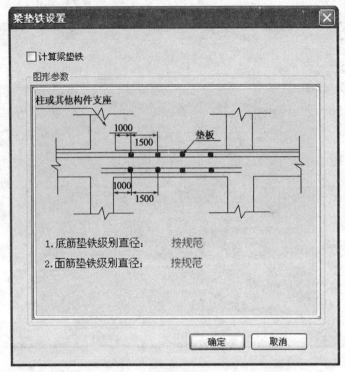

图 4-2-11

②将计算垫铁"√"上如 ☑计算梁垫铁，自由修改各项数据，如图 4-2-12 所示。

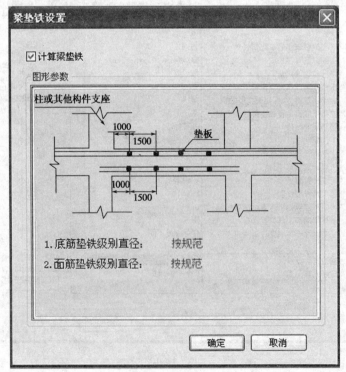

图 4-2-12

〔其它配筋〕其他配筋中可以增加钢筋,如图 4-2-13 所示。

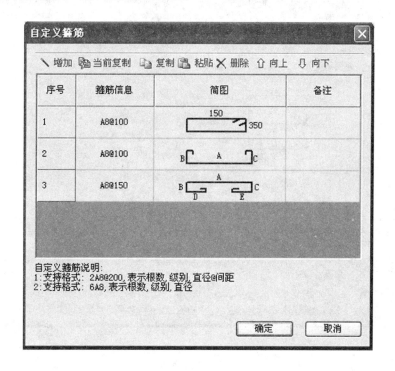

图　4-2-13

提示:

配筋中支持输入级别直径间距,例如(A8@100),也支持总根数的格式如 4B20 。其中框架主次梁,基础主次梁只支持一个间距的输入方式。

4.2.3　柱的属性设置

(1)点击属性界面【柱】按钮切换到【柱】,在构件列表中选择【框架柱】,内容包括【截面】、【四角筋】、【B 边中部筋】、【H 边中部筋】、【箍筋】、【B 向拉筋】、【H 向拉筋】等选项。注:在箍筋一栏中可输入内外不同箍筋的直径,如图 4-2-14 所示。

在构件列表下拉选择柱大类之下不同的小类构件类型,如图 4-2-15 所示。

(2)暗柱的构件属性定义界面如图 4-2-16 所示。

单击【钢筋图例】对话框除数字以外的任何区域,弹出柱断面选择框,选择相应的暗柱形状,如图 4-2-17 所示。

注:①当输入柱配筋时,在钢筋前加"＊"为将钢筋在本层弯折,弯折长度在计算设置中可以设置,例如:＊4b20。

②当输入柱配筋时,在钢筋前加"＃"为将钢筋设为角柱或边柱的边侧钢筋,计算按边、角柱要求。

(3)自适应暗柱的构件属性定义界面如图 4-2-18 所示。

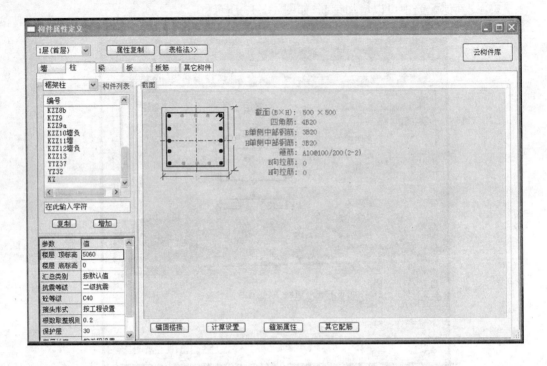

图 4-2-14

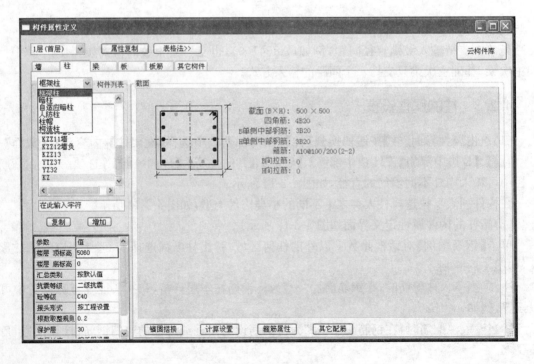

图 4-2-15

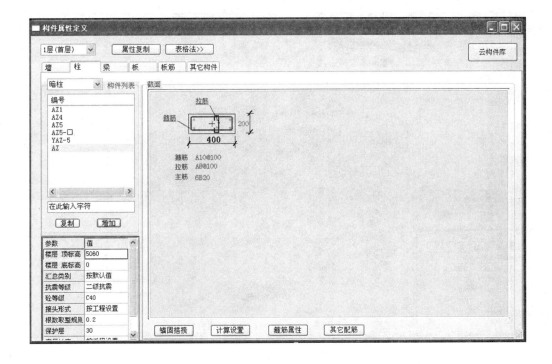

图 4-2-16

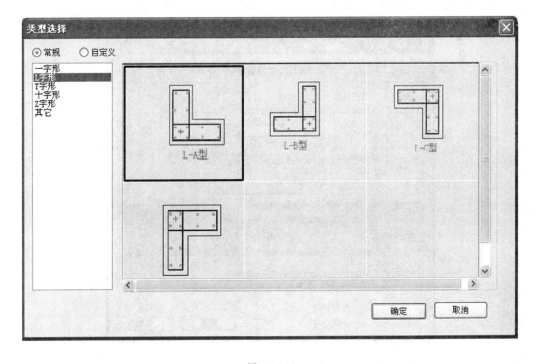

图 4-2-17

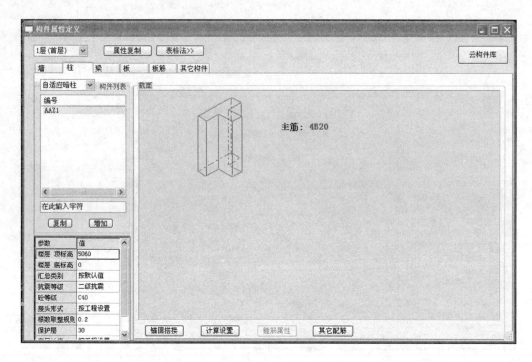

图 4-2-18

主筋：点击截面中的【主筋】，输入该暗柱的主筋根数及规格，格式为：根数级别直径。

其他配筋：点击截面中的【其他配筋】，软件弹出【其他配筋】对话框如，图 4-2-19 所示。

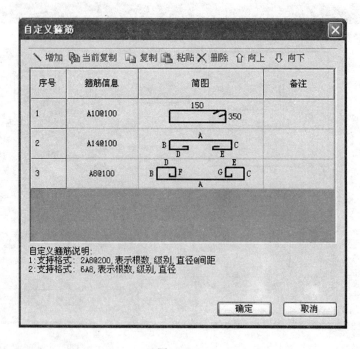

图 4-2-19

增加:点击【增加】,软件根据默认的钢筋增加一根箍筋,左键双击【钢筋信息】、【简图】可对其进行更改。【钢筋信息】的格式为:级别直径@间距。【简图】的输入方式同单根法。

复制:选择要复制的钢筋,点击【复制】,软件将增加一根与所选钢筋一样的钢筋。

删除:选择要删除的钢筋,点击【删除】,软件将以选择的钢筋删除掉。

向上:选择要向上的钢筋,点击【向上】,软件将该钢筋依次向上移动。

向下:选择要向下的钢筋,点击【向下】,软件将该钢筋依次向下移动。

自适应暗柱的布置与扣减:详见"第五章　图形法绘制建模自适应暗柱"的说明。

(4)构造柱构件属性定义界面,如图 4-2-20 所示。

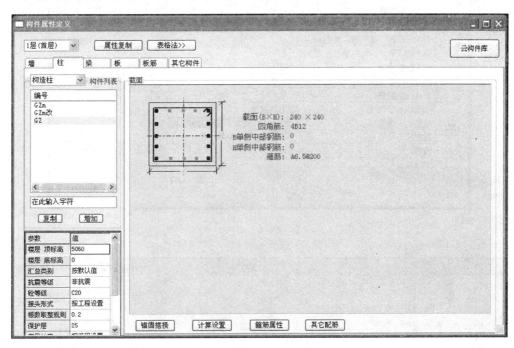

图　4-2-20

注:构造柱计算设置中项 16 可以下拉选择植筋,如图 4-2-21 所示。

构造柱端部做法:选择植筋后,此时的项 17 和项 18 才会生效。

(5)柱帽的构件属性定义界面,如图 4-2-22 所示。

单击【截面】对话框除数字以外的任何区域,弹出柱帽配筋选择框,如图 4-2-23 所示。

图 4-2-23 界面右上角的 断面类型 ,点击这个图标,就会出现柱帽配筋选择,如图 4-2-24 所示。

注:①支持矩形柱帽构件的布置及计算。

②支持斜向配筋方式计算。

③支持网片式配筋计算。

④支持全实体化计算。

(6)人防柱的构件属性定义界面,如图 4-2-25 所示。

单击【截面】对话框除数字以外的任何区域,弹出人防柱类型选择对话框,如图 4-2-26 所示。

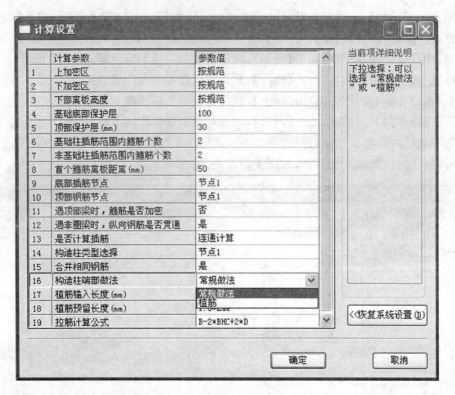

图 4-2-21

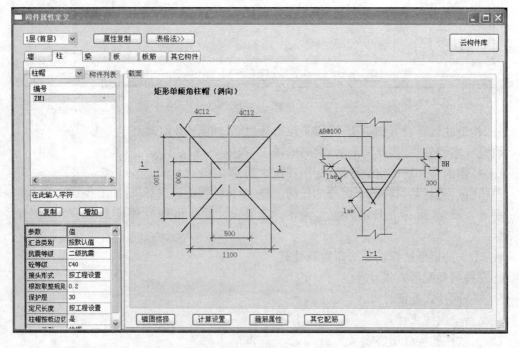

图 4-2-22

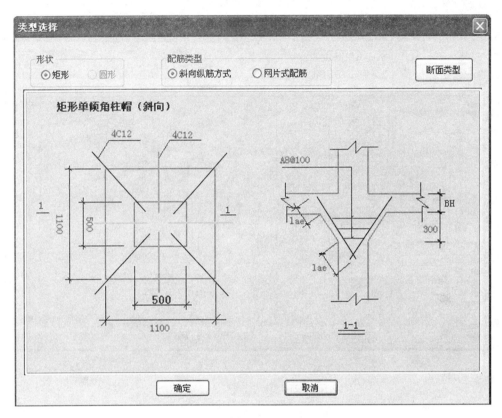

图　4-2-23

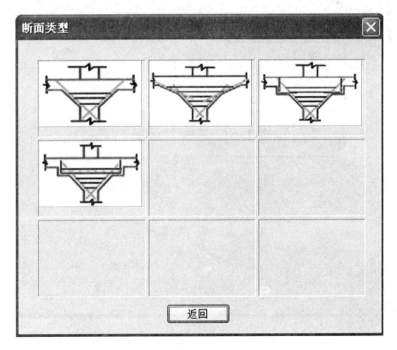

图　4-2-24

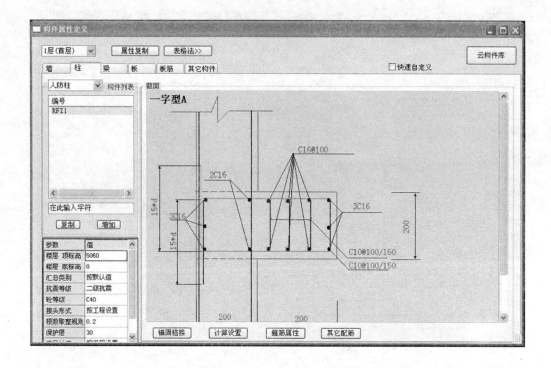

图　4-2-25

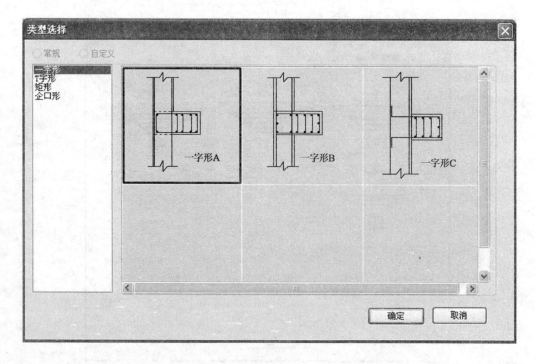

图　4-2-26

定义方式不选择□快速自定义时,选择好对应的断面类型后,点击【确定】,然后对其进行断面配筋定义即可。

定义方式选择☑快速自定义时,则可以对人防柱进行断面配筋的自由绘制及配筋,如图 4-2-27 所示。

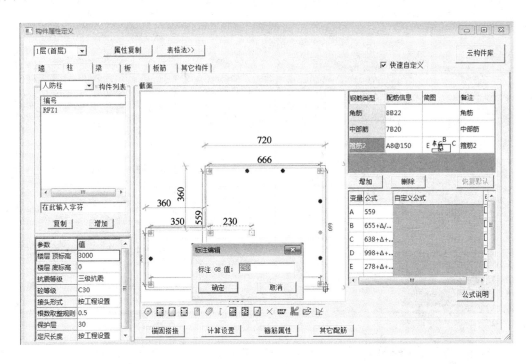

图　4-2-27

注:①首先用 ◇ 图标绘制断面,然后把其全部纵筋 ▦ □ ▦ 都添加进去,中部筋可以转化成角筋,用 ▦ 图标来进行角筋替换(目的是打断中部线)。

②多余的钢筋可以用 Delete 键进行删除。

③异型箍筋可以用分布筋图标 ◇ 来绘制非常规矩形的箍筋,例如图 4-2-26 中的箍筋,箍筋端部伸出长度可以用 Shift 键绘制,然后点击此箍筋,伸出长度可以进行任意定义。

④纵筋级别直径等配筋需要修改,就用【配筋修改】图标 ▦ 进行修改。

⑤图 4-2-27 中公式里的 ⊞ 变量值,是与计算规则中的箍筋计算方法联动的。

⑥如果断面内部有中部筋(也就是类似芯柱),那么可以点击 ▦ 先对其断面进行中部线的添加(反过来也可对其中部线进行删除)。

⑦出现梯形或者倒梯形断面柱,上下边中部筋间距相等(也就是需要绘制矩形箍筋),那么就需要对其中部筋操作对齐命令 ▦ 。

⑧点击 ▨☞快速定义人防柱也是支持 CAD 转化的。

⑨点击 ▨ 可以对其断面尺寸定义方式进行调整,可以选择按边长度和按点坐标来标注断面。

定义方式选择 云构件库 时,那么就可以通过互联网下载已有的断面,之后对其进行配筋定义。

4.2.4 板属性设置

点击属性界面【板】按钮切换到【板】,在构件列表中选择【现浇板】,如图 4-2-28 所示。

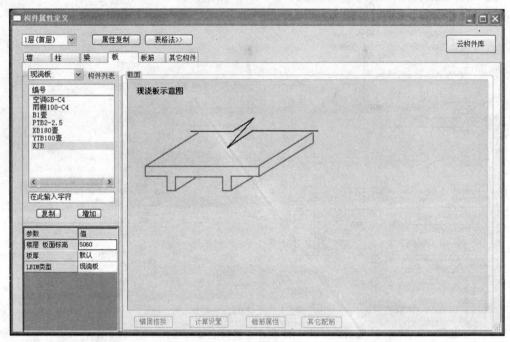

图 4-2-28

在构件列表下拉选择板筋大类之下不同的小类构件类型,如图 4-2-29 所示。

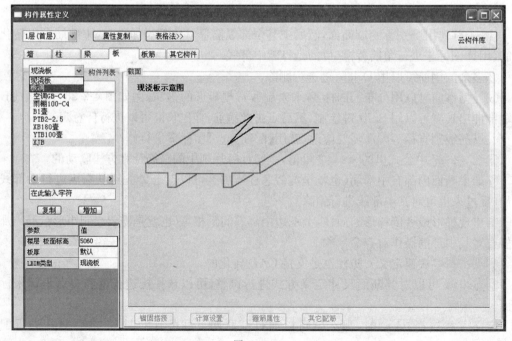

图 4-2-29

4.2.5 板筋属性设置

点击属性界面【板筋】按钮切换到【板筋】，在构件列表中选择【底筋】，如图 4-2-30 所示。

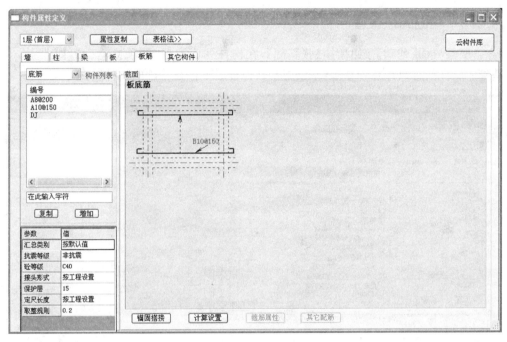

图 4-2-30

在构件列表下拉选择板筋大类之下不同的小类构件类型，如图 4-2-31 所示。

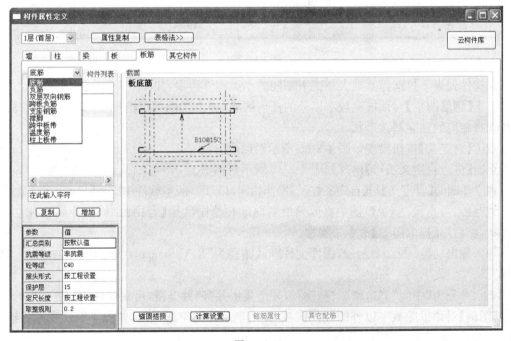

图 4-2-31

【支座负筋】、【跨板负筋】的属性中的【钢筋图例】对话框中没有长度的输入，长度可以在图形上直接输入，详见"图形法绘制建模布支座筋的布置"。

板筋的布置方式、编辑方式详见"图形法绘制建模布支座筋的布置"。

4.2.6 基础属性设置

点击属性界面【基础】按钮切换到【基础】，在构件列表中选择【独立基础】，如图 4-2-32 所示，基础的属性设置只存在于 0 层（基础层），其他楼层不存在基础的构件属性定义。

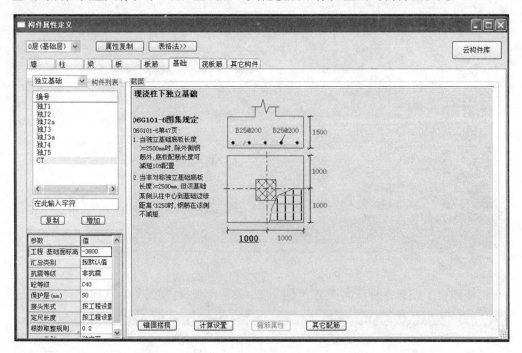

图 4-2-32

在构件列表下拉选择基础大类之下不同的小类构件类型，如图 4-2-33 所示。

单击【钢筋图例】对话框除数字以外的任何区域，弹出基础类型选择框，如图 4-2-34 所示，选择选择相应的独立基础形状。

点击【自定义】按钮出现如图 4-2-35 所示对话框。

点击【进入自定义图形】出现如图 4-2-36 所示对话框。

独立基础的【自定义】与【自定义柱子】操作相同，15.1.0 版本软件中支持【提取图形】操作。

提取图形：可直接在 CAD 图中提取异型断面或在绘图区用【自由画线】命令画出独立基础的形状，然后用【提取图形】命令来提取。

导入导出功能 导入 导出 ，图库文件默认路径为"X:\lubansoft\lubanys2012 20.3.1\工具箱"。

集水井分为"中间"、"边缘"、"角部"、"异型集水井"四种类型，可在属性中配置钢筋。单击【钢筋图例】对话框除数字以外的任何区域，弹出集水井类型选择框，如图 4-2-37 所示，选择相应的集水井，支持双排钢筋的设置。

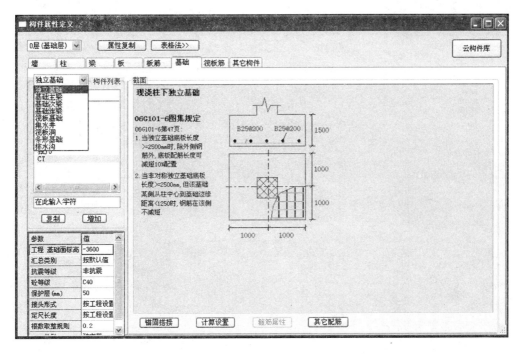

图 4-2-33

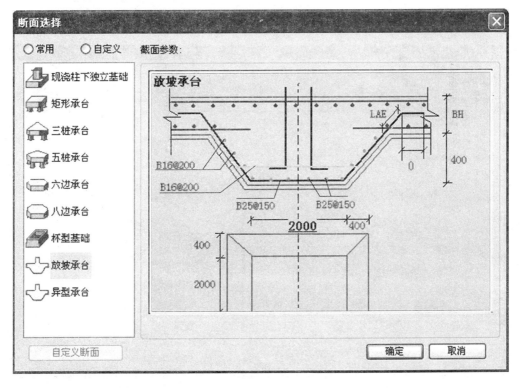

图 4-2-34

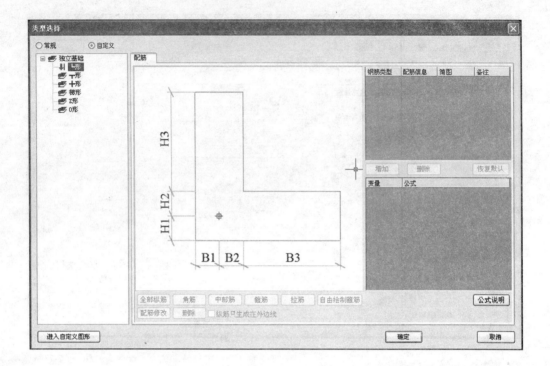

图　4-2-35

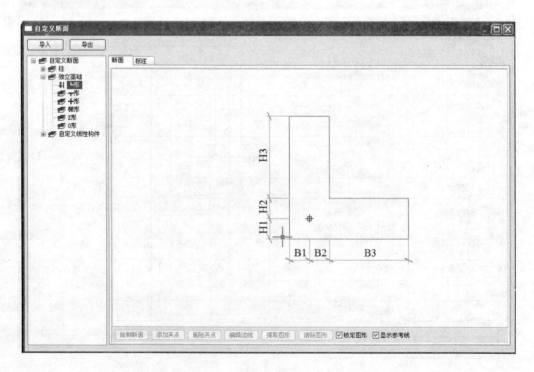

图　4-2-36

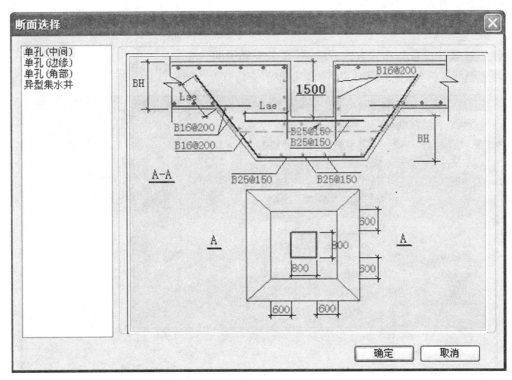

图 4-2-37

条形基础的构建属性定义,设置如图 4-2-38 所示。

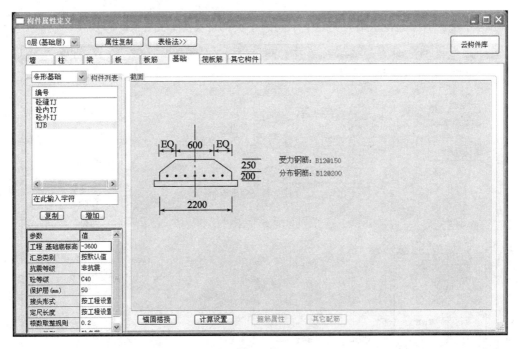

图 4-2-38

4.2.7 筏板筋属性设置

筏板筋属性设置与布置方式同板筋，详见板筋说明。

筏板钢筋支持自动扣除集水井，读取基础梁，支持有无外伸节点的构造计算，如图 4-2-39 所示。

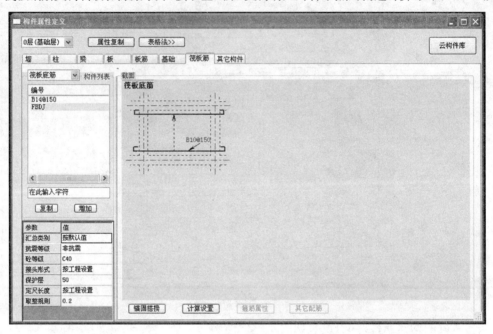

图　4-2-39

在构件列表下拉选择基础大类之下不同的小类构件类型，如图 4-2-40 所示。

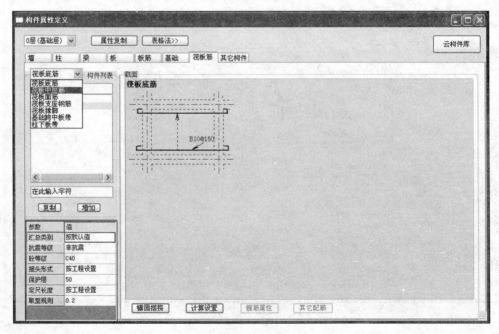

图　4-2-40

4.2.8　自定义断面

1)自定义断面库

自定义断面库可以定义:框架柱、暗柱、构造柱、独立基础、线性构件(天沟、女儿墙、线条等)。在自定义断面库中定义的断面形状为当前同类构件的共享属性,任何一个同类构件都可以提取断取定义好的断面形状。例如:KZ1 和 KZ2 可以同时使用断面库框架柱中的 L 形断面。

(1)执行菜单栏【属性】→【自定义断面】,如图 4-2-41 所示。

图　4-2-41

(2)弹出【自定义断面】对话框,如图 4-2-42 所示。

注:①在自定义断面库中定义的断面形状为当前同类构件的共享属性,任何一个同类构件都可以提取断取定义好的断面形状。例如:KZ1 和 KZ2 可以同时使用断面库框架柱中的 L 形断面。

②每一种断面可以增加多种配筋,断面必须有配筋才可以使用当前断面形状。

2)自定义断面的创建、绘制和编辑

(1)自定义断面的创建:

①框架柱、构造柱目录下添加新的断面,如图 4-2-43 所示,选中框架柱,点右键→【添加断面】。

②选中框架柱或构造柱下的某一断面,如图 4-2-44 所示,点右键→【添加配筋】、【快速复制】、【重命名】、【删除】。

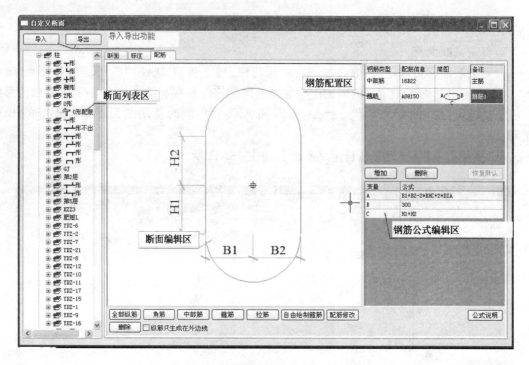

图 4-2-42

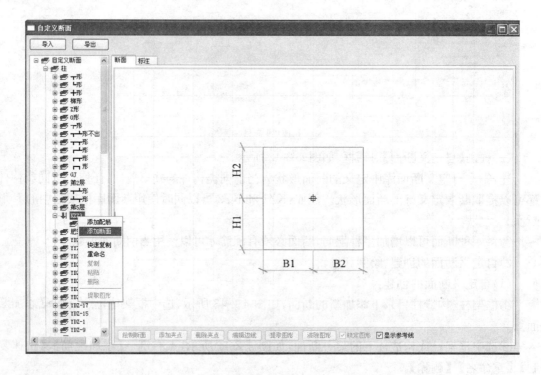

图 4-2-43

图 4-2-44

提示:同一断面,可以存在不同配筋的情况,快速复制包括断面图形和配筋,可以重命名断面和配筋名称。

(2)自定义断面、绘制断面:新增一个断面,不勾选□锁定图形,绘制断面功能键高亮显示,如图 4-2-45 所示。

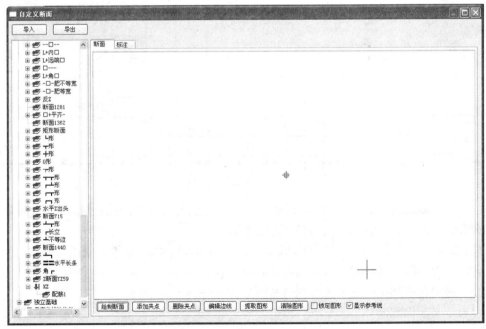

图 4-2-45

点击命令 绘制断面 ，可以在图形上绘制任意图形。

提示：

①绘制区域的网格参考线，每格为实际长度100mm。

②图4-2-46中的黄色十字形，为构件布置时的镜像点和基点。建议布置时以柱角部为起始位置基点绘制。

③当绘制过断面以后 清除图形 高亮显示，绘制错误的时候可以点击 清除图形 ，重新绘制。

（3）自定义断面编辑步骤：

①断面列表区内右键添加断面，右键重命名该断面名称。

②点击图4-2-47中【绘制断面】按钮，按大致形状绘制断面，绘制好以后，如果需要添加或删除某个点，可以点击【添加夹点】或【删除夹点】按钮。如果某条边为弧形，可以点击【编辑边线】按钮，如图4-2-47所示，按半径、拱高或角度输入。

③绘制图形时也支持键盘输入"A"和"L"，键盘键入"A"为画弧线，键盘键入"L"为画直线。

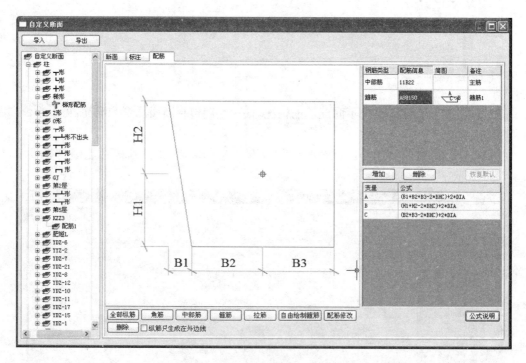

图　4-2-46

提示：绘制断面时，如果是顺时针绘制的，向外拱，输入正值，向内拱，输入负值；如果是逆时针绘制的，向外拱，输入负值，向内拱，输入正值。

点击如图4-2-48中的【标注】按钮，鼠标放到断面编辑区内的数字上，光标变为"□"形，左键点击数字，弹出【标注编辑】框，输入新的数值即可。

提示：必须在添加配筋之后才可以对断面进行标注。

（4）自定义断面配筋：

①断面列表区内，选择已经定义好的断面名称，右键添加配筋，也可以重命名。

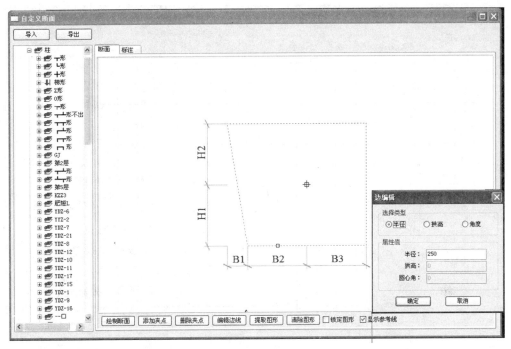

图　4-2-47

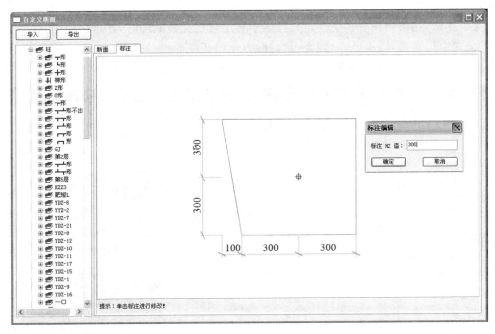

图　4-2-48

②根据图纸,输入钢筋信息,如图 4-2-49 所示,在【钢筋类型】位置上可以选择类型,在钢筋公式编辑区可以编辑新增加的钢筋公式。

③钢筋配置区内,可以执行【增加】、【删除】命令。

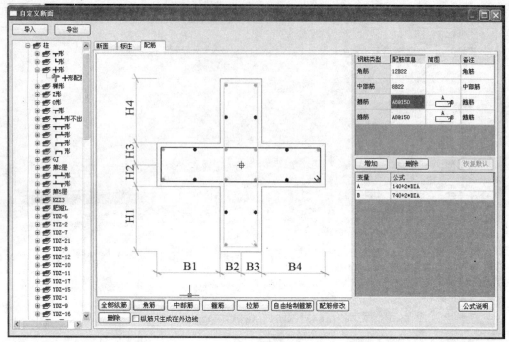

图 4-2-49

提示：

①【恢复默认】按钮只有在属性定义界面中套用自定义柱断面时，才可以使用。

②公式中运算符号：＋加，－减，＊乘，/除，tan（）正切，cot（）余切，arc（）反三角函数，sprt（）根号，BHC 保护层，PI 圆周率，^几次方。举例如图 4-2-50 所示。

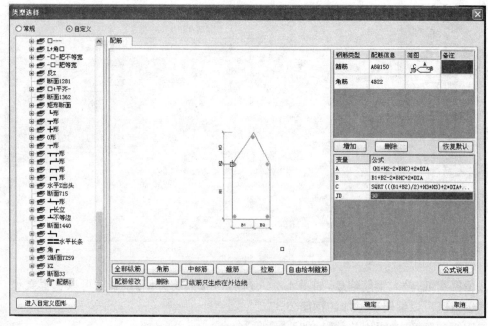

图 4-2-50

图 4-2-51 中 C 边边长公式：sqrt(((B1+B2)/2)^2+H3^2)+2＊DIA−2＊BHC。
sqrt 表示(B1+B2 平方+H3 边平方)开方自定义断面配筋。
添加配筋后可以在图形上自由绘制主筋、箍筋以及拉筋，如图 4-2-51 所示。

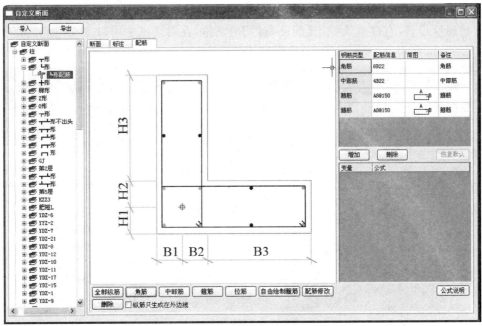

图　4-2-51

角筋设置：点击命令 角筋 ，光标变成"□"形，软件可以自动的在断面的阴阳角以及可能
生成箍筋的角部自动生成钢筋，并且以红色高亮显示，如图 4-2-52 所示。

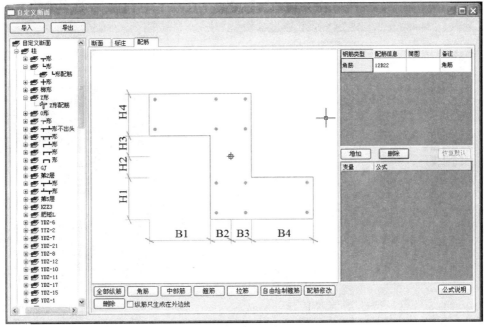

图　4-2-52

提示:

①当自动生成的角筋,有多出的钢筋时或者直径不同时,用光标再次点击生成的红点,选中的红点为灰色表示本次生成钢筋时,灰色的不生成钢筋。

②当钢筋生成错误时可以点击 [删除] 命令,选中钢筋点后右键确认,完成删除。

配筋属性设置:右键确认弹出【配筋属性】对话框,在对话框中可以定义主筋的直径和备注,如图 4-2-53 所示。

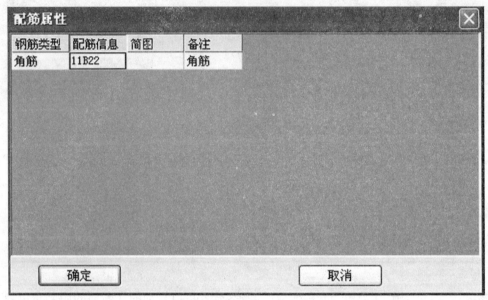

图　4-2-53

点击【确定】后可以自动的在右边的配筋栏中生成钢筋属性,如图 4-2-54 所示。

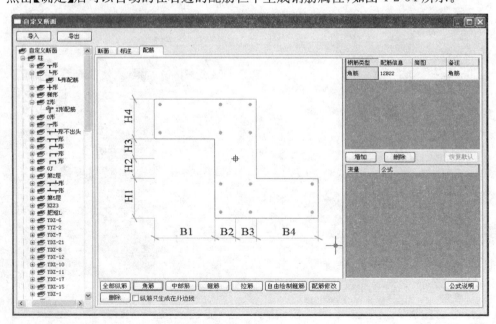

图　4-2-54

提示：

①图 4-2-54 和 4-2-55 中配筋信息可以自定义,以输入的为准。

②配筋信息自定义的钢筋根数随不同图形中钢筋的示意点联动,图形中钢筋的示意点以当时选中生成的为准,计算时以配筋信息中的参数为准。

③备注中的名称会在报表中体现,可以自定义。

④其他变量以构件布置长度及标注生成,不可选中,不可修改。

中部钢筋设置:点击 中部筋 ,图形中以角筋和绘制的构件外边来形成封闭区域,以虚线表示,同时光标变成"□"形,当光标移动至虚线相交时,虚线上会显示中部钢筋可以布置的位置,并且以蓝色方框高亮显示,如图 4-2-55 所示。

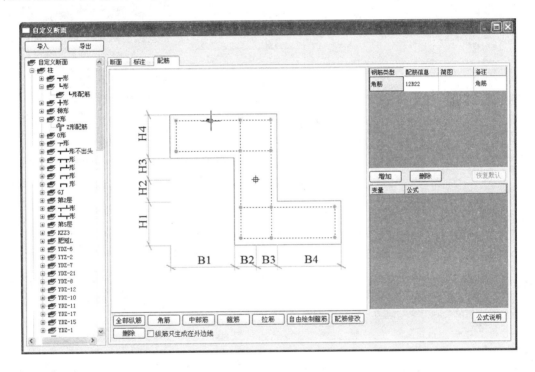

图　4-2-55

提示：

①每点击一次生成一根中部钢筋。

②中部钢筋是布置在角筋和角筋之间的纵向主筋,当角筋之间布置多根中部筋时是以相邻角筋中间的距离均分布置,影响内箍长度计算。

③配筋属性设置同角筋。

箍筋设置:点击 箍筋 ,可以在绘图界面上以纵向主筋(角筋、中部筋)示意点,绘制矩形箍筋,如图 4-2-56 所示。

绘制完成后右键确认,弹出【配筋属性】对话框,如图 4-2-57 所示。

举例:某工程有约束边缘的转角端柱,如图 4-2-58 所示。

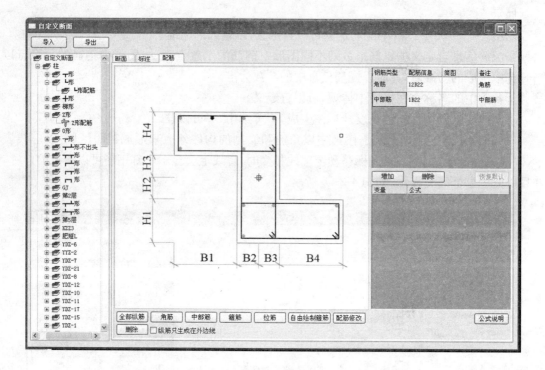

图　4-2-56

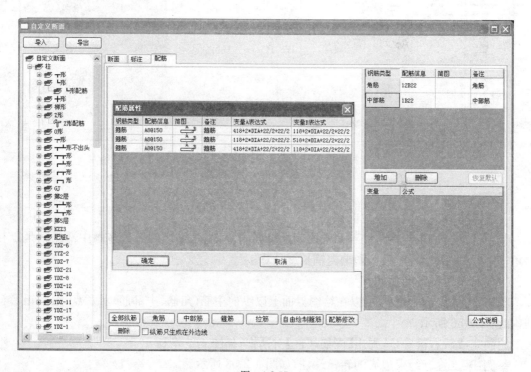

图　4-2-57

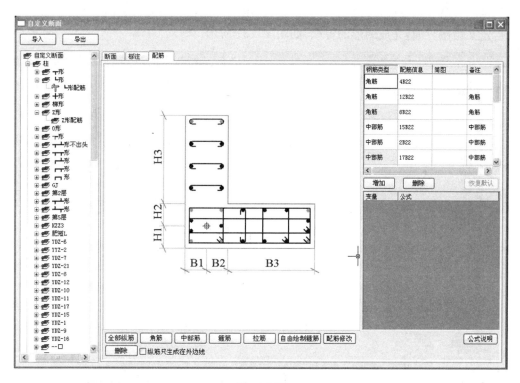

图　4-2-58

（5）自定义断面提取图形：导入的 CAD 图形，生成的暗柱边线，以及用 ∠自由画线 ↓3 自由绘制的形成了封闭区域的图形。

点击命令 提取图形 ，光标变成"□"形，并自动跳转到构件布置大界面，用光标点选图形的边，或者直接框选图形，如图 4-2-59 所示。

选中需要提取的图形后，右键确认，软件会根据选中的线，来判断可以形成封闭区域的线，形成柱，并且以红色高亮显示，光标变成十字形，如图 4-2-60 所示。

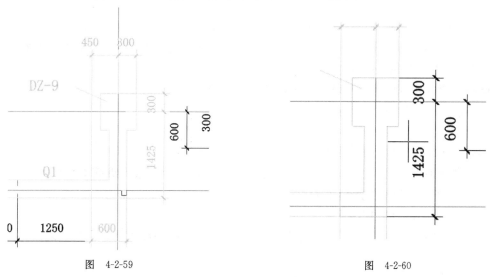

图　4-2-59　　　　　　　　　　　　图　4-2-60

红色的线就表示当前提取到的柱的形状,再用鼠标选择一个基点,左键单击确认,自动跳转回自定义绘图界面,完成图形的提取,如图 4-2-61 所示。

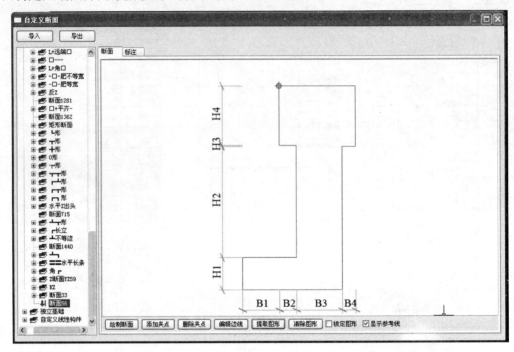

图　4-2-61

提示:

①可以提取的图形的属性必须是线。

②当某些弧形或斜交构件有角度,某些边长无法计算时,可以用软件中的 ╱自由画线 ↓3 命令先绘制出构件断面的实际长度和形状,再用提取图形,可以不用对构件再进行尺寸标注。

③提取的图形必须可以形成封闭区域。

④提取错误的时候可以用 清除图形 来删除不需要的图形。

⑤勾选 □锁定图形 后,所有的图形编辑按钮变灰,不可以再对图形进行编辑。

全部纵筋 的使用方法:点击命令 全部纵筋 ,当构件中已经绘制了主筋时,软件会提示原有钢筋将会被清除,如图 4-2-62 所示。

点击【是】以后,弹出【输入全部纵筋】对话框,如图 4-2-63 所示。

纵筋输入格式如图 4-2-64 所示。

提示:

①输入不同级别直径的钢筋可以用"+"号相连。

②不同级别直径的钢筋输入时排列在最前面的纵筋,软件会根据纵筋根数从上向下、从左向右,自动分配断面形成的阴阳角为角筋,如图 4-2-65 所示,以此类推。

图 4-2-65 中输入的"12B25"被自动分配为角部钢筋。

角筋用来确定中部钢筋的位置,对内箍有影响,软件中的中部钢筋是以角筋之间距离等分分布的。

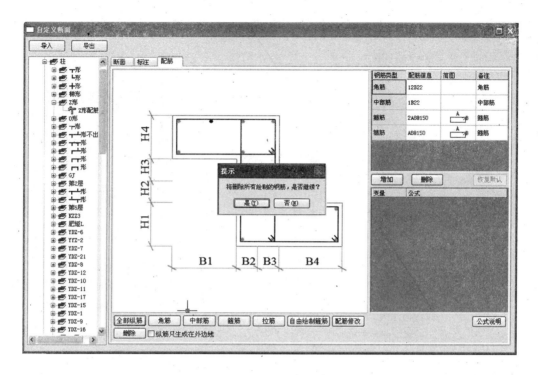

图　4-2-62

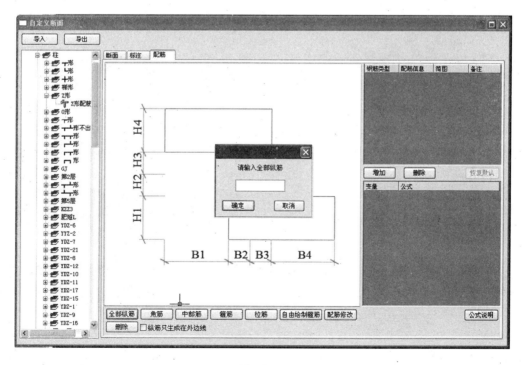

图　4-2-63

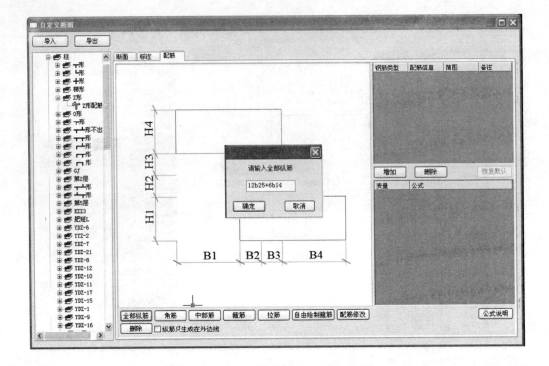

图 4-2-64

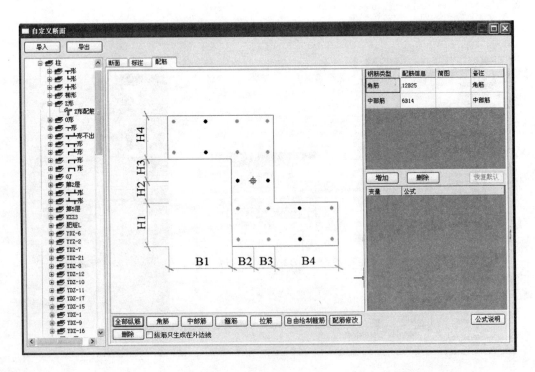

图 4-2-65

[配筋修改]的使用方法：当需要对已经形成的某些配筋修改时，点击[配筋修改]命令，光标变成"□"形，左键点击或者框选需要修改的配筋，如图 4-2-66 所示。

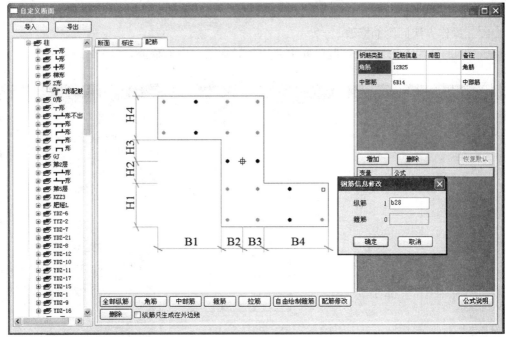

图　4-2-66

输入格式如图 4-2-66 所示，输入好需要的钢筋点击【确定】后，配筋信息会自动刷新，如图 4-2-67 所示。

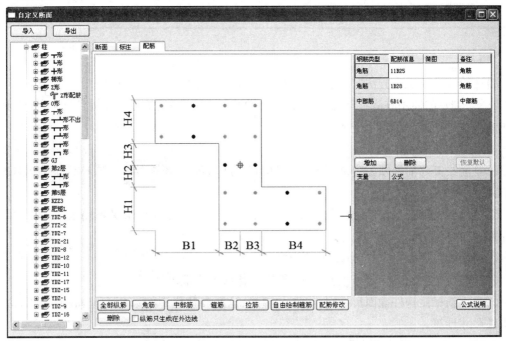

图　4-2-67

提示：框选支持虚框和实框的功能，从下向上、从右向左都为虚框，虚框定义为只要同钢筋相交就可以被选中，实框从上向下、从左向右都为实框，实框定义为需要选择的钢筋必须在框中才能被选中。

删除 操作方法同配筋修改。

自由绘制箍筋 的使用方法：自由绘制箍筋主要用于异形断面中的箍筋，如图 4-2-68 所示。

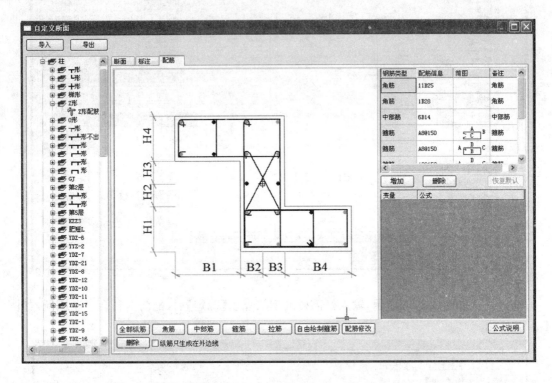

图 4-2-68

自由绘制箍筋操作方法同绘制矩形箍筋，只需要选择起点和结束即可。

纵筋只生成在外边线 的使用方法：当勾选时，生成的纵筋只在断面的边线生成并且均匀排列，断面形成的不在外边的阴阳角不生成钢筋。

提示：

①箍筋绘制之前必须先定义纵向主筋，没有主筋示意点，不能绘制。在构件范围以外绘制箍筋无效。

②内箍是中部筋和角筋之间的长度均分，如果不是均分需要自定义箍筋公式，见"自定义断面配筋（1）"。

③配筋信息可以自定义，以输入的为准。

④箍筋设置中的变量值可以修改，计算时以修改值为准。

⑤当重新标注构件截面尺寸时，绘制的箍筋、拉筋参数栏中的数值会重新刷新，以标注后的构件尺寸计算。

⑥暗柱、构造柱操作方法同上。

⑦自定义独立基础暂不支持配筋,可以用其他配筋增加。

⑧自由绘制箍筋目前只支持柱类构件。

3)自定义断面库数据共享

导入导出功能:可以将编辑好的各种自定义的断面导入或导出,加以保存,如图 4-2-69 所示将其他定义好的自定义的断面导入。

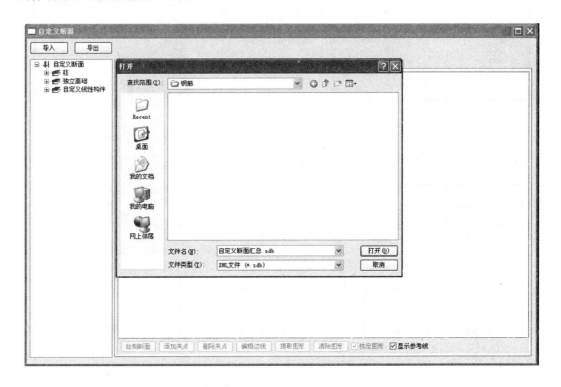

图 4-2-69

提示:由于每个工程的线性构件都有可能不一样,目前软件只设置了一种默认形式,鲁班软件技术服务中心会收集各种类型的构件,在用户论坛上提供一个下载地址,同时用户也可以上传自己编辑的断面,实现断面库的数据共享,地址链接:http://www. eluban. com/bbs/viewthread. php? tid=76698&extra=page%3D1

4)菜单中【属性】→【自定义断面】与【构件属性定义】→【柱】→【自定义断面】

(1)如图 4-2-70 所示,在构件属性定义中进入到【柱】→【自定义断面】。

(2)鼠标点击断面区域的图形,出现如图 4-2-71 所示的【类型选择】的对话框。

(3)鼠标点击【自定义】,出现如图 4-2-72 所示的对话框。

(4)在框架柱目录下选择已经定义好的柱的断面,如图 4-2-73 所示。

(5)在右边的钢筋配筋区可以添加删除钢筋,不对断面库修改,只对当前构件生效。

(6)菜单中【属性】→【自定义断面】中的断面为整个工程所有的断面(简称断面库),【构件】→【属性定义】中可以自定义断面的构件都可以在断面库中选择不同类型断面。同时断面库的配筋信息为【构件属性定义】中构件自定义断面配筋信息的默认值。

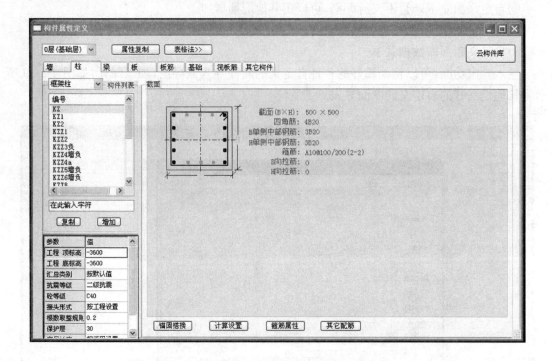

图　4-2-70

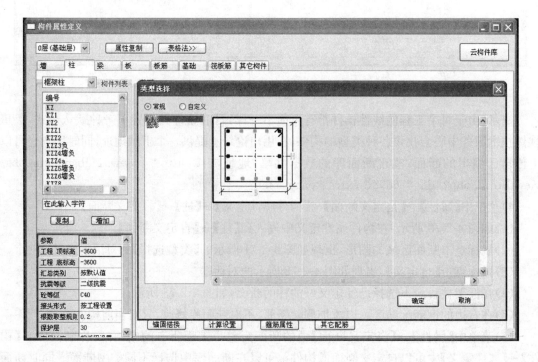

图　4-2-71

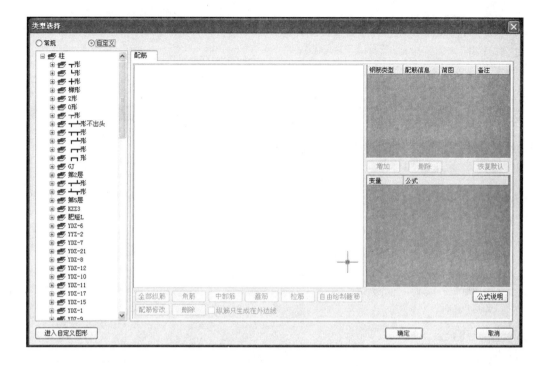

图　4-2-72

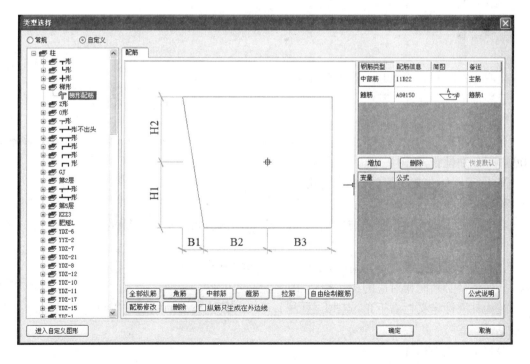

图　4-2-73

4.2.9 其他构件

1)后浇带

后浇带属性定义如图 4-2-74 所示。

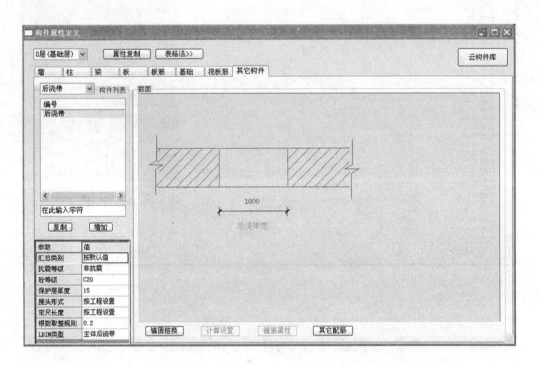

图 4-2-74

在图 4-2-74 中可以对后浇带的宽度进行设置。

后浇带可自动读取与其相交的板、墙、梁构件的长度、高度以及个数。根据相交长度计算后浇带钢筋。

点击图 4-2-74 中的绿色界面,进入后浇带配筋设置,可分别对板内、墙内和梁内的后浇带钢筋进行分别设置,如图 4-2-75 所示。

图 4-2-75 中的锚固值参数栏支持输入:具体数值。

梁后浇带如图 4-2-76 所示。

点击 布筋形式 可以选择当前后浇带的内部组合方式,如图 4-2-77 所示。

注:①属性定义中,可对板内、墙内和梁内的后浇带钢筋进行分别设置。

②后浇带可根据梁的不同高度,自动计算钢筋的根数。

③后浇带必须同相对应的构件相交,内部配筋才生效。

在构件属性定义栏右下角,点击 其它配筋 ,可以对其他类型的钢筋进行自定义,如图 4-2-78 所示。

2)自定义线性构件

(1)自定义线性构件,属性定义与自定义框架柱操作方法一致。

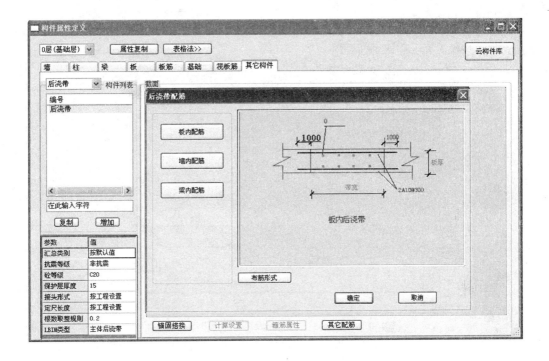

图 4-2-75

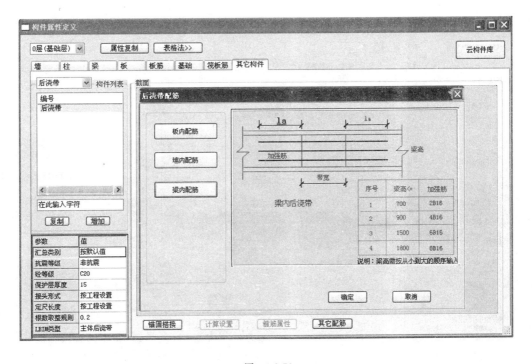

图 4-2-76

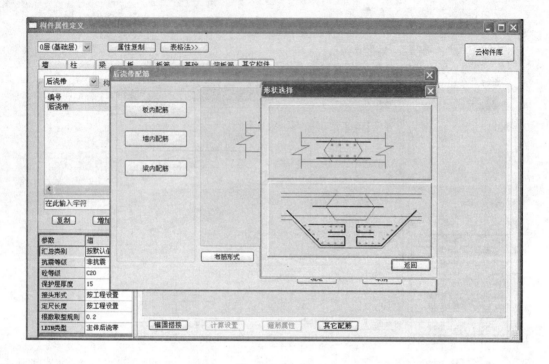

图 4-2-77

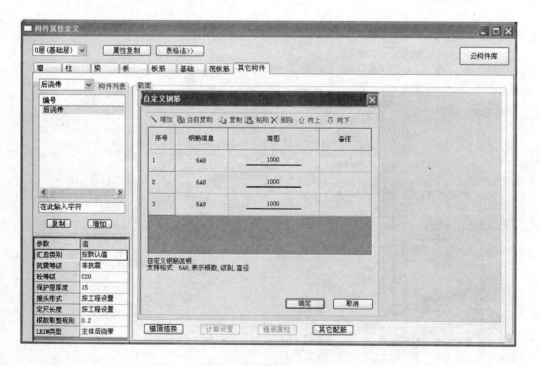

图 4-2-78

（2）布置方法同梁、墙等线性构件。

（3）自定义线性构件合并，操作方法同水平折梁。

（4）支座为分布筋计算时需要扣减的区域，18版本不支持主筋进入支座锚固。

（5）支座设定可以选择柱大类所有小类，梁大类除吊筋外所有的小类，墙大类所有小类，板大类所有小类，基础大类所有小类，如图4-2-79所示。

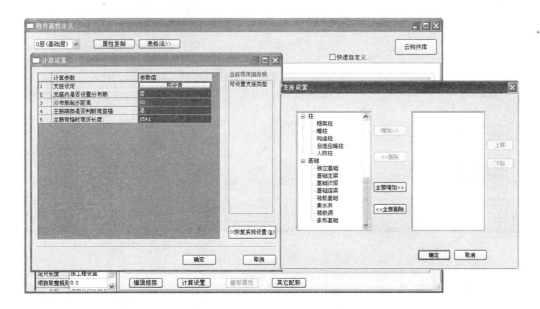

图　4-2-79

（6）可以设置主筋在支座内的锚固。

（7）新增自定义线性构件快速定义模式。

如图4-2-79所示，导入一张节点图，点击到自定义线性构件。点击到快速定义模式如图4-2-80和图4-2-81所示。

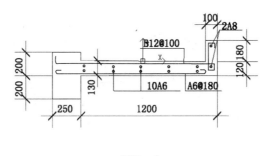

YP-1

图　4-2-80

点击【CAD提取】，框选全图弹出【提取详图】对话框，如图4-2-82所示。

分别将数据提取，点击【确定】，CAD中的构件截面以及钢筋信息都能转化进来，如图4-2-83所示。

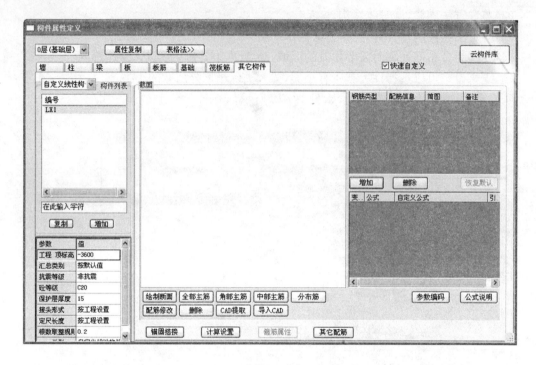

图 4-2-81

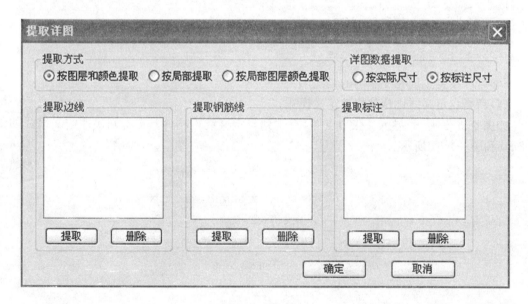

图 4-2-82

3)建筑面积

(1)可以自由绘制建筑面积,会自动录入到【工程设置】→【楼层设置】→【建筑面积】行中。

(2)可以用自动生成建筑面积,快速沿构件外边线形成建筑面积,形成白色的建筑面积线后面积会在旁边显示,也会在【楼层设置】→【建筑面积】中体现。

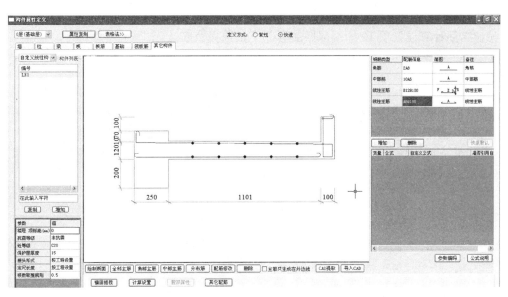

图 4-2-83

4)施工段

与自由绘板的操作方法类似,目前仅配合 BIM 属性刷新到相应的施工段。

5)拉结筋

拉结筋构件属性定义如图 4-2-84 所示。

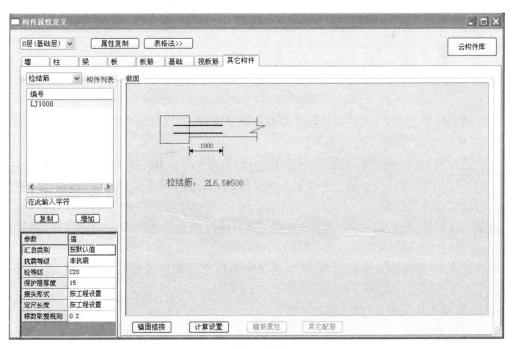

图 4-2-84

注:①构件属性定义中可以设置拉结筋的根数、直径、级别、间距和拉结筋伸入墙的长度。

②拉结筋只能在砖墙和柱相交的地方生成,需要布置砖墙和柱。

③拉结筋为寄生构件不可以移动。

④拉结筋计算设置项 10 的端部做法可以下拉选择植筋。

| 10 | 拉结筋端部做法 | 植筋 |

端部做法选择植筋后，项 11 才会生效。拉结筋计算设置如图 4-2-85 所示。

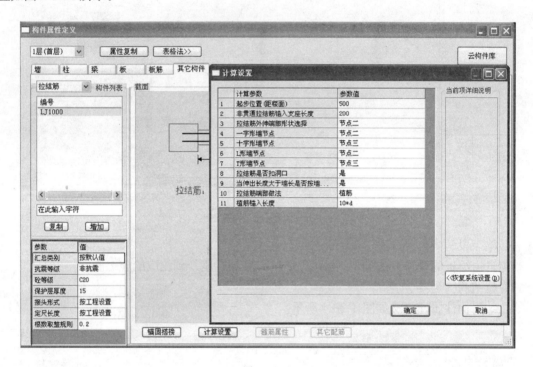

图　4-2-85

注：①拉结筋的计算设置中可设置包括：起步位置（距楼面），非贯通筋拉结筋锚入支座长度。

②拉结筋的节点设置包括：拉结筋外伸端部形状选择，一字形墙节点，十字形墙节点，L 形墙节点，T 形墙节点，如图 4-2-86 所示。

拉结筋布置，点击 ▦▦拉结筋 ←1 命令，弹出 ▦ 点选布置 ▦ 智能布置 对话框。

单个布拉结筋：单击 ▦ 点选布置，光标变为十字形，点击柱边和墙相交的地方，软件会根据墙的方向自动生成一根拉筋。

批量布拉结筋：单击 ▦ 智能布置，光标变为"□"形，再框选或点选相对应的墙和柱，右键确认完成。

操作技巧：智能布置支持过滤器，可以通过滤器选择需要生成拉结筋的构件，如图 4-2-87 所示。

提示：需要先选中构件，过滤器才生效。

6)计算设置表达式输入

计算设置支持表达式输入，如图 4-2-88 所示。

输入格式如下：

(1)支持的表达式格式为："＋"、"－"、" ＊ "、"/"、"("、")"及 Max、Min。

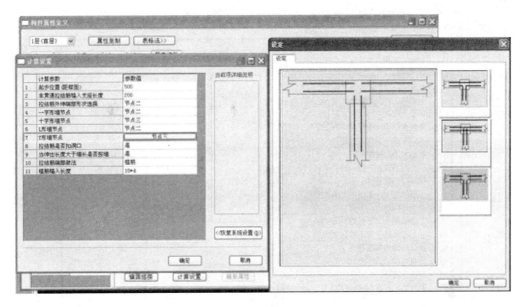

图　4-2-86

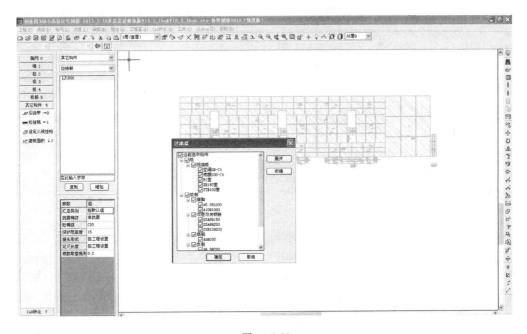

图　4-2-87

（2）支持的参数为：d（直径）、l_a（l_{aE}）、BHC（保护层）。

（3）剪力墙支持的计算设置项序号为：10,11,12,13,14,15,16,17,19,22,25。

（4）框架梁支持的计算设置项序号为：1,2,3,4,5,6,7,8,9,10,22,23,24,25,26,27,37,38。

（5）屋面框架梁支持的计算设置项序号为：1,2,3,4,5,6,7,8,9,10,22,23,24,25,26,27,28,38,39。

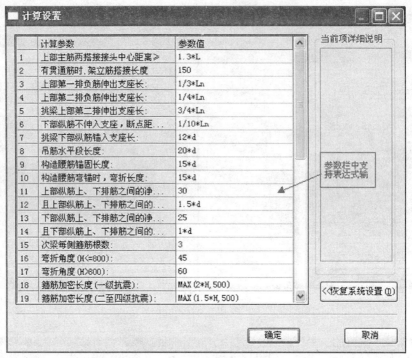

图 4-2-88

(6)次梁支持的计算设置项序号为:1,2,3,4,5,6,7,8,9,10,11,12,24,25,26,27,28,29,
30,40,41。

(7)圈梁支持的计算设置项序号为:1,2,6,10。

(8)基础主梁支持的计算设置项序号为:1,2,3,4,5,6,7,18,19,20,21,22,23,24,25,26,
27,28,30,32,33。

(9)基础次梁支持的计算设置项序号为:1,2,3,4,5,6,7,18,19,20,21,22,23,24,25,26,
27,28,30,32,33。

第 5 章　图形法绘图建模

5.1　各构件的建模

5.1.1　轴网

1)直线轴网

(1)创建直线轴网:鼠标左键点击 ⊞直线轴网 →0 图标,弹出如图 5-1-1 所示的对话框。

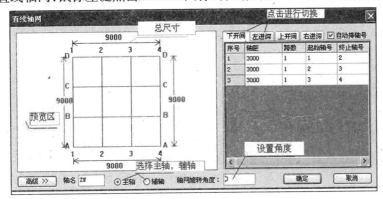

图　5-1-1

左键点击【高级】选项,设置轴网的界面 2,如图 5-1-2 所示。

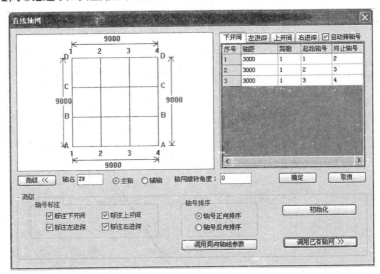

图　5-1-2

用表格的形式阐述见表 5-1-1。

表 5-1-1

预 览 区	显示直线轴网，随输入数据的改变而改变，"所见即所得"
上开间、下开间	图纸上方标注轴线的开间尺寸、图纸下方标注轴线的开间尺寸
左进深、右进深	图纸左方标注轴线的进深尺寸、图纸右方标注轴线的进深尺寸
自动排轴号	根据起始轴号的名称，自动排列其他轴号的名称。例如：上开间起始轴号为 s1，上开间其他轴号依次为 s2、s3…
轴名	可以对当前的轴网进行命名，例如 zw1，zw2 等，构件会根据轴网名称自动形成构件的位置信息
主轴、辅轴	主轴，对每一楼层都起作用；辅轴，只对当前楼层起作用，在前层布置辅轴，其他楼层不会出现这个辅轴
高级	轴网布置进一步操作的相关命令
轴网旋转角度	输入正值，轴网以下开间与左进深第一条轴线交点逆时针旋转；输入负值，轴网以下开间与左进深第一条轴线交点顺时针旋转
确定	各个参数输入完成后可以点击确定退出直线轴网设置界面
取消	取消直线轴网设置命令，退出该界面

注：将【自动排轴号】选项前面的"√"去掉，软件将不会自动排列轴号名称，您可以任意定义轴的名称。

【高级】选项包括下列命令：

【轴号标注】：四个选项，如果不需要某一部分的标注，鼠标左键点击将其前面的"√"去掉即可。

【轴号排序】：可以使轴号正向或反向排序。

【调用同向轴线参数】：如果上下开间（左右进深）的尺寸相同，输入下开间（左进深）的尺寸后，切换到上开间（右进深），左键点击【调用同向轴线参数】，上开间（右进深）的尺寸将拷贝下开间（左进深）的尺寸。

【初始化】：相当于删除本次设置的轴网。执行该命令后，轴网绘制图形窗口中的内容全部清空。

【调用已有轴网】：左键点击，可以调用以前的轴网并进行编辑，如图 5-1-3 所示。

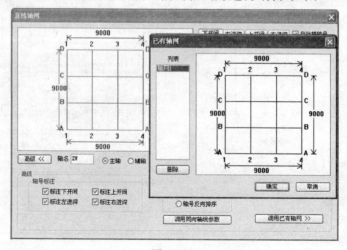

图 5-1-3

【浮动轴号】：如果将图形放大，看不到轴网的轴号时，软件会自动出现浮动的轴号，便于识别操作，如图 5-1-4 所示。

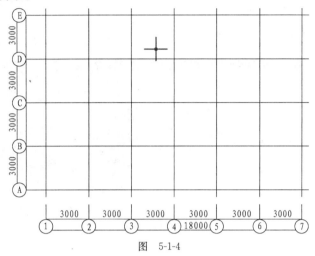

图　5-1-4

（2）修改直线轴网：

①增加一条轴线：左键点击选中轴网，右键点击要增加的轴线（开间或进深，软件会自动识别），增加的轴线名为 1/ж；如在 C 轴上增加一条开间轴线，则增加的轴线名软件自动命名为 1/C，如图 5-1-5 所示。

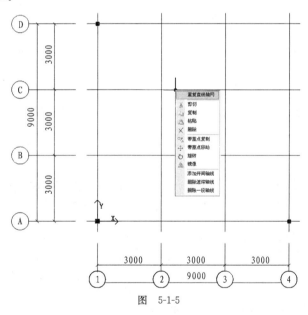

图　5-1-5

②删除一条轴线：左键点击选中轴网，右键点击要删除的轴线（开间或进深，软件会自动识别），标注会自动变化。

③添加进深（开间）轴线：在鼠标点击所进深（开间）方向增加一条轴线（开间或进深，软件会自动识别），软件自动增加分轴号标注。

④删除一段轴线：删除鼠标点击的开间（进深）内轴线（开间或进深，软件会自动识别）。

⑤在直线轴网中,修改轴网的数据:双击已建好的轴网,进入到轴网编辑图 5-1-1,可对已建好的轴网的数据进行修改。

2)弧线轴网

创建弧形轴网:鼠标左键点击 图弧形轴网 ←1 图标,弹出如图 5-1-6 所示的对话框。

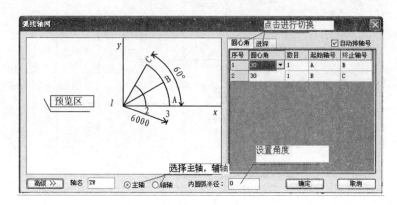

图 5-1-6

用表格的形式阐述见表 5-1-2。

表 5-1-2

预 览 区	显示弧线轴网,随输入数据的改变而改变,"所见即所得"
圆心角	图纸上某两条轴线的夹角
进深	图纸上某两条轴线的距离
高级	轴网布置进一步操作的相关命令
内圆弧半径	坐标 X 与 Y 的交点 O 与从左向右遇到的第一条轴线的距离
主轴、辅轴	同直线轴网
确定	各个参数输入完成后可以点击【确定】退出【弧线轴网设置】界面
取消	取消【弧线轴网设置】命令,退出该界面

【高级】选项包括下列命令:

【轴号标注】:两个选项,如果不需要某一部分的标注,用鼠标左键将其前面的"√"去掉。

【轴网对齐】:①轴网旋转角度,以坐标 X 与 Y 的交点 O 为中心,按起始边 A 轴旋转。

②终止轴线以 X 轴对齐,即 B 轴与 X 轴对齐。

③终止轴线以 Y 轴对齐,即 B 轴与 Y 轴对齐。

【轴号排序】:可以使轴号正向或反向排序。

【初始化】:使目前正在进行设置的轴网操作重新开始,相当于删除本次设置的轴网。执行该命令后,轴网绘制图形窗口中的内容全部清空。

【调用已有轴网】:操作步骤与直线轴网相同。

修改弧形轴网,修改方式与直线轴网的修改方式相同。

3)辅助轴网

执行 ┏辅助轴线 ↑2 命令,在【实时控制工具栏】出现 ▨▨▨◻ 选项可以增加不同形式的辅助轴线。

（1）可绘制直线、三点弧、两点弧、圆心半径夹角弧，画法参见直线、三点弧、两点弧、圆心半径夹角弧的画法介绍，绘制完毕后输入轴线的轴号即可，如图 5-1-7 所示。

（2）增加平行的辅轴：选择辅助轴网的第一点（相对的轴线），选择辅助轴网的第二点（确定增加的轴线的方向），输入偏移距离，再输入轴号即可，如图 5-1-8 所示。生成辅助轴网如图 5-1-9 所示。

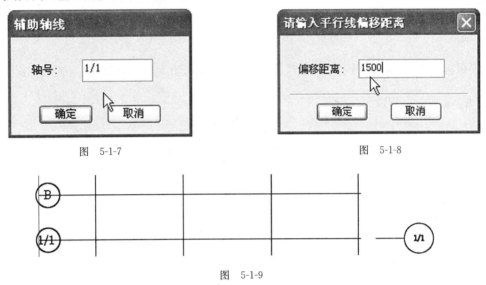

图 5-1-7　　　　　　　　　　图 5-1-8

图 5-1-9

4）自由画线

执行 自由画线 命令，在活动布置栏上会出现 命令栏。

（1）直线的作用：确定可以捕捉的某些点；形成不同的封闭区域。

①创建直线：鼠标左键点击图标，光标由"箭头"变为"十"字形，绘图区相应位置左键布置，如图 5-1-10 所示。

②可以连续布置直线，也可以分段布置，点击鼠标右键退出【直线】命令。

③修改直线：点击要修改的直线，出现要修改直线的长度和角度，如图 5-1-11 所示，可以通过修改长度和角度值来修改直线尺寸位置。

④在布置直线的时候，也可以使用【正交】功能，使直线横平竖直，并用数字控制线的长度。

图 5-1-10　　　　　　　　　　图 5-1-11

（2）三点弧的作用：确定可以捕捉的某些点；形成不同的封闭区域。

鼠标左键点击图标，光标由"箭头"变为"十"字形，绘图区相应位置分别点击三点确定弧线，如图 5-1-12 所示。

（3）两点、夹角弧的作用：确定可以捕捉的某些点；形成不同的封闭区域。

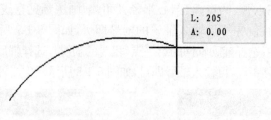

图 5-1-12

①鼠标点击 确定第 1 点、第 2 点，弹出对话框输入角度值或直径，确定弧线，如图 5-1-13 所示。

图 5-1-13

②其他操作与弧线相同。

（4）弧线（圆心、起点、终点弧）的作用：确定可以捕捉的某些点；形成不同的封闭区域。

鼠标左键点击【弧线】的图标，光标由"箭头"变为"十"字形，绘图区相应位置低一点确定圆心，第二点确定半径大小，第三点确定夹角，如图 5-1-14 所示。

提示：两个夹角的含义：起始角从 X 轴算起，起始角为 0°，是表示与 X 轴重合；夹角 90°，是表示弧线的另一个端点与 Y 轴重合。两个角度都是按逆时针方向布置的。

（5）线组的作用：确定可以捕捉的某些点；形成不同的封闭区域。

①鼠标左键点击 的图标，光标由"箭头"变为"十"字形，绘图区相应位置左键布置，连续点击完成封闭的区域，单击右键完成。

②在布置线组的时候，也可以使用【正交】功能，使直线横平竖直。

③可以在输入的时候直接输入长度，L 值就可以进行更改，A 角度值也可以进行更改，如图 5-1-15 所示。

（6）矩形的作用：确定可以捕捉的某些点；形成不同的封闭区域。

①鼠标左键点击 图标，光标由"箭头"变为"十"字形，绘图区相应位置左键布置。

②矩形的定位：点击【选择】按钮，单击【矩形】，会出现两个控制手柄，如图 5-1-16 所示。确定矩形的左上角和右下角两点，绘制一个矩形。双击矩形，输入矩形的长和宽及角度。

（7）圆 的作用：确定可以捕捉的某些点；形成不同的封闭区域。

①操作方法与"直线"相同。

②在绘制圆时直接输入半径、L 值。输入完成后点击回车就可以确定圆半径，如图 5-1-17 所示。

5）布施工段

点击 ，在即时工具栏给出绘制方式的提示 （这四种布置方式可参照自由画线的布置方式），选择相应的绘制方式之后，在作为一个周期内的工程构件绘制出一个闭合的区域，如图 5-1-18 所示。

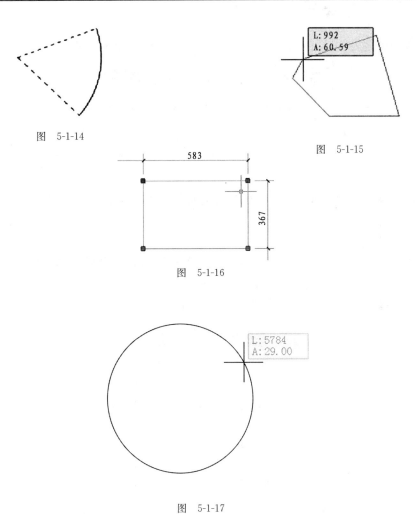

图 5-1-14

图 5-1-15

图 5-1-16

图 5-1-17

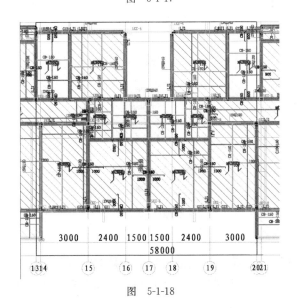

图 5-1-18

6)刷新施工段

施工段调整之后,可以使用刷新施工段,点击 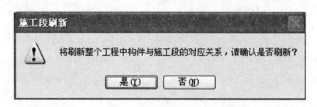 ,会弹出如图 5-1-19 所示对话框。

图 5-1-19

点击【是】就可以刷新施工段了。施工段的布置和刷新施工段与 BIM 结合起来用。

5.1.2 墙

鼠标左键点击左边的【构件布置栏】中的【墙】图标,按钮展开后具体命令包括【连续布墙】、【智能布墙】、【外边识别】、【外边设置】、【墙端纵筋】、【墙洞】、【门洞】、【窗洞】、【暗梁】、【连梁】、【洞口布连梁】、【人防梁】、【过梁】,如图 5-1-20 所示。

图 5-1-20

1)连续布墙

(1)鼠标左键点击【构件布置栏】中的【连续布墙】图标,光标由"箭头"变为"十"字形,在活动布置栏 默认为"直线"状态,还可以选择"三点弧"、"两点弧"、"圆心半径夹角弧"、

"直线点加绘制"等绘制方式,如图 5-1-21 所示。

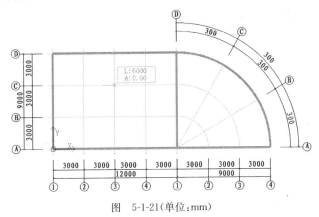

图 5-1-21(单位:mm)

(2)布置墙时,在活动布置栏 定位: ■、■、■* 左边宽度: 100 中可以输入左边宽度,即输入墙的左半边宽度,如图 5-1-20 所示。左半边宽的定义如下:按绘制方向,鼠标指定点(经常是轴线上的点)与墙左边线的距离。

(3)弧形墙的绘制方式:参考轴网中弧线的绘制方式,可以用"三点弧"、"两点夹角弧"、"圆心弧"三种方式绘制。绘制完成的弧线墙,不能重新再修改其弧线图形信息。

(4)点加绘制方式:绘制墙提供【点加绘制】选项,即根据方向与长度确定墙的位置,主要用于绘制短肢剪力墙。

操作方式:选择☑【点加绘制】绘制墙体。

选择墙体的第一点,点【确定】,软件自动弹出【输入长度值】对话框,如图 5-1-22 所示。

图 5-1-22

分别输入【指定方向长度】和【反方向长度】的数值。确定后,软件按照用户给定的数值,确定墙体的长度。

(5)在绘制时也可以直接输入墙的长度 L 值和墙的角度 A 值。例如绘制带有角度的墙体,就可以在绘制时输入墙的长度和角度。用 Tab 键切换 L 值和 A 值,如图 5-1-23 所示。

(6)正交绘制:点击 F8 键或绘图区下方可切换垂直绘制模式,用于限定墙的方向。

(7)连续布置墙后,如果是同类型的墙体,只有第一个布置的墙体显示配筋情况(其他构件相同),其他墙体只会出现墙体名称,如图 5-1-23 所示。

(8)属性定义,参见剪力墙属性定义。可以先布置构件,也可以先定义属性。

(9)图形的修改、编辑:

①更换已经定义好的其他类型的墙体,可通过【构件名称更换】命令实现,操作方式详见本章"第 4 节 构件编辑"中该命令的介绍,如图 5-1-24 所示。

图 5-1-23

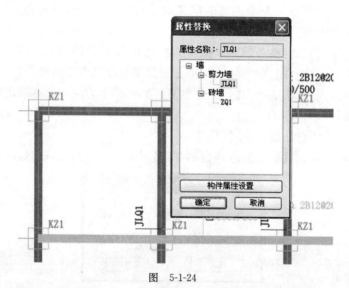

图 5-1-24

②墙的属性也可以在图形上用平法标注的命令在图形中直接进行更改。选择 ▣，然后点击需要更改的墙体，在弹出的顺行对话框中更改构件的属性，如图 5-1-25 所示。

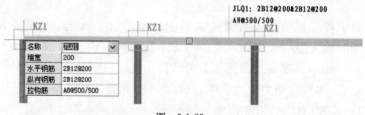

图 5-1-25

③单击某一段墙体，墙体两端出现控制点，光标放在任何一个控制点内，可以拉伸、缩短、旋转该构件，如图 5-1-26、图 5-1-27 所示；同时，为确保绘制好墙体不易被误操作修改，也可以控制不允许拉伸与拖动，详见本章"第 4 节　构件编辑"中关于【选项】的说明。

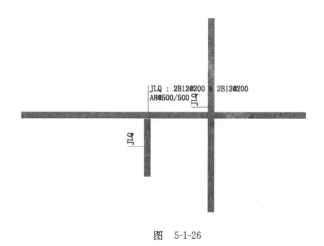

图 5-1-26

图 5-1-27

④选中某段(某些)墙体,可以执行常用工具栏中的【删除】、【带基点复制】、【带基点移动】、【旋转】、【镜像】等命令,如图 5-1-28 所示为镜像后的图形。

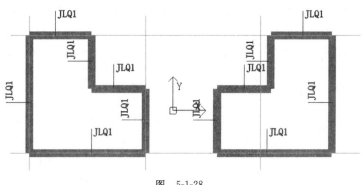

图 5-1-28

⑤选中某段(按住 Shift 键,可以多选)墙体,也可选用直接选取的方式,详见本章"第 4 节 构件编辑"中关于【选项】的说明。点击鼠标右键,可以执行右键菜单中的相关命令,如图 5-1-29 所示。

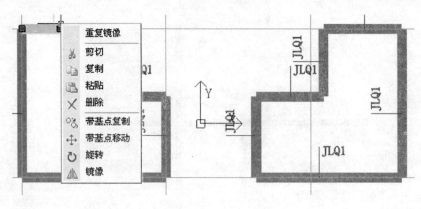

图 5-1-29

2)智能布墙

鼠标左键点击【构件布置栏】中的【智能布墙】图标,在【活动布置栏】内会增加 ⊞轴网 ⬚构件
的图标,可以选择按轴网来形成墙体和按构件形成墙体。

(1)鼠标左键点击【活动布置栏】中的 ⊞轴网 图标,光标由"箭头"变为"十"字形,再到绘图
区内框选相应的轴网(轴线),被选中的轴网(轴线)即可变为指定的墙体。

(2)框选的范围不同,生成墙体的范围也不同,如图 5-1-30~图 5-1-33 所示。图 5-1-30 框
中是四条轴线,图 5-1-31 中就会生成四段墙体;图 5-1-32 框中的只有一段轴线,图 5-1-33 中只
生成一段墙体。

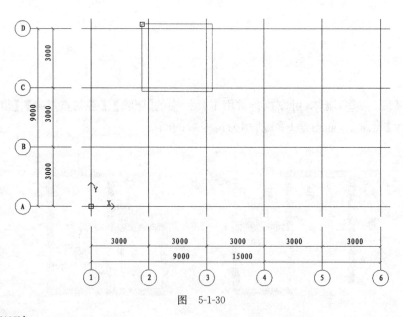

图 5-1-30

3)外边识别

启动 ⬚外边识别 ↑2 命令后软件会自动寻找本层外墙的外边线,并将其变成绿色,从而形成本层
建筑的外边线,如图 5-1-34、图 5-1-35 所示。

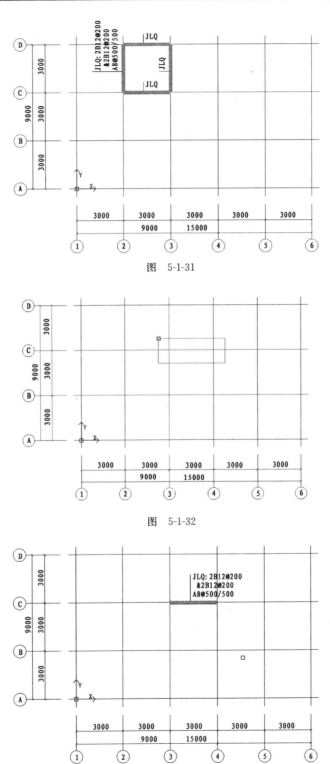

图 5-1-31

图 5-1-32

图 5-1-33

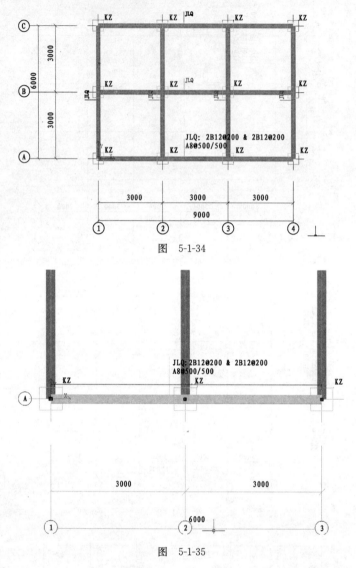

图 5-1-34

图 5-1-35

4)外边设置

鼠标左键点击【外边设置】命令,鼠标光标变为"□"形,再到绘图区剪力墙上,光标停留的
位置即为外边,点击左键确认,设置为外墙的墙边线边为绿色,如图 5-1-36 所示。

图 5-1-36

5）墙端纵筋

鼠标左键点击【构件布置栏】中的【墙端纵筋】图标，光标变成"□"形，然后选择要添加端部纵筋的墙，输入端部纵筋，如图 5-1-37 所示。

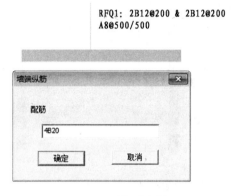

图 5-1-37

最后点击【确定】即可，如图 5-1-38 所示。

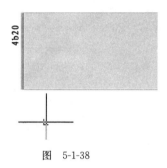

图 5-1-38

6）墙洞

（1）鼠标左键点击【构件布置栏】中的【墙洞】图标，光标由箭头变为"十"字形，再到绘图区剪力墙上相应位置点击左键布置洞口，如图 5-1-39 所示。

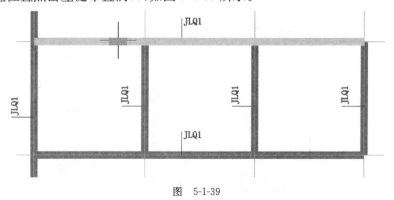

图 5-1-39

(2)洞口布置完成后,点击右键【退出】命令。

(3)洞口的属性定义与剪力墙相同。

(4)当要精确定位墙洞时,选择 [点选布置] [精确布置] 精确布置墙洞。然后选择参照点,移动鼠标就会出现精确尺寸,更改数值即可精确定位墙洞,如图 5-1-40 所示。

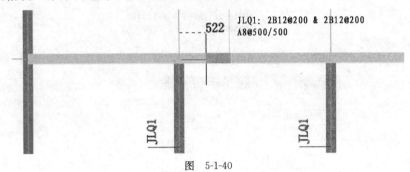

图 5-1-40

(5)选中某个洞口,点击鼠标右键,右键菜单中的【删除】、【属性】命令有意义。

(6)墙洞支持弧形墙上布置,如图 5-1-41 所示。

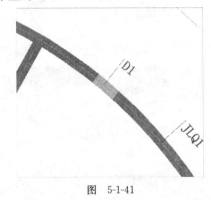

图 5-1-41

7)暗梁布置

(1)鼠标左键点击【构件布置栏】中的【暗梁】图标,光标由"箭头"变为"□"形,再到绘图区内剪力墙相应位置点击左键布置暗梁或框选布置暗梁,如图 5-1-42 所示。

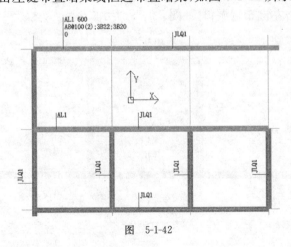

图 5-1-42

(2)暗梁属于寄生构件,寄生在剪力墙上,长度跟随剪力墙的长度变化而变化,剪力墙的变化将会影响到暗梁。

(3)其他的操作与剪力墙的操作方法相同。

8)连梁布置

(1)鼠标左键点击【构件布置栏】中的【连梁布置】图标,光标由"箭头"变为"十"字形,再到绘图区内相应位置点击左键布置连梁,鼠标左键选择第一点,左键确定第二点的位置,右键确认,并结束命令,如图 5-1-43 所示。

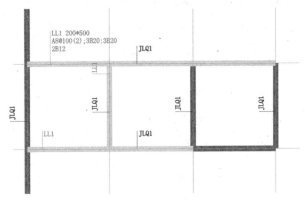

图 5-1-43

(2)目前软件版本,支持弧形连梁的布置。

(3)其他的操作与剪力墙的操作方法相同。

9)人防梁

鼠标左键点击【构件布置栏】中的【人防梁】图标,在构件属性定义栏中选择【门槛梁】,光标变成"十"字形,然后在绘图区相应位置进行绘制,基本操作与剪力墙的操作方法相同,参见"连续布墙"的介绍。

注:门楣梁的布置与门槛梁布置步骤一致。

10)洞口布连梁

(1)鼠标左键点击【构件布置栏】中的【洞口布连梁】图标,光标由"箭头"变为"□"形,再到绘图区内点击相应的洞口,即可布置洞口连梁。

(2)洞口连梁支持弧形布置,如图 5-1-44 所示。

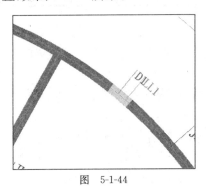

图 5-1-44

11)过梁布置

(1)鼠标左键点击【过梁布置】中的 图标,光标由"箭头"变为"□"形,同时【实时控制栏】出现 选项。

(2)选择【点选布置】时,与暗梁的操作方式相同。

(3)选择【智能布置】,弹出如图 5-1-45 所示对话框,在对话框中进行相应的输入,最后点击【确定】,图形洞口上自动生成相应的过梁。

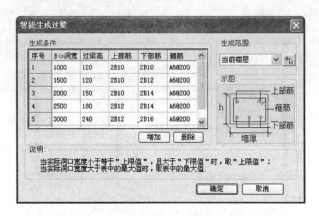

图 5-1-45

(4)布置范围默认为当前楼层,也可自由选择布置范围,如图 5-1-46 所示,并支持相应过滤器。

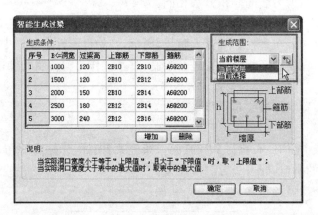

图 5-1-46

当选择【当前选择】时,要点击 ,然后框选要布置过梁的洞口范围。

12)山墙布置

(1)在工具栏中选择 【对构件进行变斜调整】命令,光标由"箭头"变为"□"形,再到绘图选取需要进行山墙设置的构件。

(2)会弹出如图 5-1-47 所示的对话框,提示输入第一点标高,输入标高后点击【确定】。

再次弹出如图 5-1-48 所示的对话框,提示输入第二点坐标,输入相应的标高后点击【确定】。

山墙设置完成,会以蓝色墙表示山墙。

图　5-1-47   图　5-1-48

5.1.3　梁

鼠标左键点击左边的【构件布置栏】中的【梁】图标,按钮展开后具体命令包括【连续布梁】、【智能布梁】、【支座识别】、【支座编辑】、【吊筋布置】、【格式刷】、【应用同名称梁】、【圈梁】、【智能布圈梁】,如图 5-1-49 所示。

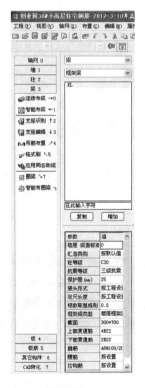

图　5-1-49

1)连续布梁

鼠标左键点击【构件布置栏】中的【梁】按钮,选择【连续布梁】图标,光标由"箭头"变为"十"字形,再到绘图区内点击相应的位置,即可布置框架梁或其他形式的梁。

梁的基本操作与墙的操作方法相同,参见"连续布墙"的介绍。梁可以支持水平折梁的直接绘制：点击【连续布梁】，光标变成"十"字形，在实时工具栏中选择多段梁和水平折梁，〔框架梁 ▼ KL1 矩形:300*700 ▼ 《圖 图形梁面标高:随属性 ▼ 定位 左边宽度:150 多段梁 水平折梁〕。

选择水平折梁，在绘图区连续绘制，右键确定后形成水平折梁，如图 5-1-50 所示。

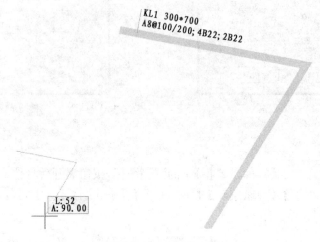

图 5-1-50

注意：板筋扣梁的判断条件为该钢筋布置方向与梁平行，不平行则不扣减。

2）智能布梁

方法与智能布墙相同。

3）支座识别

（1）刚刚布置好的梁为暗红色，表示未识别，即处于无支座，无原位标注的状态。

（2）鼠标左键点击【构件布置栏】中的〔支座识别 ↑2〕图标，光标由"箭头"变为"□"形，在活动工具栏选择〔单个识别 批量识别〕单个识别，再到绘图区依次点击需要识别的梁，已经识别的梁变为蓝色（框架梁）或灰色（次梁）。

（3）识别梁需要一根一根进行识别，梁可识别框架柱、暗柱、梁及墙（包含直行墙）为支座。

（4）软件也可以批量识别支座，一次性将暗红色未识别的梁全部识别过来。

（5）鼠标左键点击【构件布置栏】中的【识别支座】的图标，在活动工具栏选择〔单个识别 批量识别〕批量识别，此时鼠标会变成一个小方框，按住鼠标左键框选所有的梁，鼠标右键确定，此时图中个别暗红色未识别的梁就会变为蓝色（框架梁）或灰色（次梁），如图 5-1-51 所示。

注：未识别的梁不参与计算。

（6）识别过的梁经过移动等编辑后需要重新识别支座。

（7）使用识别梁命令可是对识别过支座的梁重新识别。

4）支座编辑

当软件自动识别的支座与图纸不一样时，可使用〔支座编辑 ↓3〕命令，对已识别的支座删除或增加。方法是：在命令状态下，对支座位置点击，切换叉和三角是否为支座，如图 5-1-52 所示。

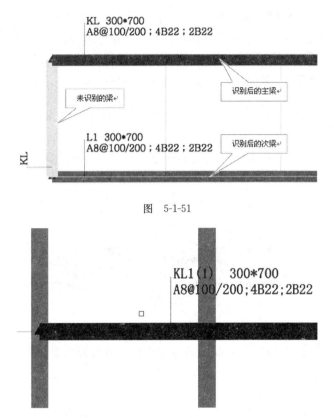

图 5-1-51

图 5-1-52

注:在编辑支座时,显示黄色三角为有支座处,黄色的叉为非支座。

5)吊筋布置

(1)鼠标左键点击【构件布置栏】中的【吊筋布置】图标,光标由"箭头"变为"□"形,再到绘图区内框选梁相交处,弹出如图 5-1-53 所示对话框。

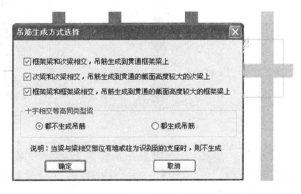

图 5-1-53

说明:

① ☑框架梁和次梁相交,吊筋生成到贯通框架梁上 当选中本条计算规则的时候,吊筋会生成到贯通的框架梁上,并自动读取次梁的宽度进行计算。

②☑次梁和次梁相交,吊筋生成到贯通的截面高度较大的次梁上 当选中本条计算规则的时候,吊筋会生成到贯通且截面高度较大的次梁上,并自动读取截面高度较小次梁的宽度进行计算。

③☑框架梁和框架梁相交,吊筋生成到贯通的截面高度较大的框架梁上 当选中本条计算规则的时候,吊筋会生成到贯通且截面高度较大的框架梁上,并自动读取截面高度较小框架梁的宽度进行计算。

④十字相交: 十字框交等高同类型梁 ○都不生成吊筋 ○都生成吊筋 在区域生成吊筋的时候,可以选择都不生成吊筋或者同时生成吊筋。

(2)吊筋规则设置完成之后,点击【确定】,吊筋自动生成,如图 5-1-54 所示,在梁相交的地方可以查看吊筋。

图 5-1-54

注:在 DJI:2B16&3 中,DJ1 为吊筋的名称,2B16 为吊筋的根数等级直径,&3 为附加箍筋在次梁每边三根。

6)格式刷

(1)在用原位标注调整好一跨的标注之后,如果其他跨的配筋相同,就可以使用 格式刷 ﹨5 命令,如图 5-1-55 所示。

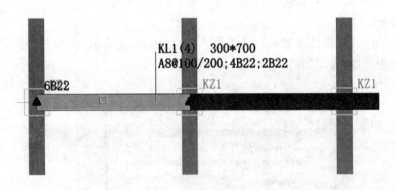

图 5-1-55

(2)鼠标由"十"字形变成"□"形之后,左键点击需要复制的一跨梁,这跨梁就会变成红色,然后在活动控制栏中可以选择 平移▼ 镜像▼ 命令,再点击要被复制的跨,选中之后就会变成蓝色,然后点击右键完成复制,如图 5-1-56 所示。

7)应用同名称梁

(1)如有未识别支座的梁和已识别支座的梁,支座相同时。我们可以使用【构件布置栏】中的【应用同名称梁】命令。

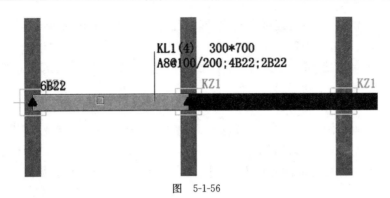

图　5-1-56

（2）点击【应用同名称梁】命令，此时鼠标会变成"□"形，点击要应用支座的梁，如图5-1-57
所示。

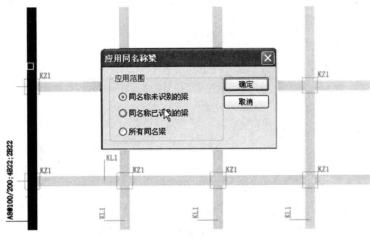

图　5-1-57

这根梁会高亮显示，并弹出【应用同名称梁】对话框，有三种选项：

①【同名称未识别梁】，选择【确定】。图形中凡是和原梁名称相同，且未识别的梁就会全部
按照原梁的支座进行编辑，如图5-1-58所示。

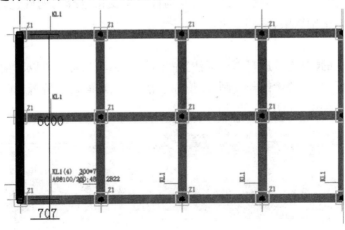

图　5-1-58

②【同名称以识别梁】,选择【确定】。图形中凡是和原梁名称相同,且已识别的梁就会全部按照原梁的支座重新进行编辑。

③【所有同名梁】,选择【确定】。图形中凡是和原梁名称相同的,无论已识别或未识别的梁都会重新按照原梁支座重新编辑。

8)圈梁

(1)鼠标左键点击【构件布置栏】中的【圈梁】按钮,光标由"箭头"变为"十"字形,再到绘图区内点击相应的位置,即可布置圈梁。

(2)圈梁的基本操作与墙的操作方法相同,参见"连续布墙"的介绍,如图 5-1-59 所示。

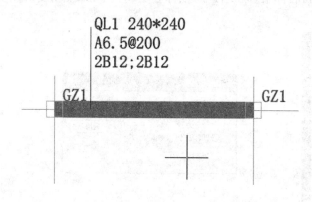

图 5-1-59

注:①圈梁可自动判断 L 形、T 形转角,按指定节点计算纵筋。

②圈梁可自动判断 L 形、T 形、十字形相交转角,配置斜加筋。

③圈梁计算均基于 11G101 国家标准图集。

9)智能布圈梁

(1)智能布圈梁同智能布墙。

(2)构件布置同墙体布置方法一致。圈梁构件布置支持选择的构件包含剪力墙、砖墙、条形基础、基础主梁、基础次梁、基础连梁。

10)平法标注

使用工具栏上的【对构件进行平法标注】命令,平法标注状态下可以对梁进行命名(和属性定义联动)、原位标注、跨的镜像与复制、原位标注格式刷、跨属性设置等修改。点击 命令,软件默认联动梁平法表格,如图 5-1-60 所示。

图 5-1-60

注:平法表格支持下拉数据选择,使用 🖊 命令,如果将工具栏下 ☑平法表格 中的"√"去掉,则不再显示图 5-1-60 中内容。

(1)平法标注

选择 🖊 ,光标变成"□"形,选择要平法标注的梁,光标移动到集中标注变成 💍 形,点击集中标注对集中标注进行修改,如图 5-1-61 所示。

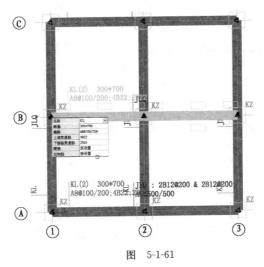

图 5-1-61

①名称修改:点击梁名称后面的三角,下拉选择属性定义中已有的梁的名称,选择其他梁名称相当于构件名称更换。

直接修改名称,如属性定义已有名称则更换新的名称,如属性定义没有的名称则为新增加构件名称。

对梁集中标注的"截面"、"箍筋"、"上部贯通筋"、"下部贯通筋"、"腰筋"、"拉钩筋"进行修改。更改同名称的梁,梁属性连动更改。

②平法标注修改原位标注:可以对梁上部的"支座钢筋"、"架立筋";梁下部的"下部筋"、"截面"、"箍筋"、"腰筋"、"拉钩筋"、"吊筋"、"加腋筋"、"跨偏移"、"跨标高"进行修改。平法标注的输入可记忆以前输入的数值以及恢复默认数值。

③跨属性设置:左键双击某段梁,该梁变为红色,同时弹出【跨高级】对话框,可用于修改每跨梁的上部钢筋伸出长度及箍筋加密区,如图 5-1-62 所示。

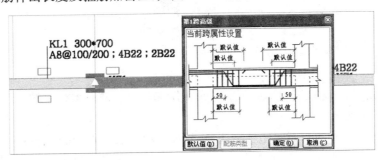

图 5-1-62

④右键退出平法标注状态。

(2)平法表格

①利用平法表格输入识别后的梁构件的配筋信息。可以选择 平法标注联动的【梁平法表格】对梁原位标注修改。鼠标会变成"□"形状,点击需要输入平法标注的梁,此时这根梁会高亮显示,同时本跨将变成红色,并在图形界面下会出现这根梁的集中标注和每一跨的原位标注信息,如图 5-1-63 所示。

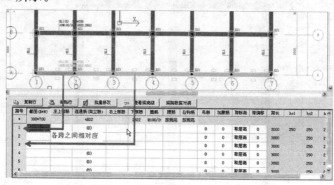

图　5-1-63

②第一行绿色位置的钢筋信息是这根梁的集中标注,在表格中是不可以更改的,如果需要更改则应该在构件属性里面修改。

③每一跨的原位标注都可以在表格中更改并且和图形联动,可以分别在每一跨的表格里填入"截面"、"左上部筋"、"右上部筋"、"下部筋"、"箍筋"、"腰筋"、"拉钩筋"、"加腋筋"、"跨标高"、"跨偏移"。灰色的部分是不能更改的。

④在平法表格中可以对一列的数据进行批量的修改,例如:整根梁每跨的左上部筋都一样,那么我们可以使用【修改列数据】命令,在表格中的左上部筋点击右键,弹出如图 5-1-64 所示的菜单选择修改列数据,或者点击 批量修改 按钮。

	复制行		粘贴行		批量修改		查看梁高级	梁跨数据对调
跨号	截面(B*H)		左上部筋	连通筋(架立筋)	右上部筋	下部筋	箍筋	腰筋	拉钩筋
*	300*700			4B22		00/2i	按规范	按规范
1				(0)	复制行			
2				(0)	粘贴行			
3				(0)	修改列数据			
4				(0)				
5				(0)				
6				(0)				

图　5-1-64

在弹出的如图 5-1-65 所示的对话框中,填入配筋信息。此时整根梁的左上部筋就全部修改了,如图 5-1-66 所示。

⑤在平法表格中也可以对梁跨数据调换,例如:原梁的跨数是从左到右分布第一跨、第二跨等跨,可以点击 梁跨数据对调 将其对调为从右到左分布第一跨、第二跨等跨,对调前如图 5-1-67 所示,对调后如图 5-1-68 所示。

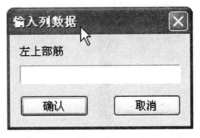

图　5-1-65

跨号	截面(B*H)	左上部筋	连通筋(架立筋)	右上部筋	下部筋	箍筋	腰筋	拉钩筋
*	300*700		4B22		2B22	8@100/2(	按规范	按规范
1	300*500	4B25	(0)	2B20	2B25			
2	300*500	4B25	(0)	2B20	2B25			
3			(0)		2B20			

图　5-1-66

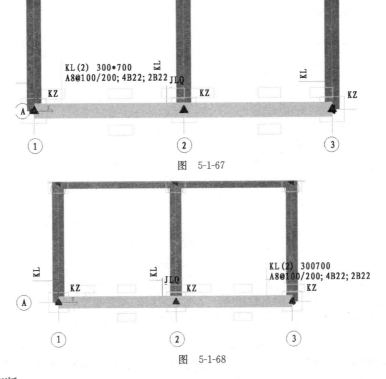

图　5-1-67

图　5-1-68

11)梁打断

(1)当梁需要断开时,可以使用【工具栏】中的🔲打断命令。

(2)选择梁打断命令后,鼠标会变成"□"形,点击需要打断的梁,此时会提示从端支座到断开处的距离,选择相应的距离点击左键。梁就在此进行断开,如图 5-1-69 所示。

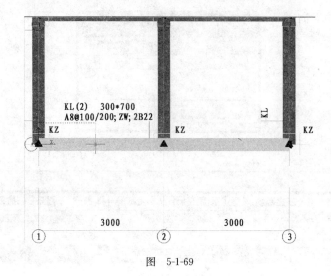

图　5-1-69

12）梁合并

（1）当需要将两根梁合并成一根时，使用【工具栏】中的 🔲 合并命令。

（2）选择梁合并后，鼠标会变成一个小方框，分别选择要合并的两根梁，如图 5-1-70 所示然后右键确定，此时两根梁就合并成一根梁了。

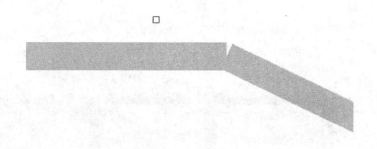

图　5-1-70

注：①如果是两根或多根不同名称的梁，合并后的梁的属性取第一根梁的属性。

②水平折梁可以支持任意角度直形梁与直形梁、直形梁与弧形梁、弧形梁与弧形梁都可合并。

③水平折梁阳角折点无支座可以在计算设置第 34 条中 | 34 | 水平折梁无支座处节点 | | 按设定 | 进行节点定义，如图 5-1-71 所示。

④当水平折梁折点处夹角大于 160°时按直梁计算。

⑤在折梁折点处有墙、柱相交时，软件判断为有支座，底筋按计算设置中的锚固计算，面筋连续通过支座。

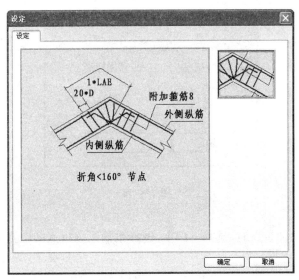

图　5-1-71

13)斜梁设置

(1)当遇到斜梁布置时,可以先布置一根水平梁,然后用工具栏中的 【对构件进行变斜调整】选项将梁标高进行调整,如图 5-1-72 所示。

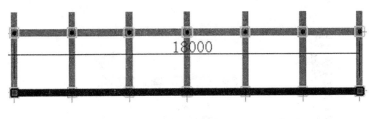

图　5-1-72

(2)点击【对构件进行变斜调整】命令后,鼠标会变成一个小方框,选中需要变斜的梁,选中后此梁会高亮显示,点击右键确定,此时会弹出【第一点标高】的对话框并以绿色图标 提示。输入此点标高点击【确定】后,如图 5-1-73 所示。

图　5-1-73

同样会提示输入第二点的标高,输入此点标高点击【确定】,斜梁设置完成,如图 5-1-74 所示。

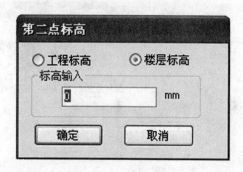

图 5-1-74

14)添加折点

(1)当需要对梁添加折点时,选择 ⁀ 命令,选择梁输入该折点的位置输入标高,完成折点的布置。

(2)可以对多个折点连续进行设置,设置完成后梁上会出现绿色的三角符号,如图5-1-75、图5-1-76所示。

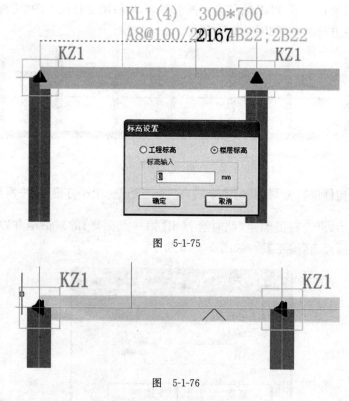

图 5-1-75

图 5-1-76

15)删除折点

(1)当不要折点时可以选择 ⁀ 命令,将已有的折点删除、变直。

(2)选择需要删除折点的梁,此梁就会高亮显示,折点会被红色的方框标出,用鼠标左键点击一下就可删除此折点,如图5-1-77所示。

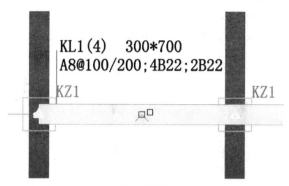

图 5-1-77

16)挑梁节点设置

(1)支持在计算设置中批量修改挑梁断面,如图 5-1-78 所示。

图 5-1-78

鼠标左键双击【形式三】出现如图 5-1-79 所示的窗口。

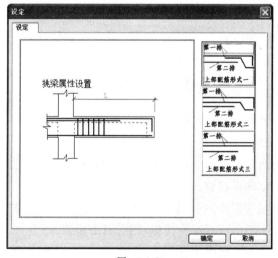

图 5-1-79

（2）支持的构件包括：框架梁、次梁、屋面框架梁、基础主梁、基础次梁。

（3）原有的悬挑梁断面选择方式不变，仍然保留。计算时优先按图形中选择的断面方式计算。

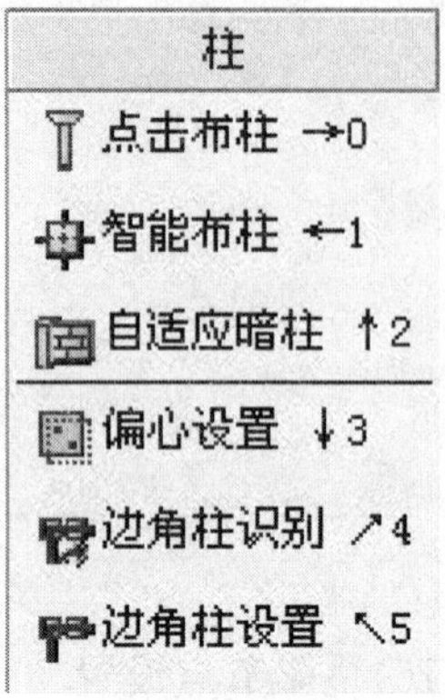

5.1.4 柱

鼠标左键点击左边的【构件布置栏】中的【柱】图标，按钮展开后具体命令包括【点选布柱】、【智能布柱】、【自适应暗柱】、【偏心设置】、【转角设置】、【柱端头调整】、【边角柱识别】、【边角柱设置】，如图 5-1-80 所示。

图 5-1-80

1）点击布柱

（1）框架柱

①用鼠标左键点击【构件布置栏】中的【柱】按钮，选择【点选布柱】图标，在【属性定义栏】中选择【框架柱】或【构造柱】及相应柱的种类，光标由"箭头"变为"十"字形，再到绘图区内点击相应的位置，即可布置柱。

a.【点击布柱】在活动布置栏内弹出 □放置后旋转 ，在□放置后旋转 前加"√"。在布置柱时，即可通过光标对柱子进行角度选择布置。

b.【点击布柱】在活动布置栏内弹出 □放置后旋转 ，在□放置后旋转 前加"√"。在布置柱子时鼠标点击 即可对布置的柱子图形进行水平镜像，然后点击布置。

c.【点击布柱】在活动布置栏内弹出 □放置后旋转 ，在□放置后旋转 前加"√"。在布置柱子鼠标点击 即可对布置的柱子图形进行垂直镜像，然后点击布置。

②可利用【带基点移动】、【旋转】、【相对坐标绘制】等命令绘制、编辑单个柱的位置，详见本章第四节的"命令详解"。

③点击某个柱，界面上方的 旋转按钮，鼠标左键确定基点，旋转至指点位置，右键或回车确定。

④在【工具栏】中的转角按钮 ，点击某个柱，鼠标右键确定，在弹出的  中设置选择的角度，完成柱的旋转。

⑤其他的操作与剪力墙的操作方法相同

（2）暗柱

①根据剪力墙的不同形式，定义好不同的暗柱，如 L-A、L-C、T-C 等，具体参见暗柱属性定义中的内容。

a.【点击布柱】在活动布置栏内弹出 □放置后旋转 ，在□放置后旋转 前加"√"。在布置柱时，即可通过光标对柱子进行角度选择布置。

b.【点击布柱】在活动布置栏内弹出 □放置后旋转 ，在□放置后旋转 前加"√"。在布置柱子时鼠标点击 即可对布置的柱子图形进行水平镜像，然后点击布置。

c.【点击布柱】在活动布置栏内弹出 □放置后旋转 ，在□放置后旋转 前加"√"。在布置柱子时鼠标点击 即可对布置的柱子图形进行垂直镜像，然后点击布置。

120

②鼠标左键点击【构件布置栏】中的【柱】按钮,选择【点选布柱】图标,在【属性定义栏】中选择【暗柱】,根据剪力墙的具体形式选择相应暗柱,光标由"箭头"变为"十"字形,再到绘图区内点击相应剪力墙的位置,即可布置暗柱,如图 5-1-81 所示。

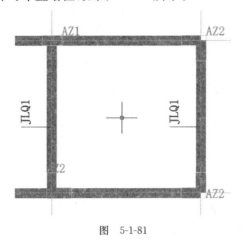

图　5-1-81

③根据剪力墙的不同形式,定义好不同的暗柱,如 L-A、L-C、T-C 等,具体参见暗柱属性定义中的内容。

④墙柱布置好以后,可以使用 🔳【柱墙对齐】命令,将柱与墙对齐或墙与柱对齐。

⑤墙柱布置好以后,可以使用 🔽【端部调整】命令,调整柱端头的位置。

a. 柱的端头调整是针对暗柱而言。

b. 点击柱子端头调整命令 🔳,点击所要进行端头调整的柱子即可,调整前如图 5-1-82 所示,调整后如图 5-1-83 所示。

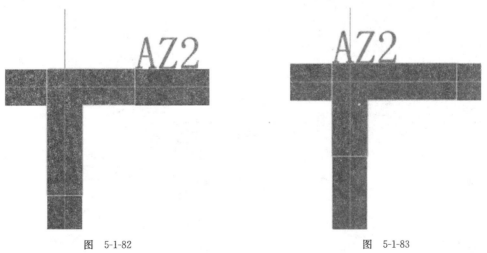

图　5-1-82　　　　　　　　　　　　　　　　　　图　5-1-83

⑥其他的操作与剪力墙的操作方法相同。

（3）构造柱

布置构造柱的方法与布置框架柱的方法相同,参见布置框架柱,如图 5-1-84 所示。

构造柱非连接区高度,箍筋加密区高度按 11G101 最新规范默认设置。

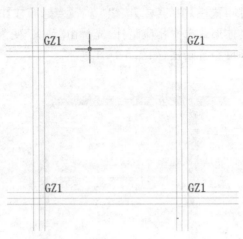

图 5-1-84

构造柱支持底部与顶部构造节点选择。

构造柱判定与圈梁关系设置箍筋加密。

构造柱判定与梁(非圈梁)的关系设置是否本层贯通(以及是否计算插筋),如图 5-1-85
所示。

图 5-1-85

2)智能布柱

鼠标左键点击【构件布置栏】中的【智能布柱】图标,在【活动布置栏】中出现 ⊞轴网 框选 ,鼠
标左键选择智能布置柱的方式。

(1)轴网布柱:点击【轴网】,光标由"箭头"变为"十"字形,再到绘图区内框选轴线交点,被
选中的轴线交点即可布置上指定的柱。

注:柱默认自动按轴网角度布置,如图 5-1-86 所示。

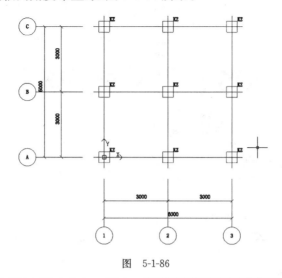

图　5-1-86

(2)框选布柱:点击【轴网】活动布置栏出现 ⊙梁交点布柱　○墙交点布柱　○独立基础布柱 选项,选择不同的布置柱子的方法。

①选择 ⊙梁交点布柱 ,光标由"箭头"变为"十"字形,再到绘图区内框选梁与梁交点,被选中的梁与梁交点即可布置上指定的柱。

②选择 墙交点布柱 ,光标由"箭头"变为"十"字形,再到绘图区内框选墙与墙交点,被选中的墙与墙交点即可布置上指定的柱。

③选择 独立基础布柱 ,光标由"箭头"变为"十"字形,再到绘图区内框选独立基础,被选中的独立基础即在独立基础中心点上布置上指定的柱。

3)自适应暗柱

(1)自适应暗柱作为一个单独的小类存在。

(2)点击【自适应暗柱】,框选布置暗柱的剪力墙,软件自动弹出【输入暗柱长度】对话框,对应图上红线延伸的墙肢,如图 5-1-87 所示。

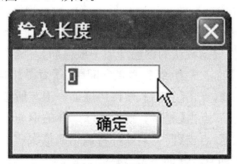

图　5-1-87

(3)依次分别输入暗柱的长度。暗柱形状沿墙走,可以为任意形状。

(4)若剪力墙为"F"形的,暗柱将自动识别为"F"形暗柱;若剪力墙为"十"字形的,暗柱将自动识别为"十"字形暗柱,如图 5-1-88 所示。

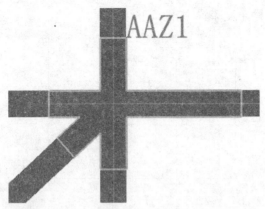

图 5-1-88

(5)可在自适应暗柱属性中添加钢筋,如图 5-1-89 所示。

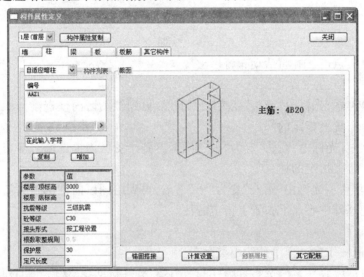

图 5-1-89

【主筋】:点击截面中的【主筋】,输入该暗柱的主筋根数及规格,格式为:根数级别直径。

【其他配筋】:点击截面中的【其他配筋】,软件弹出【其他配筋】对话框,如图 5-1-90 所示。

＼增加 :点击【增加】,软件根据默认的钢筋增加一根箍筋,左键双击【钢筋信息】→【简图】可对其进行更改。【钢筋信息】的格式为:级别直径@间距。【简图】的输入方式同单根法。

复制 :选择要复制的钢筋,点击【复制】,软件将增加一根与所选钢筋一样的钢筋。

✕删除 :选择要删除的钢筋,点击【删除】,软件将已选择的钢筋删除掉。

⇧向上 :选择要向上的钢筋,点击【向上】,软件将该钢筋依次向上移动。

⇩向下 :选择要向下的钢筋,点击【向下】,软件将该钢筋依次向下移动。

自适应暗柱的其他设置同一般暗柱的设置。

4)柱的偏心设置

第 1 步:点击 偏心设置 ↓³ 命令,弹出浮动对话框,默认的内容为空,如图 5-1-91 所示。

第 2 步:选择要偏移的柱,可多选,此命令状态下只能选择矩形框架柱。

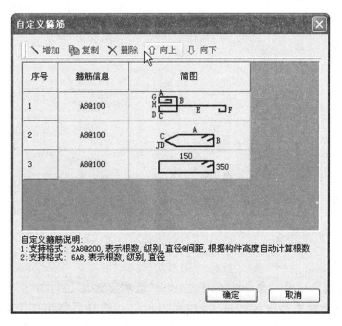

图 5-1-90

第3步:点击右键确定,选中的矩形构件一起根据输入的值偏位。此时浮动框仍然存在,可重复第2步的操作。

第4步:第2次点击右键取消该命令。

5)边角柱识别

边角柱识别的前提是该建筑物外围构件能形成闭合形式。例如:只有柱存在而无其他构件的情况下无法识别到角柱、边柱。

第1步:点击边角柱识别命令 边角柱识别,软件会自动进行识别,并弹出如图 5-1-92 所示对话框。

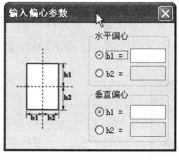

图 5-1-91

图 5-1-92

第2步:点击【确定】完成。

第3步:识别后显示为蓝色的柱为角柱,粉红色的柱为边柱,红色的柱为中柱,如图5-1-93 所示。

6)边角柱设置

当自动识别后的边柱、角柱不能满足实际工程中边柱、角柱的需要。可以自由设定边柱、角柱。

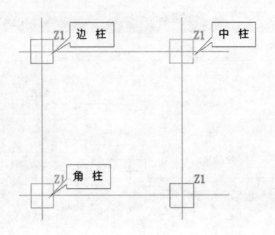

图 5-1-93

第 1 步：点击边角柱设定命令 边角柱设置，此时光标会变成"□"形。

第 2 步：选择所要进行设定的柱子（也可以框选），选择后弹出如下对话框，如图 5-1-94 所示。

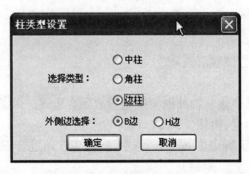

图 5-1-94

第 3 步：选择所要进行调整的柱子类别，按【确定】即可。如选择的是边柱的话，对话框会显示提示状况，如图 5-1-95 所示，进行 B 边、H 边的选择确定边柱的边。点击【确定】完成该命令，软件会自动进行调整。

图 5-1-95

第 4 步：点击【确定】完成该命令操作

126

7)柱表、暗柱表

(1)利用柱表功能可以一次性将所有柱的相关信息输入完成，执行【属性】→【柱表】/【暗柱表】，弹出如图 5-1-96 所示对话框。

柱名称	标高(m)	所属楼层	矩形柱b*h圆...	全部纵筋	四角筋	b边钢筋	h边钢筋	箍筋	肢数
KZ1	KZ1默认值		500*500	12B20	4B16	3B16	3B16	A8-200	4*4
KZ2	KZ2默认值		500*500	12B20	4B16	3B16	3B16	A8-200	4*4
	0.000~3.000	1	[500*500]		[4B16]	[3B16]	[3B16]	[A8-200]	[4*4]
	3.000~6.000	2	[500*500]		[4B16]	[3B16]	[3B16]	[A8-200]	[4*4]
	6.000~9.000	3	[500*500]		[4B16]	[3B16]	[3B16]	[A8-200]	[4*4]
	9.000~12.000	4	[500*500]		[4B16]	[3B16]	[3B16]	[A8-200]	[4*4]
	12.000~15.000	5	[500*500]		[4B16]	[3B16]	[3B16]	[A8-200]	[4*4]
	15.000~18.000	6	[500*500]		[4B16]	[3B16]	[3B16]	[A8-200]	[4*4]
	18.000~21.000	7	[500*500]		[4B16]	[3B16]	[3B16]	[A8-200]	[4*4]
	21.000~24.000	8	[500*500]		[4B16]	[3B16]	[3B16]	[A8-200]	[4*4]
KZ3	KZ3默认值		500*500	12B20	4B16	3B16	3B16	A8-200	4*4
	0.000~3.000	1	[500*500]		[4B16]	[3B16]	[3B16]	[A8-200]	[4*4]
	3.000~6.000	2	[500*500]		[4B16]	[3B16]	[3B16]	[A8-200]	[4*4]
KZ5	KZ5默认值		500*500	12B20	4B16	3B16	3B16	A8-200	4*4
	0.000~3.000	1	[500*500]		[4B16]	[3B16]	[3B16]	[A8-200]	[4*4]
KZ7	KZ7默认值		500*500	12B20	4B16	3B16	3B16	A8-200	4*4
KZ8	KZ8默认值		500*500	12B20	4B16	3B16	3B16	A8-200	4*4

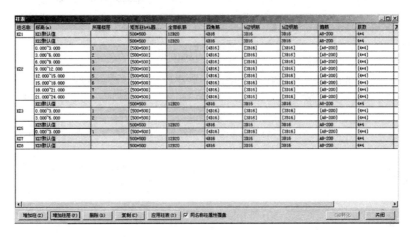

图　5-1-96

用表格形式阐述见表 5-1-3。

表 5-1-3

增 加 柱	增加不同类型的柱，如果先点击某一根柱，再执行该命令，相当于复制该类型柱
删除柱	删除多余或错误的柱
增加柱层	不同楼层有相同名称、不同截面的柱，可以使用柱层的方法，如图 5-1-96 中 KZ2
删除柱层	只能删除已经增加的柱层中的柱
柱表应用	可以将输入完成的柱的信息一次性地应用到柱的属性定义中
同名称柱属性覆盖	当打"√"应用柱表时将覆盖属性定义中同名称柱的属性，反之则以增加形式出现

(2)可以将输入完成的柱的信息应用到柱/暗柱的属性定义中，如图 5-1-97 所示。

柱名称	标高m	所属楼层	矩形柱b*h圆...	全部纵筋	四角筋	b边钢筋	h边钢筋	箍筋
KZ1	KZ1默认值		500*500	12B20	4B16	3B16	3B16	A8-200
	-0.050~-0.050	0	[500*500]		[4B16]	[3B16]	[3B16]	[A8-200]
	-0.050~2.950	1	[500*500]		[4B16]	[3B16]	[3B16]	[A8-200]
	2.950~5.950	2	[500*500]		[4B16]	[3B16]	[3B16]	[A8-200]
	5.950~8.950	3	[500*500]		[4B16]	[3B16]	[3B16]	[A8-200]
	8.950~11.950	4	[500*500]		[4B16]	[3B16]	[3B16]	[A8-200]
KZ2	KZ2默认值		500*500	12B20	4B16	3B16	3B16	A8-200
	-0.050~-0.050	0	[500*500]		[4B16]	[3B16]	[3B16]	[A8-200]
	-0.050~2.950	1	[500*500]		[4B16]	[3B16]	[3B16]	[A8-200]
	2.950~5.950	2	[500*500]		[4B16]	[3B16]	[3B16]	[A8-200]
	5.950~8.950	3	[500*500]		[4B16]	[3B16]	[3B16]	[A8-200]
	8.950~11.950	4	[500*500]		[4B16]	[3B16]	[3B16]	[A8-200]
	11.950~14.950	5	[500*500]		[4B16]	[3B16]	[3B16]	[A8-200]
	14.950~17.950	6	[500*500]		[4B16]	[3B16]	[3B16]	[A8-200]
	17.950~20.950	7	[500*500]		[4B16]	[3B16]	[3B16]	[A8-200]
	20.950~23.950	8	[500*500]		[4B16]	[3B16]	[3B16]	[A8-200]
KZ3	KZ3默认值		500*500	12B20	4B16	3B16	3B16	A8-200
	-0.050~-0.050	0	[500*500]		[4B16]	[3B16]	[3B16]	[A8-200]
	-0.050~2.950	1	[500*500]		[4B16]	[3B16]	[3B16]	[A8-200]
	2.950~5.950	2	[500*500]		[4B16]	[3B16]	[3B16]	[A8-200]
	5.950~8.950	3	[500*500]		[4B16]	[3B16]	[3B16]	[A8-200]
	8.950~11.950	4	[500*500]		[4B16]	[3B16]	[3B16]	[A8-200]
	11.950~14.950	5	[500*500]		[4B16]	[3B16]	[3B16]	[A8-200]
	14.950~17.950	6	[500*500]		[4B16]	[3B16]	[3B16]	[A8-200]

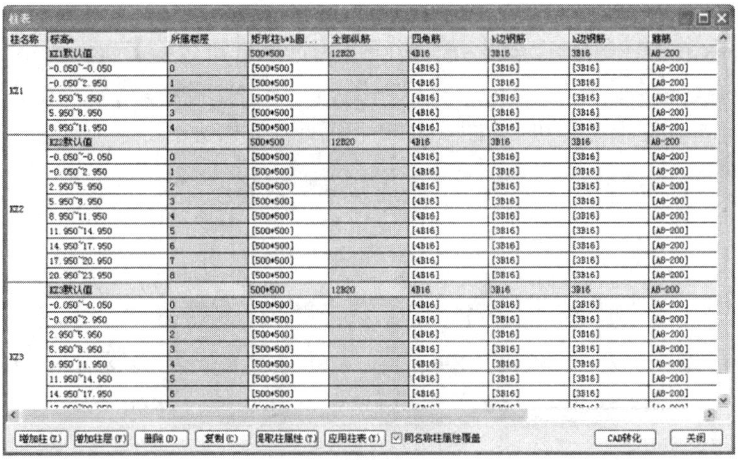

图　5-1-97

用表格形式阐述见表 5-1-4。   表 5-1-4

选择柱截面	选择暗柱的截面形式,方法同属性定义中的选择方法一样
增加柱	增加不同类型的柱,如果先点击某一根柱,再执行该命令,相当于复制该类型柱
删除柱	删除多余或错误的柱
增加柱层	不同楼层有相同名称、不同截面的柱,可以使用柱层的方法,如图 5-1-97 中 KZ2
删除柱层	只能删除已经增加的柱层中的柱
柱表应用	可以将输入完成的柱的信息一次性地应用到柱的属性定义中
同名称柱属性覆盖	当打"√"应用柱表时将覆盖属性定义中同名称柱的属性。反之则以增加形式出现

(3)转化柱表,点击柱表中的 CAD转化 ,鼠标变成"□"形,框选导入到图形界面的柱表即可
完成柱表转化,如图 5-1-98 所示。

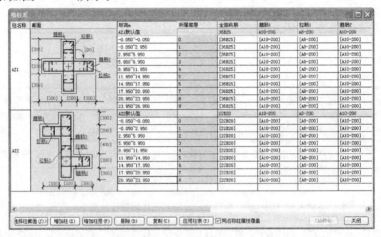

图 5-1-98

提示:连梁表转化操作流程同柱表转化。

8)点击布柱帽

(1)第一步:点击 ▲ 点击布柱帽 √6 命令,然后选择【构件属性定义栏】中要布置的柱帽。

(2)第二步:在【实时工具栏】中选择对应的图标 □放置后旋转 ,然后在绘图区中选择要布
置的位置,左键点击到图形上即可,如图 5-1-99 和图 5-1-100 所示。

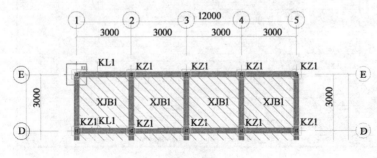

图 5-1-99

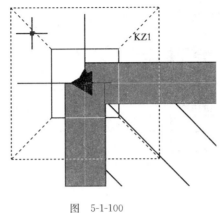

图 5-1-100

9）智能布柱帽

点击 智能布柱帽 ↘7 命令，实时工具栏显示 轴网 柱 ，这时按照实际进行选择，在【构件属性定义栏】中选择要布置的柱帽，直接框选要布置的图形范围，如图 5-1-101 所示。

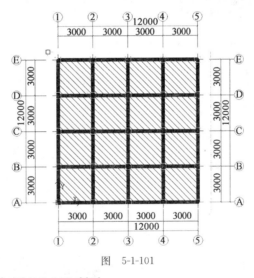

图 5-1-101

最后右键确定即可，如图 5-1-102 所示。

5.1.5 板

鼠标左键点击左边的【构件布置栏】中的【板】图标，按钮展开后具体命令包括【快速成板】、【自由绘板】、【智能能布板】、【板洞】、【坡屋面】，如图 5-1-103 所示。

1）快速成板

（1）根据轴网、剪力墙、框架梁布置完成后，可以执行该命令，自动生成板。

（2）鼠标左键点击【构件布置栏】中的【板】按钮，选择【快速成板】图标，弹出如图 5-1-104 所示对话框，选择其中的一项，自动生成板，如图 5-1-105 所示。

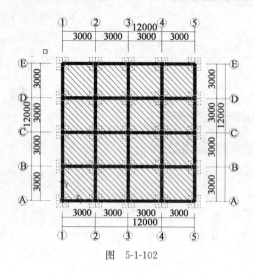

图 5-1-102

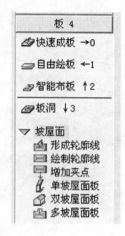

图 5-1-103

图 5-1-104

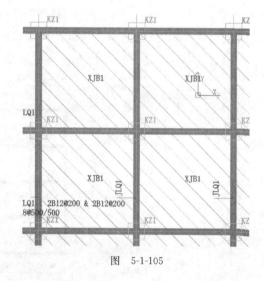

图 5-1-105

用表格阐述见表 5-1-5。

表 5-1-5

按墙梁轴线生成	按照墙、梁轴线组成的封闭区域生成板
按梁轴线生成	按照梁轴线组成的封闭区域生成板
按墙轴线生成	按照墙轴线组成的封闭区域生成板

2）自由绘板

鼠标左键点击【构件布置栏】中的【自由绘板】图标，在活动布置栏 ，
选择自由画板的形状。

布置方法：

（1）矩形板：鼠标左键选择矩形板的第一点后鼠标下拉或上拉确定第一点到第二点矩形的
对角线，完成矩形板的绘制。

（2）圆形板：鼠标左键选择圆形的圆心点，鼠标拉动确定圆形半径，完成圆形板的绘制。

（3）异形板：可以绘制直形板，也可以绘制弧形板，板绘制到最后一点，点击鼠标右键闭合该板,方法与自由画线 1、2 步骤相同。

3)智能布板

(1)在【中文布置栏】上点击 ◢智能布板 ↑2 按钮,要选择不同的布板形式可以在活动工具栏 ⋔点击 ⬚框选 ⬩轴网 ⬩按墙梁中心线 ⬩按梁中心线 ⬩按墙中心线 上选择。

(2)【点击】布板:选择不同区域生成板。选择【点击】后,再点击所要形成板的封闭区域即可,如图 5-1-106 所示。

(3)【轴网】布板:选择【轴网】布板光标由"箭头"变为"十"字形,在绘图区内框选轴线形成的区域,被选中的区域即可布置上指定的板。如果框选的区域已经有板存在,软件会提示:自动形成的板与已存在的板重叠,不能再生成板。如果框选的区域部分存在楼板,部分没有楼板,软件会提示:自动形成的板与已存在的板重叠,不能再生成板;同时没有楼板的区域自动形成板。

4)板洞

鼠标左键点击【构件布置栏】中的【板】按钮,选择【板洞】图标,光标由"箭头"变为"十"字形,在活动布置栏鼠标左键点击【构件布置栏】中的【板洞】图标,在活动布置栏 ⬚矩形 ○圆形 ⬩异形 ╱ ⌒ 选择板的洞形状。

布置方法:

(1)矩形:鼠标左键选择矩形洞的第一点后鼠标下拉或上拉确定第一点到第二点矩形洞的对角线,完成矩形洞的绘制。

(2)圆形:鼠标左键选择圆形的圆心点,鼠标拉动确定圆形半径,完成圆形洞的绘制。

(3)异形:可以绘制直形边,也可以绘制弧形边,绘制到最后一点,点击鼠标右键闭合该板。方法与自由画线 1、2 步骤相同。

5)坡屋面

(1)形成坡屋面轮廓线

点击左边中文工具栏中 ⬩形成轮廓线 图标,左下提示【选择构件】,框选包围形成屋面轮廓线的墙体,右键确定,弹出对话框,如图 5-1-107 所示。

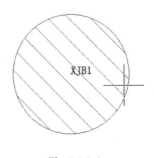

图 5-1-106

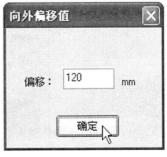

图 5-1-107

输入屋面轮廓线相对墙外边线的外扩量,右键确定,形成坡屋面轮廓线命令结束。

注意:包围形成屋面轮廓线的墙体必须封闭。

(2)绘制坡屋面轮廓线

点击左边中文工具栏中 ✉绘制轮廓线 图标,左下行提示【指定第一个点/按 Shift+左键输入相对坐标】依次绘制边界线,绘制完毕回车闭合,绘制坡屋面轮廓线结束。

（3）增加夹点

点击左边中文工具栏中 增加夹点 图标，此命令主要用于调整坡屋面轮廓线，选择夹点处拖动进行调整定位。

（4）形成单坡屋面板

点击左边中文工具栏中 单坡屋面板 图标，左下行提示【选择轮廓线】，左键选取一段需要设置的坡屋面轮廓线，弹出对话框，如图 5-1-108 所示。

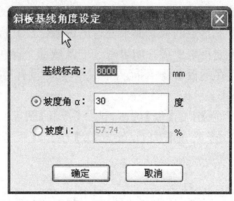

图　5-1-108

输入此基线的标高和坡度角，点击【确定】即可，单坡屋面设置完成。

（5）形成双坡屋面

点击左边中文工具栏中 双坡屋面板 图标，左下提示【选择轮廓线】，左键选取第一段需要设置的坡屋面轮廓线，弹出如图 5-1-108 所示的【斜板基线角度设定】对话框，输入边线的标高和坡度角，再选择第一段需要设置的坡屋面轮廓线，输入边线的标高和坡度角，点击【确定】即可。

（6）形成多坡屋面板

点击左边中文工具栏中 多坡屋面板 图标，左下行提示【选择轮廓线】，左键选取需要设置成多坡屋面板的坡屋面轮廓线，弹出【坡屋面板边线设置】对话框，如图 5-1-109 所示。

图　5-1-109

设置好每个边的坡度和坡度角，点击【确定】按钮，软件自动生成多坡屋面板。

5.1.6　板筋

鼠标左键点击左边的【构件布置栏】中的【板筋】图标,按钮展开后具体命令包括【布受力筋】、【布支座筋】、【放射筋】、【圆形筋】、【楼层板带】、【撑脚】、【绘制板筋区域】、【智能布置】、【布筋区域选择】、【布筋区域匹配】,如图 5-1-110 所示。

图　5-1-110

1)布受力筋

在中文布置栏上选择【板筋】。在活动布置栏上可以选择不同的布置方式。

(1)单板布置

点击【布受力筋】选择【单板布置】,光标光标变为"□"形,左键点击在一块板上,单块板的板筋就布置好了,如图 5-1-111 所示。

(2)多板布置

点击【布受力筋】选择【多板布置】,鼠标光标变为"□"形,左键选择到多块板上,被选中的板将变为紫色高亮显示。点击右键表示确定选中的板。左键点击在板上,多块板的板筋就布置好了,如图 5-1-112、图 5-1-113 所示。

(3)横向布筋

动态参考坐标 X 方向布置钢筋,可布置底筋、负筋、跨板负筋及双层双向钢筋。

(4)纵向布筋

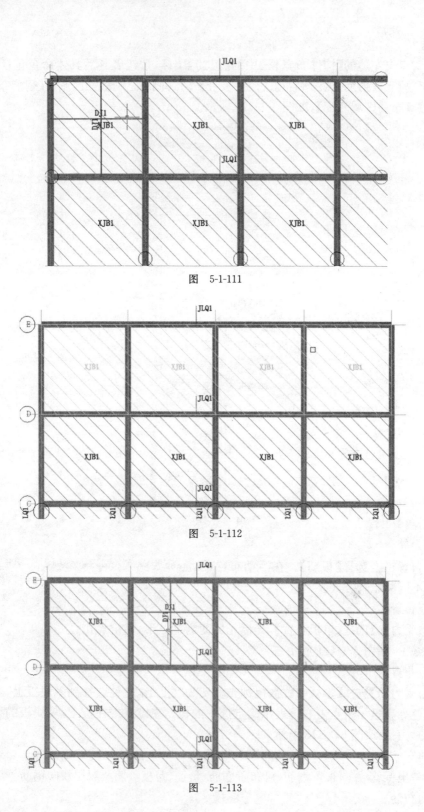

图 5-1-111

图 5-1-112

图 5-1-113

动态参考坐标 Y 方向布置钢筋,可布置底筋、负筋、跨板负筋及双层双向钢筋,如图 5-1-114所示。

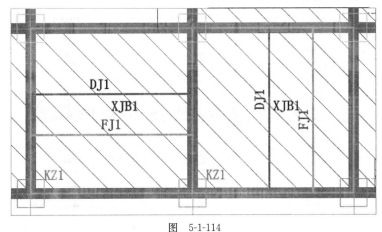

图　5-1-114

(5)XY 向布置

图形界面中,动态参考坐标 XY 双向布置钢筋,可布置底筋、负筋及双层双向钢筋。

(6)平行板边布置

①可以快速地按板边平行方向布筋,主要用于有转角板或弧形板里钢筋的布置。

②布置时左键选择板的某条边线,板的边线变为灰色后,左键点击所在板内布置即可。

提示:受力筋布置好以后,拖动板的夹点,受力筋会随着板而变化,如图 5-1-115 所示。

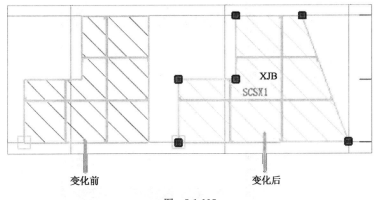

变化前　　　　变化后

图　5-1-115

2)布支座筋

在中文布置栏上选择【布支座筋】出现如图 5-1-116 所示选项,选择不同的布置方式,并且可以输入【左支座】与【右支座】的距离。

左支座:1000　右支座:1000　画线布置　按墙梁布　按板边布

图　5-1-116

(1)画线布置

两点一线快速地布置支座负筋,方法与自由画线 1、2 步骤相同。

提示:以上三种方式布置支座负筋时,支座负筋可在图形界面上输入尺寸,图形自动变化,并记忆上次数据。只要点击一下某一种类的支座负筋,再次布置支座负筋时的数据与刚才点击的支座负筋的数据是相同的,类似格式刷的功能,如图 5-1-117 所示。

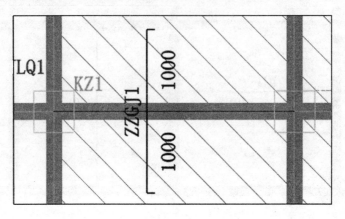

图　5-1-117

（2）按墙梁布

快速地按墙或梁布置支座钢筋,执行命令,选择相应的墙或梁(浮动选中),点击左键布置。

（3）按板边布

能快速地按板边布筋,主要用于有角度的板或弧形上布置支座负筋。执行命令,选择相应的板边(浮动选中的板边),左键点击,如图 5-1-118 所示。

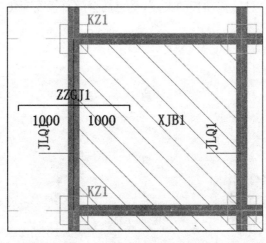

图　5-1-118

（4）支座钢筋左右数值互换

能在布置支座钢筋时快速的切换支座左右数据。

3）放射筋

放射筋主要用于放射钢筋的布置。布置时软件需要判断是否只有一个圆心,并且圆心在板内才可以布置。

4）圆形筋

圆形筋主要用于圆形钢筋的布置,默认仅为底筋。

5）楼层板带

在活动布置栏上 定位: ⬚,⬚,⬚ 左边宽度:1500 ╱ 选择定位方式,输入相应的宽度,布置方式与自由画线中直线相同。

6）撑脚

撑脚主要用于基础底板、超厚楼板的受力钢筋的支撑。

7）绘制板筋区域

点中文布置栏中 ⬚绘制板筋区域 命令,按板筋的实际区域进行绘制,绘制第三条边线后,点鼠标右键,弹出对话框,如图 5-1-119 所示。

图　5-1-119

在【配筋设置】中选择需要布置的钢筋名称,点击 进入属性 可直接对钢筋属性修改设置,选择后确定即可,钢筋则按布置的区域和选择的名称进行布置。

8）智能布置

选择需布置钢筋的类型 ▭▭▭▭ ,点击【智能布置】,软件弹出如图 5-1-120 所示对话框。

（1）板筋类型:按照之前选择的板筋类型,软件自动默认。

（2）板筋布置方式:钢筋的布置方法,根据需要选择 X、Y、XY 方向的布置方式。

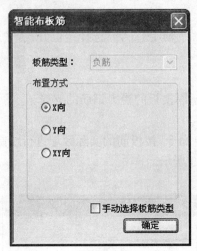

图 5-1-120

（3）手动选择板筋类型：勾选【手动选择板筋类型】可以在【智能布置板筋】内重新选择板筋类型，而不是按照之前设置的板筋类型，软件默认。

9）布筋区域选择

具体操作步骤见【CAD 电子文档的转化】→【各构件转化流程】→【板筋布筋区域选择】命令。

10）布筋区域匹配

具体操作步骤见【CAD 电子文档的转化】→【各构件转化流程】→【板筋布筋区域匹配】命令。

5.1.7 基础

仅在基础层可以布置基础。

鼠标左键点击左边的【构件布置栏】中的【基础】图标，按钮展开后具体命令包括【独立基础】、【智能布独基】、【基础连梁】、【条形基础】、【智能布条基】，如图 5-1-121 所示。

图 5-1-121

鼠标左键点击【属性定义栏】中的【基础】，基础布置构件包含【独立基础】、【基础主梁】、【基础次梁】、【基础连梁】、【筏板基础】、【集水井】，如图 5-1-122 所示。

图　5-1-122

1)独立基础布置

独立基础的方法与布置柱的方法相同,详见柱的布置。

2)智能布独基

智能布独基的布置方法与智能布柱的方法相同,详见智能布柱的布置。

注:可框选的构件包括框架、暗柱、构造柱。

3)基础连梁

基础连梁的布置方法与连续布墙的方法相同,详见连续布墙的布置。

4)条形基础

条形基础的布置:在【中文布置栏】中选择【条形基础】命令,在活动布置栏

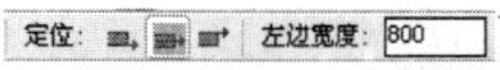

定位: ■,■,■ 左边宽度:800 可以输入左边宽度,即时输入条形基础的左半边宽度。也可以选择左靠边布置■和右靠边布置■。

左半边宽的定义如下:按绘制方向,鼠标指定点(经常是轴线上的点)与墙左边线的距离,如图 5-1-123～图 5-1-125 所示。

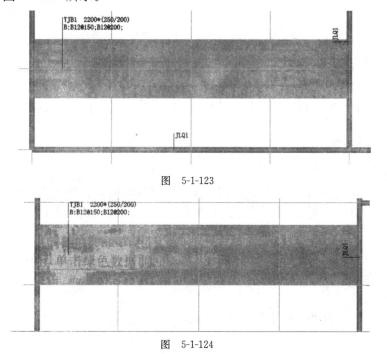

图　5-1-123

图　5-1-124

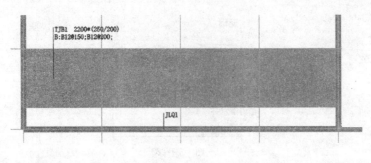

图 5-1-125

5)智能布条基

布置轴网变条基方法与智能布墙的方法相同,详见智能布墙的布置。

注:可框选的构件包括剪力墙、砖墙、基础主次梁、基础连梁、圈梁。

提示:有梁条基的布置,如果需要布置有梁条基,方法如下:

(1)需要先布置条形基础,布置方法与条形基础布置方法相同。

(2)在布置好的条形基础上布置基础梁,完成有梁条基的布置,如图 5-1-126 所示。

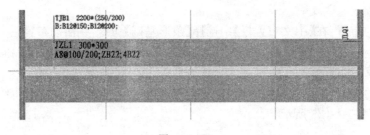

图 5-1-126

注:①条基可判断与其平行重叠的梁(基础梁、基础连梁、圈梁)设置分布筋布置。

②条基可判断梁(基础梁、基础连梁、圈梁)或独立基设置分布筋锚固。

③条基可自动判断 L 形、十字形、T 形相交,按横、纵向设置受力筋贯通。

④条基受力筋长度可根据设定长度按相应 11 G101-3 国家标准图集规范方式计算。

5.1.8 基础梁

仅在基础层可以布置基础梁。

鼠标左键点击左边的【构件布置栏】中的【基础梁】图标,按钮展开后具体命令包括【基础梁】、【智能布基梁】、【支座识别】、【支座编辑】、【吊筋布置】、【格式刷】、【应用同名称梁】,如图 5-1-127 所示。

1)基础梁

与中间层框架梁的连续布梁命令方法一致。

2)智能布基梁

与中间层框架梁的智能布梁命令方法一致。

3)支座识别

与中间层框架梁的支座识别命令方法一致。

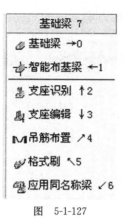

图　5-1-127

4）支座编辑

与中间层框架梁的支座编辑命令方法一致。

5）吊筋布置

与中间层框架梁的吊筋布置命令方法一致。

6）格式刷

与中间层框架梁的格式刷命令方法一致。

7）应用同名称梁

与中间层框架梁的应用同名称梁命令方法一致。

5.1.9　筏板

仅在基础层可以布置基础。

鼠标左键点击左边的【构件布置栏】中的【筏板】图标，按钮展开后具体命令包括【筏板】、【筏板洞】、【集水井】、【布受力筋】、【布支座筋】、【基础板带】、【撑脚】、【绘制板筋区域】，如图5-1-128所示。

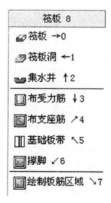

图　5-1-128

1）筏板

在布置好基础梁或剪力墙以后，执行【筏板】命令，在 自动形成　矩形　圆形　自由绘制　中选择相应的方法进行筏板的布置。

(1)选择 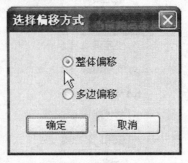 ,框选基础梁或剪力墙形成的封闭区域,被框中构件变为淡紫色,鼠标右键确定,弹出如图 5-1-129 所示对话框。

图　5-1-129

①整体偏移:点击【确定】弹出【偏移】对话框,输入筏板沿基础梁或墙体外伸的长度,如图5-1-130所示。

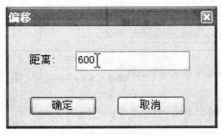

图　5-1-130

点击【确定】完成筏板的绘制,如图 5-1-131 所示。

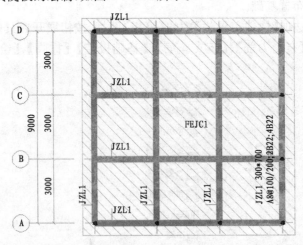

图　5-1-131

②多边偏移:选择【多边偏移】点击【确认】,鼠标点击要偏移的筏板边,被选中的边会高亮显示,如图 5-1-132 所示。

偏移边选择完成后,鼠标右键确认,输入偏移距离,即可完成,如图 5-1-133 所示。

(2)【矩形】、【圆形】、【自由绘制】的操作方法与自由绘板的操作方法相同。

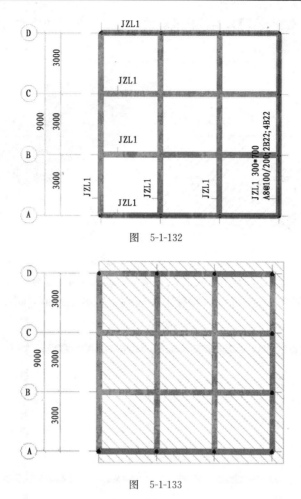

图 5-1-132

图 5-1-133

2)筏板变截面

当相邻的筏板出现高差的时候,可以点击【筏板变截面】命令鼠标变成"□"形,然后选择两块相邻存在高差的筏板,右键确定。弹出【筏板变截面设置】对话框,如图5-1-134所示。

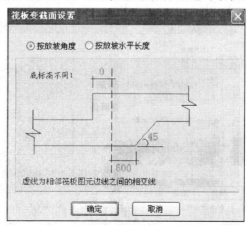

图 5-1-134

可以通过【筏板变截面设置】来对筏板放坡的系数进行相应的修改,且能够通过三维实体化来检查,如图 5-1-135 所示。

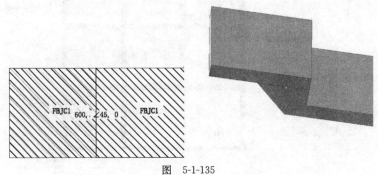

图 5-1-135

3)筏板洞

在已经布置好的筏板上可以进行板洞的设置,活动布置栏 矩形 圆形 异形 中选择相应的方法进行筏板洞的布置,布置方法和板中的板洞布置方法相同,如图 5-1-136 所示。

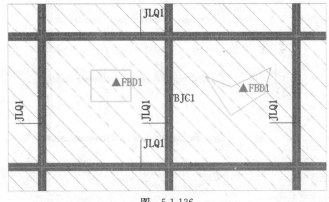

图 5-1-136

注:板洞断面 1 可定义上部洞深度:软件判断是否扣除筏板中层筋或底筋,以及筏板面筋遇洞的弯折长度,如图 5-1-137 所示。

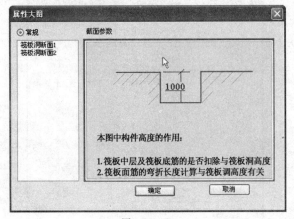

图 5-1-137

筏板洞断面2可定义仅扣除底筋的筏板洞,如图5-1-138所示。

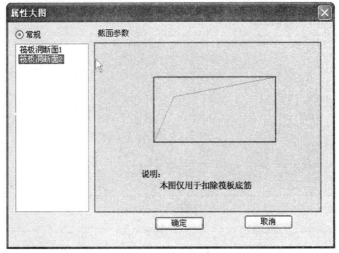

图 5-1-138

筏板洞平面形状可自由绘制。

4)集水井

集水井的布置必须是在筏板生成以后。

在【构件属性定义】中定义好集水井形状、尺寸以及配筋后,在布置栏中选择【集水井】命令,在筏板中点击鼠标左键,在筏板上布置集水井,布置完后如图5-1-139所示。

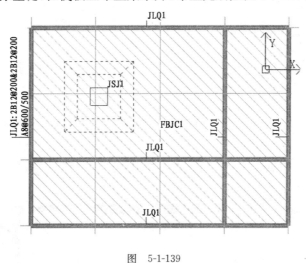

图 5-1-139

集水井和筏板的钢筋互相扣减和锚固的方式,软件根据筏板筋及集水井中的计算设置自动考虑。

集水井构件属性定义如图5-1-140所示。

注:①在构件属性定义界面中,可以对集水井的受力筋和分布筋进行定义。

②输入的格式:当有多排,直径、间距相同时输入格式为:5B25@200,依次为(排数、钢筋级别、钢筋直径)。当有多排,直径、间距不相同时输入格式为:B40@150/B25@150/B25@200,

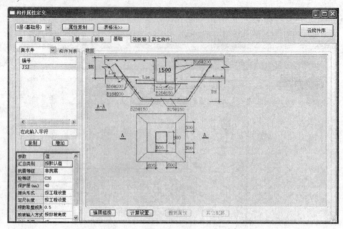

图 5-1-140

点击构件属性定义中绿色的界面可以进入断面类型选择，如图 5-1-141 所示。

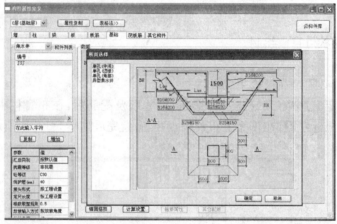

图 5-1-141

注：(1)软件中提供了 4 种断面选择，可以根据不同的工程类型选择相对应的断面类型。

(2)当集水井断面不规则时，可选择异型集水井，如图 5-1-142 所示。

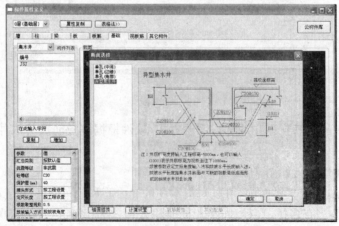

图 5-1-142

（3）异性集水井可以自由绘制，任意定义集水井的放坡边数。进入集水井构件属性定义，点击绿色空白处，选择异性集水井，如图 5-1-143 所示。

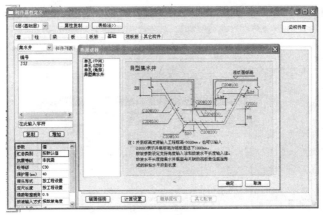

图 5-1-143

点击命令 集水井 ↑2，绘制界面中出现"十"形字光标，用自由绘制方式画一个任意图形如图 5-1-144 所示。

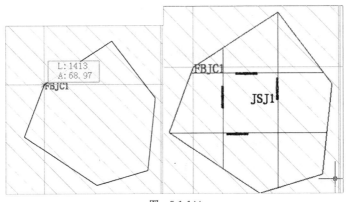

图 5-1-144

点击 集水井参数调整 ↗4 可以调整异形集水井放坡的参数和调整集水井中钢筋的方向，如图 5-1-145 所示。

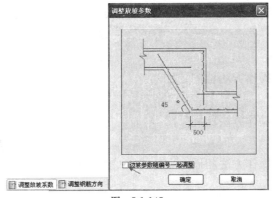

图 5-1-145

147

在实时工具栏中选择调整放坡系数,选中集水井,点击集水井的一条边线。将边坡参数随编号一起调整前面的"√"去掉。可以自由调整异形集水井每条放坡的斜边的角度和边的起坡距离。这样在结束时就可以在参数栏中显示已调整的放坡角度,如图 5-1-146 所示。

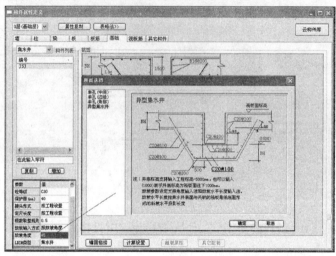

图 5-1-146

在实时工具栏中选择调整钢筋方向,选中集水井,点击这根钢筋的排布方向,选中集水井内的一根钢筋。这样这根钢筋会根据你相应地选择排布,如图 5-1-147 所示。

图 5-1-147

5)布受力筋

与板筋中布受力筋操作方法相同。

6)布支座筋

与板筋中布支座筋操作方法相同。

7)基础板带

与板筋中楼层板带操作方法相同。

8)撑脚

与板筋中撑脚操作方法相同。

9)绘制板筋区域

与板筋中绘制板筋区域操作方法相同。

10)排水沟

属性定义与集水井类似,钢筋输入形式同集水井,如图 5-1-148 所示,可在计算设置中设置排水沟的计算方式,支持其他配筋中增加钢筋。同线性构件直线绘制的方式一致,支持靠左、居中、靠右绘制方式。

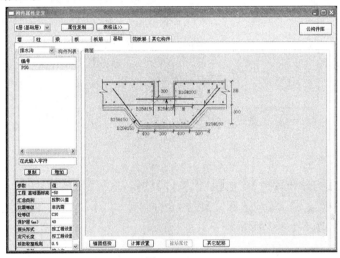

图　5-1-148

注:①排水沟与筏板筋的关联计算,并与集水井、剪力墙、基础主次梁、框架主次梁构件关联计算。

②筏板面筋和底筋的计算设置内增加遇排水沟的计算节点。

③支持合并、倒角、打断等线性构件编辑功能。

5.1.10　其他构件

鼠标左键点击左边的【构件布置栏】中的【其他构件】图标,按钮展开后具体命令包括【后浇带】、【拉结筋】、【自定义线性构件】、【建筑面积】,如图 5-1-149 所示。

图　5-1-149

1)后浇带

鼠标左键点击【构件布置栏】中的【其他构件】按钮,选择【连续布梁】图标,光标由"箭头"变为"十"字形,再到绘图区内点击相应的位置,即可布置后浇带。在后浇带的属性定义界面里,可以修改后浇带遇不同构件的钢筋信息,如图 5-1-150 所示。

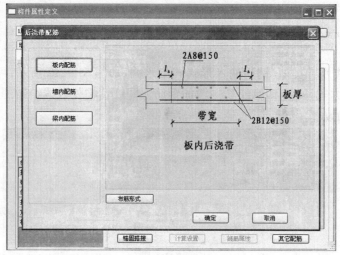

图 5-1-150

2)拉结筋

鼠标左键点击【构件布置栏】中的【其他构件】按钮,选择【拉结筋】图标,实时控制工具栏中将出现 点选布置 智能布置 。选择【点选布置】鼠标光标将变为"十"字形。鼠标左键点击在柱边,拉结筋则布置好了,如图 5-1-151 所示。

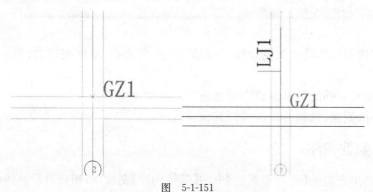

图 5-1-151

选择【智能布置】鼠标光标变为"□"形,框选需要布置拉结筋的区域,鼠标右键确定。软件会在柱与砖墙相交的部位自动形成拉结筋,如图 5-1-152 所示。

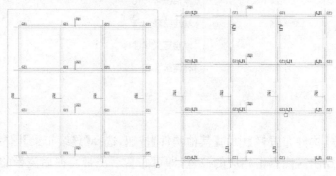

图 5-1-152

3)自定义线性构件

鼠标左键点击【构件布置栏】中的【其他构件】按钮,选择【自定义线性构件】图标,实时控制工具栏中将出现 ![顶标高: 随属性 定位 左边宽度 600] 自定义线性构件的绘制参照连续布墙。

4)建筑面积

鼠标左键点击【构件布置栏】中的【其他构件】按钮,选择【自定义线性构件】图标,实时控制工具栏中将出现 ![自由绘制 智能生成]。自由绘制的方法参照自由画线。

鼠标左键点击【智能生成】,则会弹出【选择楼层】对话框,将需要统计建筑面积的楼层勾上,如图 5-1-153 所示。

图　5-1-153

软件将会自动形成建筑面积线,并将生成好的建筑面积自动添加到【工程设置】→【楼层设置】→【面积】中,如图 5-1-154、图 5-1-155 所示。

图　5-1-154

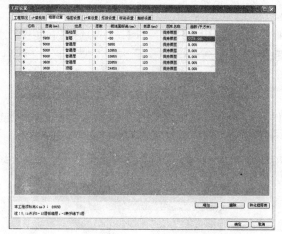

图 5-1-155

5.2 私有属性修改

5.2.1 私有属性的定义

1)关键词

构件属性:构件属性包括工程构件的截面尺寸、配筋信息、标高、砼等级、抗震等级等,如图5-2-1所示。

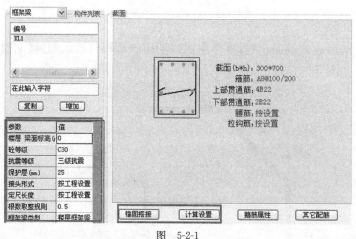

图 5-2-1

私有属性:图 5-2-1 中红色框选区域为可私有的属性,也就是说私有属性可以公有,也可以私有;而公有属性则是不可以单独更改的,也就是说只要构件名称相同,公有属性就相同。已画在图面上的构件有自己的属性,它默认取编号属性,可以通过下面描述的【私有属性修改】命令查看和修改。

引用关系:上级修改,这里也跟着修改,这里一直引用上级的设置。

持有关系:上级修改,这里不修改,设置完全是属于这里本身的。

2）对象

我们要研究的对象（属性项）这些属性项是可私有的，见表 5-2-1，即我们要研究的对象都是在【总体设置】中有默认设置的属性项。

表 5-2-1

抗震等级	定尺长度
混凝土等级	取整规则
保护层	锚固搭接（按钮）
接头类型	计算设置（按钮）

（1）配筋信息与截面信息：在总体设置中没有设置，在创建编号时有一个工程常用的默认值，它们只能在编号处修改，不属此列。

（2）偏位信息（墙梁左半边宽，柱的偏位和转角）：从现在版本中的属性中取消，在绘制时有浮动框输入，并配合【偏移】命令编辑。它不是属性，因此也不属此列。

3）数据关系

数据关系如图 5-2-2 所示。

图　5-2-2

4）构件属性

（1）表 5-2-1 中的各属性项：新创建编号时，默认都是按【总体设置】中的设置，且与总体设置保持引用关系。

（2）在编号属性中修改其中的若干项：被修改的项即与总体设置不同了，它的字体变成红色，且红色数据表示编号自己持有的属性，不再与总体设置的修改联动。

（3）三个按钮项定义如下：

①锚固搭接只要去掉【按设置】前的"√"，整个锚固搭接设置。

②计算设置中修改其中任何一项数据该项就变红，变红的项。

③箍筋设置中去掉【按总体设置】的勾选，整个箍筋设置该项即变为与【总体设置】持有关系。

5）私有属性

建立构件时的构件属性默认为编号属性，它的属性可以通过【私有属性修改】命令查看和修改，其与总体设置的引用与持有关系同编号属性。

5.2.2　私有属性修改操作流程

第 1 步：点击工具栏中的▨按钮或菜单栏【属性】→【私有属性修改】，光标由"箭头"变为"□"形，选择要修改的某个或多个构件，选中的构件变为淡粉色，右键确定，进入私有属性修改界面，如图 5-2-3 所示。

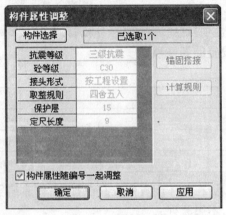

图 5-2-3

第 2 步：点击界面中【构件选择】按钮，进行【相同类型构件】的选择，选择过程中该对话框暂时隐藏。

选择方法是：选择第一个构件（只能点选），再选择（可点选或框选），则只会选得到与第一次选择相同类型的构件类型。支持再选择为反选（如图 5-2-4，仅选择了框架柱）。

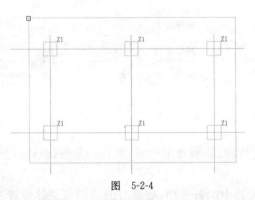

图 5-2-4

第 3 步：选择完成之后，右键确定，对话框重新出现，已经拾取到的所有构件信息进入该对话框，如图 5-2-5 所示。

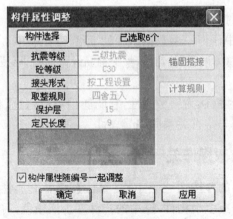

图 5-2-5

在此对话框中,右上角写明选中构件的数量,默认【构件属性随编号一起调整】勾选,表示其图形属性随编号,故其项目都不允许修改。

当去掉【构件属性随编号一起调整】勾选后,对话框内的所有项目被激活,可以任意修改,如图 5-2-6 所示。

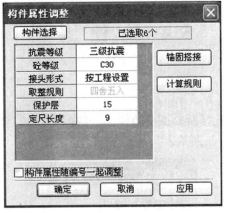

图 5-2-6

修改后的项目变红表示其设置与总体设置不同。

5.3 楼层选择与复制

5.3.1 楼层选择

点击 0层(基础层) ,执行【楼层选择】命令,就可以切换到需要的楼层了,在切换楼层的过程中,软件将不提示是否保存本楼层工程。

5.3.2 楼层复制

点击 按钮,执行【楼层复制】命令,软件弹出如图 5-3-1 所示对话框。

图 5-3-1

(1)复制当前楼层构件到：可以选择除原楼层外的其他目标楼层。

(2)同名称构件属性覆盖：勾选【同名称构件属性覆盖】，软件将把目标楼层内的原有同名称构件属性覆盖。

(3)楼层复制可选择构件小类复制：可选择某一构件小类楼层复制。

5.4 构件编辑

5.4.1 构件名称更换

点击名称更换按钮 ，选择所要更换的构件（名称和构建实体均可），右键确定，软件弹出【属性替换】对话框，如图 5-4-1 所示。

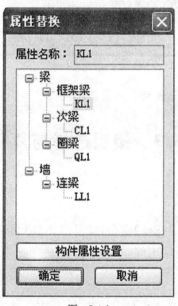

图 5-4-1

选择所要更换的构件名称，点击【确定】；也可点击【构件属性设置】对该构件参数重新设置。

点击【名称更换】后，可连续选择多个构件。当选择好某个构件后，要删除，只需在该构件上再点击一次就可以了。若清楚所有已选中的构建，按 Esc 键即可。

注意：可以执行构件名称更换构件，如图 5-4-2 所示。

5.4.2 属性复制格式刷

点击图标，弹出【属性复制格式刷】对话框，如图 5-4-3 所示。

选择所要复制的属性内容。公共属性和私有属性可分别选择复制。

选择所要原构件的名称，再依次选择被复制构件的名称（在选择被复制构件的时候，可以点选也可以框选）。

图 5-4-2

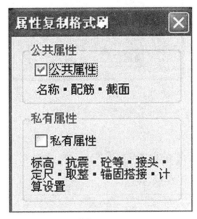

图 5-4-3

5.4.3 删除构件

鼠标左键选择要删除的构件,点击 ✕ 按钮,此操作类似 Delete 键的操作。

5.4.4 构件锁定

图层的锁定功能包括:轴网、墙、柱、梁、板、基础、其他构件,总共 7 个图层类型。

(1)点击 构件锁定按钮,软件会弹出如图 5-4-4 所示对话框,可任意选择其中一个或几个图层进行锁定,锁定后的图层将无法被选中,无法被编辑。但不影响其他构件对锁定图层的识别或定位。

(2)如需绘制被锁定图层的构件,点击构件会自动弹出是否解除锁定的提示,如图 5-4-5 所示。点击【确定】后,图层解锁。

图 5-4-4

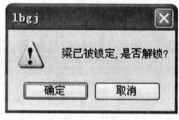

图 5-4-5

5.4.5 剪贴

（1）左键选择构件，右键选择【剪贴】(Ctrl＋X)，确定某个基点，选中构件消失，界面上方出现【启动粘贴板管理器】，如图 5-4-6 所示。

图 5-4-6

（2）如果启动粘贴板管理器，界面右边出现如图 5-4-7 所示的粘贴板管理器对话框。

（3）粘贴板管理器对话框中，选中某个源文件，右键可以更改名称或删除。

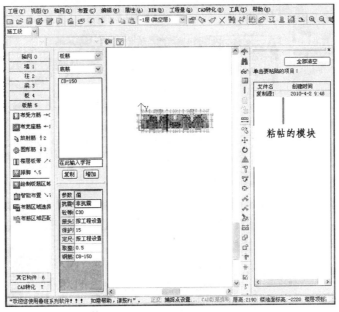

图　5-4-7

5.4.6　复制

左键选择构件，右键选择【复制】（Ctrl＋C），确定某个基点即可，方法与 5.4.5 剪贴相同，只是选中目标不消失。

5.4.7　粘贴

左键选择构件，右键选择【粘贴】（Ctrl＋V），确定某个基点即可。可以进行同层、跨楼层、跨工程粘贴。

（1）同层粘贴

粘贴板管理器中选中要粘贴的某个文件，执行【粘贴】命令，选中某个基点即可。

（2）跨楼层粘贴

楼层切换到某个楼层，方法与"同层粘贴"相同。

（3）跨工程粘贴

①不关闭钢筋软件，直接打开某个工程，选择某一楼层，方法与"同层粘贴"相同。

②关闭钢筋软件，重新启动钢筋软件，打开某个工程，此时粘贴板管理器已经关闭，按图 5-4-8，重新启动粘贴板管理器，余下的操作方法与"同层粘贴"相同。

5.4.8　带基点复制

（1）选择所要复制的构件，再点击 按钮，指定该构件的一个基点，移动该基点至预定位置，右键确定即可。

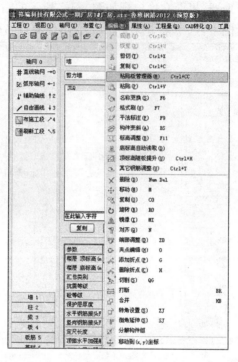

图 5-4-8

(2)点击按钮,左键选择所要移动的构件或漏斗功能选择所要移动的构件,指定该构件的一个基点,直接移至第二点位置。软件可以一次把原构件复制为多个构件,操作方法为:指定原构件的一个基点,重复移动该基点至预定位置,右键确定即可。

5.4.9 带基点移动

(1)左键选择所要移动的构件,再点击按钮,指定该构件的一个基点,直接移至第二点位置。

(2)点击按钮,左键选择所要移动的构件或用漏斗功能选择所要移动的构件,指定该构件的一个基点,直接移至第二点位置。

5.4.10 旋转

(1)左键选择所要旋转的构件,再点击按钮,指定该构件的一个旋转基点,构件按逆时针方向旋转;也可直接确定旋转点。

(2)点击按钮,左键选择所要移动的构件或用漏斗功能选择所要移动的构件,指定该构件的一个旋转基点,构件按逆时针方向旋转;也可直接确定旋转点。

5.4.11 镜像

(1)左键选择所要镜像的构件,再点按钮,指定该构件镜像的基线(确定第一点、第二点),软件弹出如图 5-4-9 所示对话框,选择是否保留原对象。

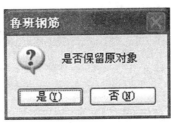

图 5-4-9

(2)点 ▦ 按钮,左键选择所要移动的构件或用漏斗功能选择所要移动的构件,执行镜像。

5.4.12 相对坐标绘制

布置构件时按住 Shift 键,运行【相对坐标绘制】,再点击布置构件。软件弹出【相对坐标绘制】对话框,如图 5-4-10 所示。

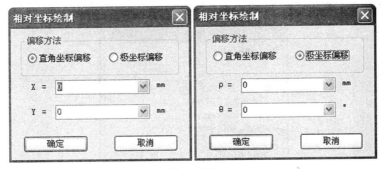

图 5-4-10

软件有【直角坐标偏移】和【极坐标偏移】两种形式选择。

直角坐标偏移:相对于坐标原点 X、Y 轴的距离,输入相应的 X、Y 数值,即可精确定位构件的某一点。

极坐标偏移:ρ 为相对于原点至 X、Y 交点的距离;θ 为原点至 X、Y 交点的距离与 X 轴的夹角。输入相应的 ρ、θ 数值,即可精确定位构件的某一点。

5.4.13 带基点移动/复制/旋转高级技巧

【带基点复制】、【带基点移动】、【旋转】等命令都可以配合相对坐标定位功能使用。

1)带基点复制/移动

选择基点之后,选择第 2 点并按住 Shift 键,相当于精确输入对于基点的相对坐标。

2)旋转

选择基点之后,选择第 2 点并按住 Shift 键,切换至【极坐标】输入状态,相当于精确输入对于基点的转角。

5.4.14 偏移对齐

点击 ▦ 按钮,工具栏出现 ▦▦ 按钮。点击 ▦ 按钮后,点击原对齐边,再点击对齐构件,软件将自动与该对齐边对齐。

点击原对齐边,再点击对齐构件,会出现如图 5-4-11 所示的对话框。

图 5-4-11

在【距离】内输入原对齐边与对齐构件的距离,【确定】即可。

可以被软件确定为原对齐边的构件有墙、梁、柱以及轴网。

5.4.15 选项

点击【工具】→【选项】,软件弹出【选项】对话框,如图 5-4-12 所示。

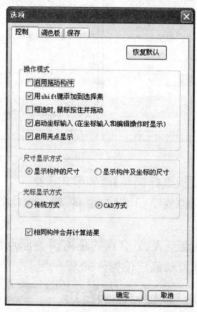

图 5-4-12

1)启用拖动构件

选择【启用拖动构件】,在布置好构件后,在不使用移动命令的前提下,也能随意地移动构件;不选择【启用拖动构件】,在布置好构件后,在不使用移动命令的前提下,不能够移动构件。

2)用 Shift 键添加到选择集

选择【用 Shift 键添加到选择集】,若同时选择多个构件,应按住 Shift 键进行加选。不选择【用 Shift 键添加到选择集】,直接用鼠标点击构件即可进行对构件的多选。

3)框选时,鼠标按住并拖动

选择【框选时,鼠标按住并拖动】,在框选的时候,必须按住鼠标左键进行框选。

4)启动坐标输入

选择【启动坐标输入】，在布置构件时候，可以直接输入布置水平构件的长度和角度信息，如图 5-4-13 所示。

a)选择"启动坐标输入"　　　　　a)不选择"启动坐标输入"

图　5-4-13

5)启动夹点显示

选择【启动夹点显示】，在选择构件时候，在图形中显示构件相对动态坐标的水平尺寸以及构件相对动态坐标的水平夹角度数。不选择【启动夹点显示】则不显示相关信息，如图 5-4-14 所示。

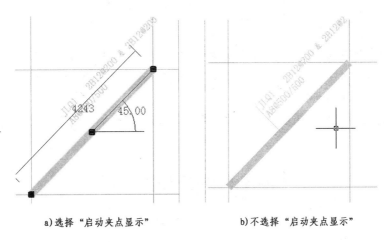

a)选择"启动夹点显示"　　　　　b)不选择"启动夹点显示"

图　5-4-14

6)显示构件的尺寸

选择【显示构件的尺寸】命令，在选择构件时，线性构件在图形界面中会显示构件起止的距离，非线性构件则显示与动态坐标的位置关系。

7)显示构件尺寸及坐标的尺寸

选择【显示构件尺寸及坐标的尺寸】命令，在选择构件时，会同时显示构件的起止的距离及与动态坐标的位置关系。

8)光标显示方式

◎传统方式:选择在布置构件时，不显示可以输入构件长度和角度。

◎CAD方式:选择在布置构件时，显示可以输入构件长度和角度。

9)相同构件合并计算

相同的构件只计算一次，并在【相同构件数】中注明相同构件的个数。

10)调色板

调色板如图 5-4-15 所示。

图 5-4-15

可对轴网、辅助线、剪力墙、砖墙、墙洞、框架柱、框架梁、暗柱、基础、底筋、负筋、支座负筋、支座分布筋、双层双向、圆形钢筋、撑脚、连梁、基础梁、暗梁、现浇板、板洞、跨板负筋、构件布置栏、构件选中,进行颜色的调整。

恢复默认:点击【恢复默认】其颜色恢复为软件默认的颜色。

11)保存

【保存】对话框如图 5-4-16 所示。

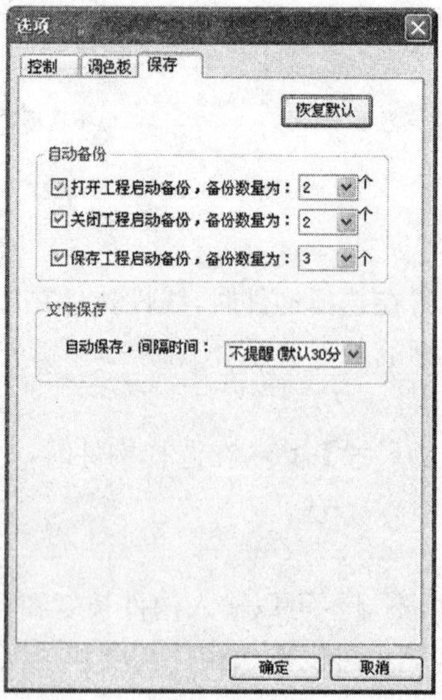

图 5-4-16

（1）自动备份

可以选择自动备份的形式及备份个数。

（2）文件保存，间隔时间

可以选择软件自动保存的时间有 15min、30min、45min、1h 和 2h 五个选项，软件保存有提示。
软件默认 30min 选项为后台自动保存。

5.4.16　端部调整

点击【编辑工具栏中】的【端部调整】，鼠标光标变为"□"形，点击构件，构件的端部便相互调整，如图 5-4-17、图 5-4-18 所示。

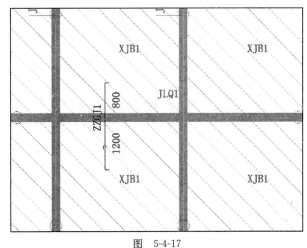

图　5-4-17

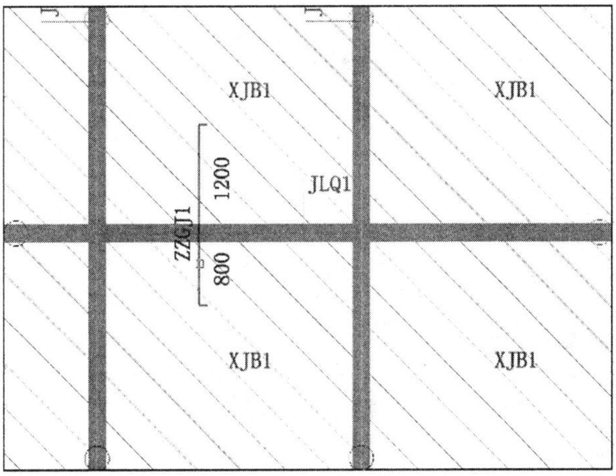

图　5-4-18

5.4.17　夹点编辑

（1）点击编辑工具栏中的夹点编辑 按钮，实时控制栏出现  增加夹点 删除夹点 边编辑 选项。

（2）点击【增加夹点】，随后点击需添加夹点的构件，再点击构件的边来添加夹点。可以选择的构件有：现浇板，板洞，屋面轮廓线，筏板，筏板洞，自由绘制的底筋、负筋、双层双向筋、跨板负筋、温度筋、撑脚、筏板底筋、筏板中层筋、筏板面筋、筏板撑脚筋,以"板"为例,如图 5-4-19 所示。

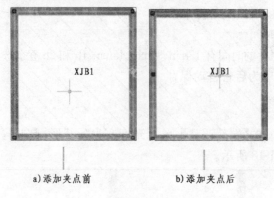

a)添加夹点前　　　　　　b)添加夹点后

图　5-4-19

(3)点击【删除夹点】,再选择要删除的夹点即可。

(4)点击【边编辑】,随后选择需编辑的板,再点击板边,出现如图 5-4-20 所示对话框。

图　5-4-20

【半径】:所选板的边形成弧形的半径。

【拱高】:所选板的边形成弧形的高度。

【角度】:所选板的边形成弧形的圆心角。

形成后的图形如图 5-4-21 所示。

5.4.18　倒角、延伸

(1)点击编辑工具栏中 ⌀【倒角、延伸】按钮,实时控制栏出现 ▦▾ 选项。

▦:角部剪切/延伸。

▦:中部剪切/延伸。

注:倒角延伸支持框选、批量倒角或批量延伸。

(2)点击实时控制栏的 ▦ 按钮,然后点击要形成剪切或延伸的构件,最后点击鼠标右键确定,操作如图 5-4-22 所示。

(3)点击实时控制栏的 ▦ 按钮,先选择要一条剪切或延伸的基准线,再选择要剪切或延伸的构件即可,操作如图 5-4-23 所示。

166

图 5-4-21

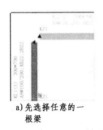

a)先选择任意的一根梁

b)再选择另一根梁，倒角形成

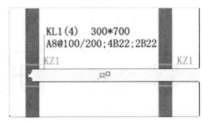

图 5-4-22

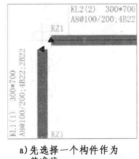

a)先选择一个构件作为基准线

b)再选择要延伸的构件

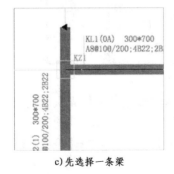

c)先选择一条梁

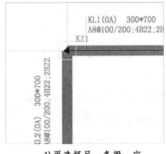

d)再选择另一条梁，完成中部剪切、延伸

图 5-4-23

5.4.19 对构件底标高自动调整

(1)点击工具栏的 ▦ 按钮对构件底标高自动调整命令,软件绘图区出现如图 5-4-24 所示对话框。

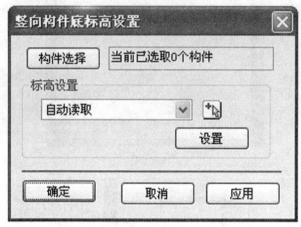

图 5-4-24

(2)点击 [构件选择] ,然后在绘图区选择要调整底标高的构件。

注:可以先点选一个构件,然后框选整个图形,这样会选中同类构件。

(3)构件选择完成后点击鼠标右键,如图 5-4-24 所示对话框再次出现,这时点击 [设置] 出现如图 5-4-25 所示对话框。

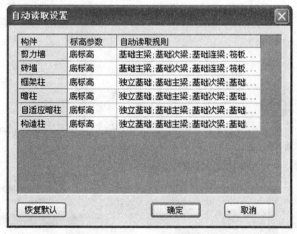

图 5-4-25

注:双击每个构件的【自动读取规则】,可以设置读取构件的优先次序。

例如:双击剪力墙中的自动读取规则,出现如图 5-4-26 所示对话框。

在【选中项】中可以调整【基础主梁】、【基础次梁】、【基础连梁】、【筏板】、【条形基础】的优先顺序,以确定竖向构件读取它们的优先顺序。

(4)最后点击【确定】,当出现如图 5-4-24 所示对话框时,点击【确定】或者【应用】即可。调整过的构件为蓝色,如图 5-4-27 所示。

168

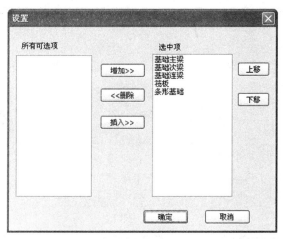

图　5-4-26

图　5-4-27(尺寸单位:mm)

　　注:①当基础面标高不一样时可以用此命令,让竖向构件自动读取到基础面标高,务必要设置好竖向构件读取基础的顺序,如图 5-4-26 所示。

　　②在基础层以上楼层进行此命令操作时,务必注意设置好竖向构件读取基础的顺序(软件默认是先读取基础构件的),如图 5-4-26 所示。

5.4.20　构件标高随板调整

　　(1)点击工具栏的 【构件标高随板调整】命令,软件实时控制栏出现 顶标高随板面 梁底标高随板底 选项。

　　(2)然后点击"顶标高随板面"选择要随板调整的梁以及板,最后点击鼠标右键确定即可。

　　提示:

　　① 顶标高随板面 使构件的顶面与板顶面平齐(被调整的构件需在板的范围内),如图 5-4-28 所示。

　　② 梁底标高随板底 :使梁的底面与板底平齐(被调整的构件需在板的范围内),如图 5-4-29 所示。

169

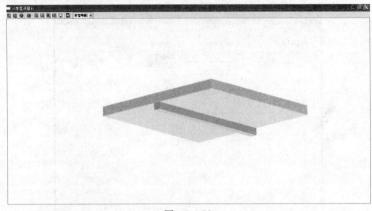

图 5-4-28

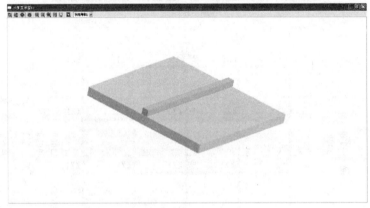

图 5-4-29

③支持的梁构件包括:基础主梁,基础次梁,框架梁,次梁。

④基础主梁和基础次梁暂时只支持水平梁。

5.4.21 区域重量统计

可对同层任意类型的构件进行钢筋的合并统计。

(1)点击图形法计算 ⧉ 按钮,重量统计需在构件计算后进行。

(2)框选需要统计的构件,如图 5-4-30 所示。

(3)点击屏幕最右边竖向的编辑栏中的 ⊞ 区域重量统计按钮,在屏幕下方会弹出如图 5-4-31 所示的窗口。

(4)点击 ▣重量统计,屏幕下方会显示如图 5-4-32 所示的表格。

从图 5-4-32 中可以看出重量统计可对构件的钢筋进行分级别,分直径的统计。

提示:【区域重量统计】支持漏斗功能(过滤器)选择构件,可以统计选中的构件的个数和重量。

5.4.22 屏幕旋转

支持图形法绘图区域 0~360°的旋转。

(1)点击 ⧉ 屏幕旋转命令,软件弹出如图 5-4-33 所示的窗口。

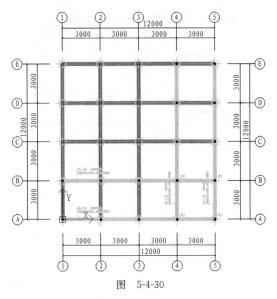

图 5-4-30

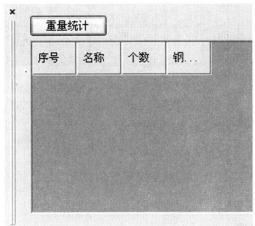

图 5-4-31

序号	名称	个数	钢筋总重量(kg)	一级钢			二级钢		
				8	10	合计	20	22	合计
1	KZ1_A/4	1	115.70		32.05	32.05	83.65		83.65
2	KZ1_A/5	1	115.70		32.05	32.05	83.65		83.65
3	KZ1_B/4	1	115.70		32.05	32.05	83.65		83.65
4	KZ1_B/5	1	115.70		32.05	32.05	83.65		83.65
5	KL1_1-5/A	1	336.20	74.61		74.61		261.59	261.59
6	KL1_1-5/B	1	336.20	74.61		74.61		261.59	261.59
7	KL1_A-E/4	1	336.20	74.61		74.61		261.59	261.59
8	KL1_A-E/5	1	336.20	74.61		74.61		261.59	261.59
9	合计	8	1807.59	298.45	128.20	426.65	334.59	1046.35	1380.94

合计总重量:1807.59kg

图 5-4-32

(2)在【角度输入】一栏中输入角度即可实现屏幕的旋转。例如输入"－90",屏幕顺时针旋转 90°,如图 5-4-34 所示。

提示:

①角度输入"正值角度":屏幕逆时针旋转。

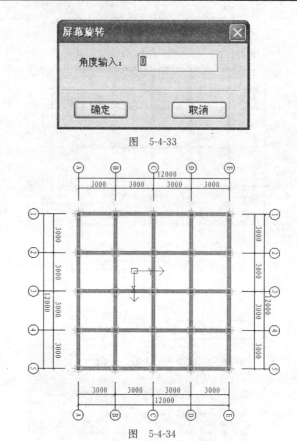

图 5-4-33

图 5-4-34

②角度输入"负值角度":屏幕顺时针旋转。

③屏幕旋转后构件的形状,坐标信息不发生任何改变。

④各种对构件的编辑操作不会发生改变。

5.4.23 合法性检查

点击屏幕最右边竖向的编辑栏中的 ▨ 云检查按钮,软件弹出如图 5-4-35 所示的窗口。

点击【当前层检查】会有提示内容,如图 5-4-36 所示。

5.4.24 楼层原位复制

(1)点击 ▣ 复制按钮,实时控制栏出现 带基点复制 楼层原位复制 □启动粘贴板管理器 选项,再点击 楼层原位复制 按钮,最后选择图形上的构件,如图 5-4-37 所示。

注意:

①支持构件直接在原位复制到其他楼层。

②点击楼层原位复制时,不能使用粘贴板管理器。

③此选择构件支持 ▨ 漏斗(过滤器)功能。

(2)点击鼠标右键确定,软件弹出如图 5-4-38 所示的对话框,这时选择要复制到的楼层,注意要在 ☑同名构件属性覆盖 前打勾,最后点击【确定】即可。

图 5-4-35

图 5-4-36

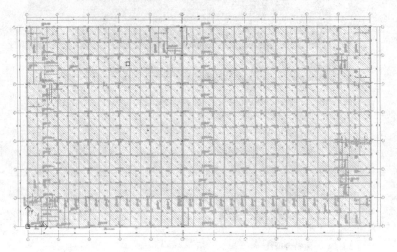

图　5-4-37

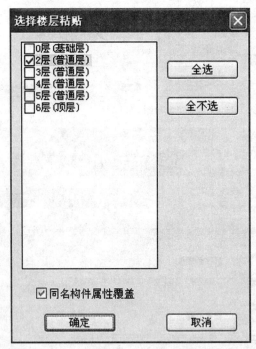

图　5-4-38

(3)切换到 0 层查看构件。

5.4.25　CAD 原图数据提取

提取范围包括:平法标注命令下的所有构件;折点设置的标高输入;构件变斜的标高输入以"平法标注命令下的梁构件"为例。

(1)导入 CAD 图纸,具体步骤详见本书"10.1.1 CAD 草图"。

(2)CAD 转化梁后发现有些原位标注未被转化,如图 5-4-39 所示。

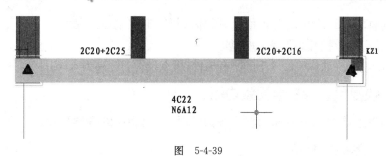

图 5-4-39

（3）点击工具栏中的 按钮，对构件进行【平法标注】命令，再点击图 5-4-39 中没有原位标注的梁，如图 5-4-40 所示。

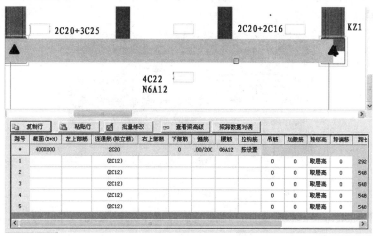

图 5-4-40

（4）点击状态栏中的 CAD数据提取 按钮，使之打开高亮显示 CAD数据提取 。

（5）点击图形中的原位标注方框，再点击方框位置的原位标注即可，如图 5-4-41 所示。

图 5-4-41

提示：

①【CAD 提取数据】功能分为开启和关闭两种状态，开启时 CAD数据提取 可提取，关闭时 CAD数据提取 则不会提取。

②只支持选择 CAD 图中的文本信息,鼠标选择图形或空白处无效。

③点选生成后的数据覆盖原来的数据。

④提取范围包括:平法标注命令下的所有构件;折点设置的标高输入;构件变斜的标高输入。

5.4.26 快捷键查看教学视频功能

按着"Shift"键,点击图形界面的功能按钮,即可弹出相应的教学视频。

5.4.27 调整构件标高

(1)点击 调整构件标高命令。

(2)然后点击构件,也可以点击一个构件后框选同类构件,以梁为例,再点击鼠标右键,软件弹出如图 5-4-42 所示的窗口。

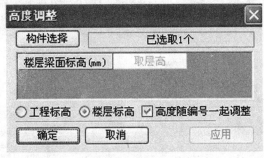

图 5-4-42

(3)把【高度随编号一起调整】前的勾去掉就可以单独设置此构件的标高了。

提示:

①使用标高调整等命令时提供工程标高和楼地面切换的选项,如图 5-4-43 所示。

②点击【对构件进行变斜调整】→【添加折点】同样支持工程标高和楼地面切换。

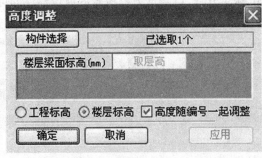

图 5-4-43

5.5 显 示 控 制

5.5.1 构件显示控制

点击 按钮(F7 为快捷键),软件自动弹出构件显示控制,分按图形和按名称两种显示方式,如图 5-5-1 所示。现在图形法里面布置了墙、梁、板、柱、暗柱、洞口、基础等构件及钢筋,如

图 5-5-2 所示。

图 5-5-1

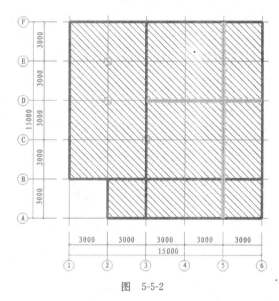

图 5-5-2

(1)点击【图形】,当勾选某一个构件时,在绘图区就显示该构件,如图 5-5-3 所示。此时,软件就只显示轴网、墙、梁、板钢筋。

(2)若不仅显示构件,还要显示构件的名称时,将【图形】切换至【名称】,勾选相应构件的名称,如图 5-5-4 所示,图形中的构件名称属性,会跟着构件属性设置的改变而自动改变。

(3)当切换构件布置栏的构件时,右边绘图区的图形显示也随之跟着改变,如图 5-5-5 与图 5-5-6 所示。左边构件布置栏——基础,图形中只显示轴网、基础构件;左边构件布置栏——柱,图形中只显示轴网、墙体、柱。主要控制图形显示的,还是【构件显示控制】按钮。

5.5.2 放大缩小

左键点击🔍 放大按钮,界面中的图形随之放大;左键点击🔍 缩小按钮,界面中的图形随之缩小。若使用的是三键鼠标,只需滚动中间的滚轮,滚轮向上滚是放大;滚轮向下滚是缩小。

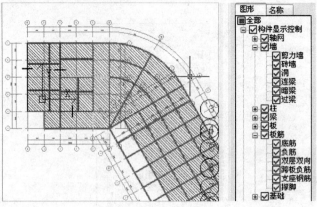

图 5-5-3　构件显示控制(1)

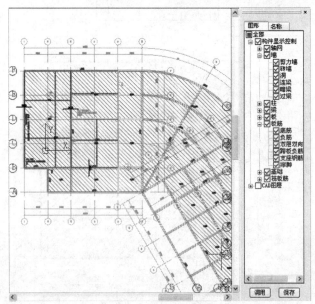

图 5-5-4　构件显示控制(2)

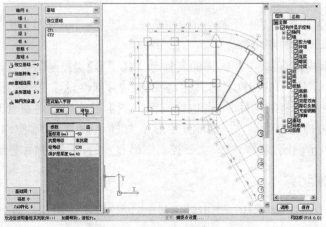

图 5-5-5　图形随构件变化(1)

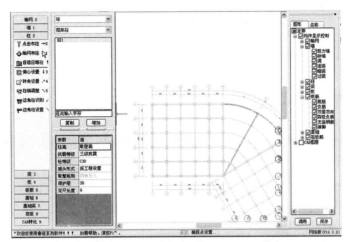

图 5-5-6 图形随构件变化(2)

5.5.3 窗口平移

左键点击▨窗口平移按钮,鼠标在显示屏上将变为"手"形,点击左键,可以移动屏幕上的图形;右键选择图元推出。若使用的是三键鼠标,只需点击中间滚轮就可以实现窗口平移。

5.5.4 窗口放大

左键点击◉窗口放大按钮,框选所要放大的局部图形。此功能是一次性操作,若要进行第二次放大,则需再点击一次窗口放大。

5.5.5 显示全部图形

左键点击▨显示全部图形按钮,界面中的图形最大化全部显示在屏幕上。

5.5.6 动态坐标居中

点击▨动态坐标居中按钮,使坐标居屏幕中间。

5.5.7 同楼层构件分层切换窗口

同楼层构件分层切换窗口 分层0 ,当您需要在同一楼层同一位置绘制两根不同标高的梁时,可以先在两根柱之间绘制一根梁,如图 5-5-7 所示。

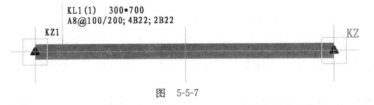

图 5-5-7

将构件分层绘制窗口切换到 分层1 ,同样的位置绘制另一根梁,并调整标高,如图 5-5-8 所示。

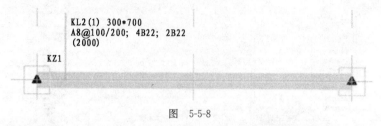

图 5-5-8

这样就能够轻松地实现同一楼层、同一位置,绘制不同标高的两根梁。这里的最多可以分
10 层,如图 5-5-9 所示。

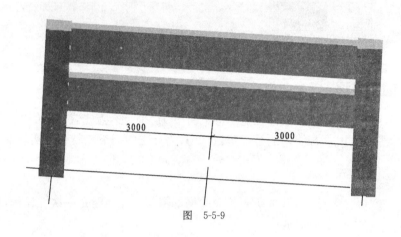

图 5-5-9

5.6 构 件 计 算

点击🔍搜索按钮,软件弹出【构件搜索】对话框,如图 5-6-1 所示。

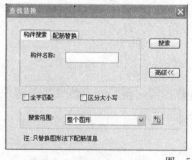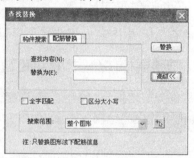

图 5-6-1

在【构件名称】内输入要搜索的关键字;选择是否【全字匹配】或【区分大小写】;选择搜索范
围为【整个图形】或【搜索范围选择】,软件默认为【整个图形】,点击【搜索范围选择】框选所要搜
索的范围。

点击到配筋替换在查找内容中输入钢筋图形法中的钢筋如"2B12",在替换中输入修改的
钢筋如"4B22",点击【替换】,这样就能将你选中的构件的钢筋信息"2B12"改为"4B22"。

5.6.1 单构件查看钢筋量

在对构件计算好以后,点击 按钮,可对单构件进行查看,如图 5-6-2 所示。

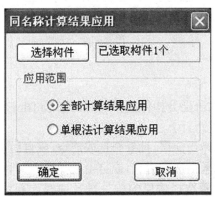

图 5-6-2

单击左键,可对表中的"注释"、"级别"、"直径"、"简图"、"根数"、"弯钩"、"弯曲"进行添加。在表格的上方有构件名称的信息,构件的单个重量。

⬂:新增单根钢筋,可在表格内手工增加钢筋。

⬚:当前复制,选择某根钢筋,点击【复制】,可对该钢筋在当前构件进行复制。

✕:删除,选择某根钢筋,点击【删除】,可对该钢筋进行删除。

⬚:复制,选择某根钢筋,点击【复制】,对该钢筋复制后可以在当前构件选择粘贴,还可在其他构件、单构件查看粘贴。

⬚:粘贴,相对复制功能,单构件查看构件,选择要【粘贴】的构件,点击粘贴,可以将之前复制的钢筋进行粘贴操作。

⬆:向上移动,选择某根钢筋,点击【向上移动】,可对该钢筋进行向上移动。

⬇:向下移动,选择某根钢筋,点击【向下移动】,可对该钢筋进行向下移动。

⬚:同名称构件计算结果应用,对构件进行计算结果更改后,点击此图标后,弹出对话框如图 5-6-3 所示。

图 5-6-3

选择应用范围,可将选中构件的全部计算结果或者单根增加修改的构件应用到同名称的构件计算结果中。

⬚:设置,点击【设置】如图 5-6-4、图 5-6-5 所示对话框。

显示:可对其进行顺序的排列及是否显示。

颜色:可以对字体和背景进行颜色的更改。点击【恢复默认颜色】,软件自动更改为默认的颜色。

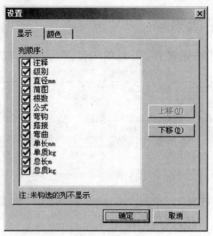

图 5-6-4

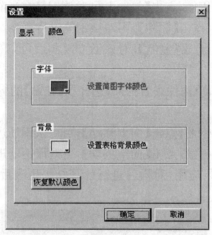

图 5-6-5

5.6.2 计算

点击计算![按钮时,弹出分层分构件选择的对话框,如图 5-6-6 所示。

(1)此处可分层分构件进行计算。

(2)楼层选择方式:可选择当前层,批量全选或清空,或自由选择。

(3)构件选择方式:可批量全选或清空,或自由选择。

(4)通过筛选,可以针对所选择楼层的构件进行选择计算。计算过后的当前图形自动被保存。

5.6.3 计算日志反查

当计算后,出现如图 5-6-7 所示的对话框。

(1)点击【查看计算日志】出现如图 5-6-8 所示的对话框。

(2)点击计算日志里的有问题构件,再点击【图中反查】。

(3)可以反查到出现问题的具体构件所在的位置,可以直接选中构件,如图 5-6-9 所示。

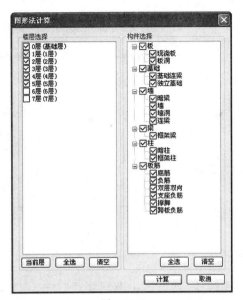

图　5-6-6

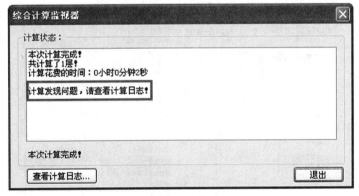

图　5-6-7

图　5-6-8

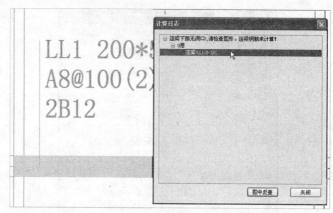

图 5-6-9

5.6.4 新增报表模式

（1）点击 按钮切换到构件法，然后点击菜单栏中【工程量】→【节点报表】，如图 5-6-10 所示。

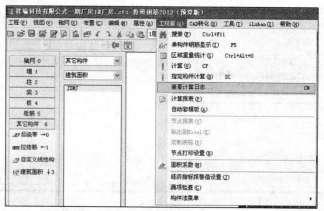

图 5-6-10

（2）点击【节点报表】后弹出如图 5-6-11 所示的窗口，在红色框内有【使用新报表】选项，在前面打上勾后就可以查看新报表了，如图 5-6-12 所示。

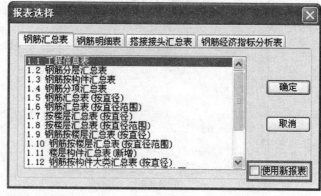

图 5-6-11

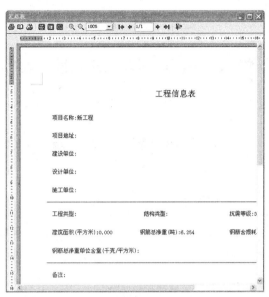

图 5-6-12

5.6.5 新增报表

(1)多工程钢筋汇总表(按直径)、多工程钢筋按楼层汇总表(按直径、按直径范围)。

(2)多工程接头汇总表。

(3)多工程钢筋经济指标分析(按层、按构件、按地上地下)。

5.6.6 计算结果描述

描述的构件包括:柱,剪力墙,底筋,负筋,跨板负筋,支座钢筋,温度筋,独立基础,基础连梁,条形基础,筏板底筋,筏板面筋,筏板中层筋,基础板带,楼层板带,后浇带,拉结筋,每个数据对应一个中文描述。

(1)点击图形法计算按钮 ⚡ 。

(2)计算后点击 👓 选择单个构件,查看或修改单个钢筋量,再点击构件。以柱子为例如图 5-6-13所示,选择到具体的某根钢筋,在红框内即可看到计算结果描述。

图 5-6-13

其他构件操作相同。

第6章 数据共享

6.1 钢筋内部共享

6.1.1 导入构件

导入构件是指两个或多个文件之间的构件相互复制。左键点击【工程】—【导入构件】，如图 6-1-1 所示，只保留源楼层所选第一个工程的图形法设置及图元软件自动弹出对话框，如图 6-1-2 所示。

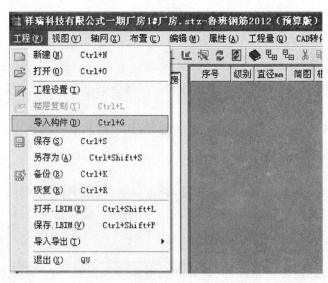

图 6-1-1

选择要导入的文件，点击【打开】，软件自动弹出如图 6-1-3 所示对话框。

在该对话框中可点击【展开】或【收缩】，选择要导入的楼层、构件或构件夹。选中要导入的构件，右键复制，如图 6-1-4 所示，在左边工具栏内右键粘贴，如图 6-1-5 所示。也可直接把所要导入的构件拖至左边工具栏中的文件夹中。

注：目前导入构件只能运用于构件法。

6.1.2 图形构件复制与粘贴

图形构件复制与粘贴可以在应用程序之间复制或粘贴信息，同时不影响在原始应用程序中编辑信息。当需要从另一个工程中的构件中使用对象时，可以先将这些对象剪切或复制到剪贴板，然后将它们从剪贴板粘贴到其他的应用程序中，如图 6-1-6 所示。

图 6-1-2

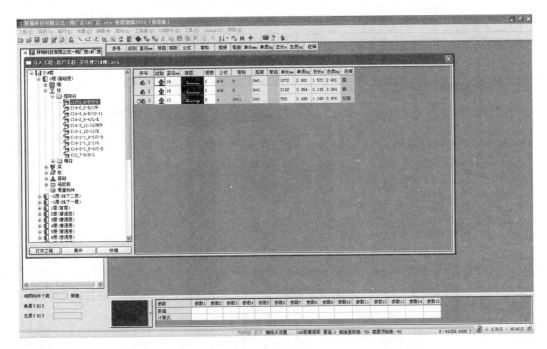

图 6-1-3

剪切对象 ✂:剪切将从图形中删除选定对象并将它们存放到粘贴板管理器中。现在便可以将对象粘贴到其他鲁班钢筋工程中。

复制对象 📄:复制将从图形中选定对象将它们存放到粘贴板管理器中。现在便可以将对象粘贴到其他鲁班钢筋工程中。

粘贴对象 📋:将存放在粘贴板管理器中的构件粘贴到当前工程中,支持不同楼层粘贴。

打开源工程:使用复制命令打开源工程,点击 📄 按钮,此时可以启动粘贴板管理器

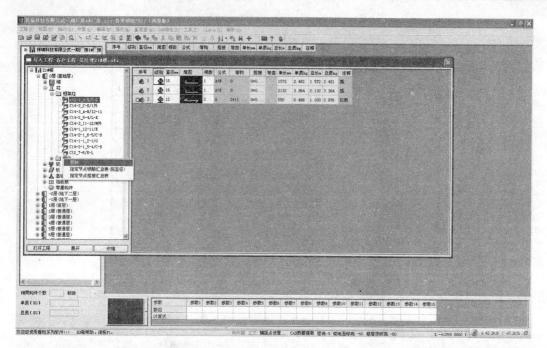

图 6-1-4

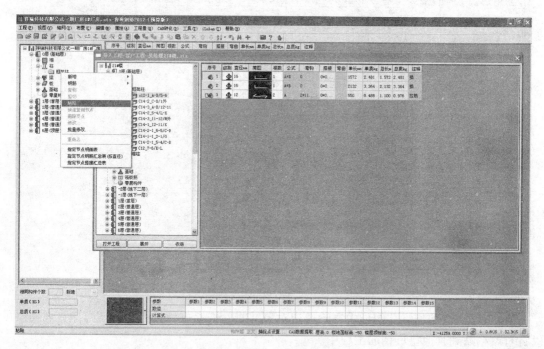

图 6-1-5

☑启动粘贴板管理器 如图 6-1-6 所示,然后选择要复制的构件(选择方法可以点击选择、框选、漏斗筛选,多选的可以再次点击删除选择),选择完成以后鼠标右键退出,定义基点。此时复制的文件已经存放在粘贴板管理器中。打开目标工程或本工程使用 ⬛ 命令支持当前楼层粘贴和其他楼

层粘贴 [粘贴] [楼层粘贴]，当前楼层粘贴只需选用复制源再确定插入点位置。使用楼层粘贴后弹出如图 6-1-7 所示对话框，选择相应楼层点击确定后再【确定】插入点即可，如图 6-1-8 所示。

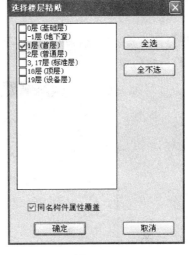

图　6-1-6   图　6-1-7

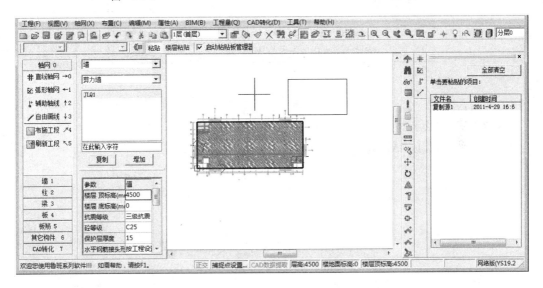

图　6-1-8

6.2　关于 LBIM

6.2.1　什么是 LBIM

"LBIM"是"鲁班数据共享文件"，可以将某一种产品建模的所有参数导出到后缀名为".LBIM"的文件中，再用另一种产品导入，通过这一文件，实现数据的完全共享。

从鲁班钢筋 2008 12.0 开始,实现了与土建算量 LBIM 的导入,可以分作工程整体导入与选择楼层导入两种方式,并且二者都可以选择构件进行导入。

6.2.2 导出.LBIM

(1)操作步骤:点击【菜单】—【导出 . LBIM】,弹出保存位置提示框,如图 6-2-1 所示。输入文件名称,保存。

图 6-2-1

(2)注意:

①保存目录默认为该工程文件夹下。

②保存类型为".LBIM"格式。

第7章 构件输入法

7.1 构件夹的设置

软件默认状态下每层都已按大类构件(墙、梁、板、柱、桩、基础、楼梯、零星构件)设置好,可新增构件夹,可删除;删除之后,可增加被删除的构件夹,增加方法同小类构件夹。大类构件夹下有小类构件夹,软件默认有一个常用小类构件夹,如果需要增加构件夹,具体操作包括如下内容:(1)新增楼层类构件夹;(2)新增构件类构件夹;(3)新增小类构件夹;(4)新增文件夹;(5)删除构件夹;(6)删除文件夹;(7)复制、粘贴构件夹;(8)复制、粘贴文件夹;(9)快速复制文件夹或构件;(10)修改文件夹名称;(11)上下移动文件夹;(12)新增构件类构件夹;(13)展开收缩文件夹;(14)构件法构件树结构调整;(15)图形构件计算结果反查。

7.1.1 新增楼层类构件夹

(1)在主界面目录栏中,用鼠标左键点击工程名称,使之加亮,点击鼠标右键→【新增】→【新建文件夹】命令,如图 7-1-1 所示。

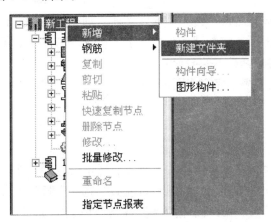

图 7-1-1 新建楼层类构件夹

(2)在文件夹编辑框 中输入新增的构件名称,如夹层,功能同【重命名】的操作。

7.1.2 新增构件类构件夹

(1)在主界面目录栏中,用鼠标左键点击楼层数,使之加亮,点击鼠标右键→【新增】→【新建文件夹】命令,如图 7-1-2 所示。

(2)在文件夹编辑框 中输入新增的构件名称,如夹层;功能同【重命名】的操作。

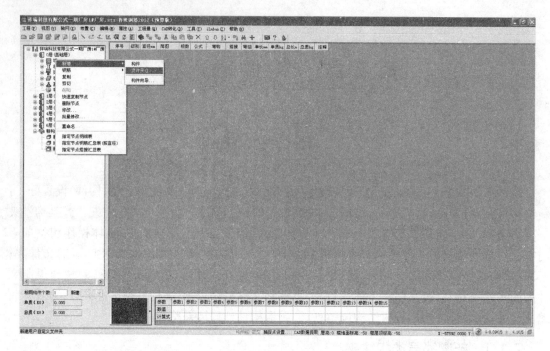

图 7-1-2　新建构件类构件夹

7.1.3　新增小类构件夹

（1）在目录栏中，用鼠标左键点击大类构件夹使之加亮，将鼠标指向大类构件夹如"梁"单击，右键弹出【快捷菜单】→【新增】—【构件向导】命令，如图 7-1-3 所示；在构件向导选择对话框中先选择类别，然后再选择具体的向导。

（2）如果新增构件夹有多个完全相同的构件夹数目，则在目录栏中的【相同构件个数】的编辑框中输入数目，缺省值为 1。

7.1.4　新增文件夹

（1）在目录栏中，用鼠标左键点击构件夹使之加亮，将鼠标指向构件夹单击右键弹出【快捷菜单】→【新增】→【新建文件夹】命令，如图 7-1-4 所示；选择下拉菜单【构件】→【新建文件夹】。

（2）在文件夹编辑框 中输入新增的构件名称，如横向梁；功能同【重命名】的操作。

（3）如果新增文件夹有多个完全相同的文件夹数目，则在目录栏中的【相同构件个数】的编辑框中输入数目，缺省值为 1，详见本节 7.1.3 介绍。

7.1.5　删除构件夹

在目录栏中，用鼠标左键点击需删除的构件夹使之加亮，将鼠标指向构件夹单击右键弹出【快捷菜单】→【删除节点】；或选择下拉菜单【操作】→【删除】或使用工具栏中的【删除节点】命令。

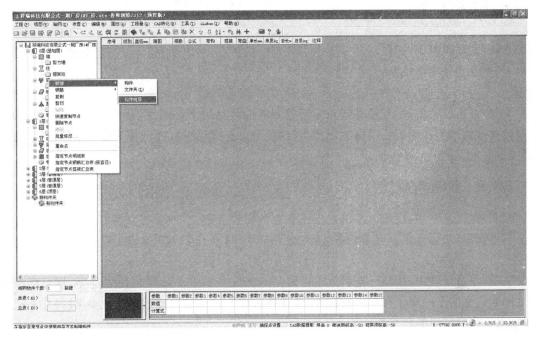

图 7-1-3　新建小类构件夹

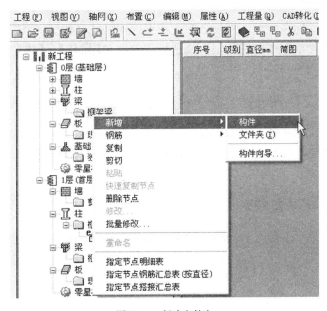

图 7-1-4　新建文件夹

7.1.6　删除文件夹

在目录栏中,用鼠标左键点击需删除的文件夹使之加亮,将鼠标指向文件夹单击右键弹出【快捷菜单】→【删除节点】;或选择下拉菜单【操作】→【删除】或使用工具栏中的【删除节点】命令。

7.1.7 复制、粘贴构件夹

复制:在目录栏中,用鼠标左键点击需复制的构件夹,使之加亮,将鼠标指向待复制构件夹单击右键弹出【快捷菜单】→【复制】;或选择下拉菜单【操作】→【复制】或点击工具栏中的 按钮。

粘贴:在目录栏中,用鼠标左键点击待复制的构件夹的上一级子目使之加亮,将鼠标指向待复制构件夹的上一级子目单击右键弹出【快捷菜单】→【粘贴】;或选择下拉菜单【操作】→【粘贴】或点击工具栏中的 按钮。

7.1.8 复制、粘贴文件夹

复制:在目录栏中,用鼠标左键点击需复制的文件夹使之加亮,将鼠标指向待复制文件夹单击右键弹出【快捷菜单】→【复制】;或选择下拉菜单【操作】→【复制】或点击工具栏中的 按钮。

粘贴:在目录栏中,用鼠标左键点击待复制的文件夹的上一级子目使之加亮,将鼠标指向待复制文件夹的上一级子目单击右键弹出【快捷菜单】→【粘贴】;或选择下拉菜单【操作】→【粘贴】或点击工具栏中的 按钮;

7.1.9 快速复制文件夹或构件

在目录栏中,用鼠标左键点击需复制的文件夹或构件使之加亮,将鼠标指向文件夹或构件单击右键弹出【快捷菜单】→【快速复制】;或选择下拉菜单【操作】→【快速复制】命令或点击工具条 按钮;软件自动在同一级子目下复制出一个相同构件。

7.1.10 修改文件夹名称

在目录栏中,用鼠标左键点击需修改名称的文件夹使之加亮,将鼠标指向目录栏中的文件夹单击右键弹出【快捷菜单】→【重命名】;或选择下拉菜单【操作】→【重命名】。在编辑框中输入构件名称,如横向梁。

7.1.11 上下移动文件夹

在目录栏中,用鼠标左键点击需移动的文件夹使之加亮,用鼠标左键点击工具条 或 使文件夹在本级目录内向上或向下移动。

7.1.12 移动文件夹

在目录栏中,用鼠标左键点击需移动的文件夹使之加亮,用鼠标左键点击文件夹,拖动即可。

7.1.13 展开收缩文件夹

鼠标左键点击工具栏中的 或 按钮,可以将目录栏中的节点逐级展开或收缩,得到树状的文件管理目录,更方便在各文件夹下添加各类构件以及构件管理。

7.1.14　构件法构件树结构调整

在工具条里点击 ，可以对计算结果中的构件进行排列顺序的修改。

（1）选择 按构件名称排序 如图 7-1-5 所示，不区分图形法构件和构件法构件，按名称从小到大依次排列。

（2）选择 按构件类型排序 如图 7-1-6 所示，以构件法构件优先按名称从小到大依次排列。

图 7-1-5　构件按名称排序　　　　　　　　图 7-1-6　构件按类型排序

7.1.15　图形构件计算结果反查

在计算结果中双击图形法构件计算结果，能对构件在绘图界面的位置进行反查，如图 7-1-7 所示。

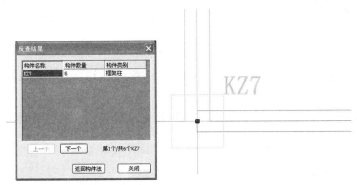

图 7-1-7　构件反查结果

提示：反查结果界面中可以显示同名称构件的个数，点击【下一个】，构件自动跳转至相对应的位置，同时当前选中的构件呈紫蓝色。点击 返回构件法 ，可以返回到构件法界面，同时停留在反查前的状态。点击 关闭 ，则停留在图形法界面。

7.2 构件的设置

新增构件的设置,软件有两种方法:(1)新增构件;(2)新增构件向导。

7.2.1 新增构件

一般情况下与第三章单根钢筋输入配套使用。

(1)在目录栏中,用鼠标左键点击构件夹使之加亮,将鼠标指向构件夹单击右键弹出【快捷菜单】→【新增】→【构件】命令,如图 7-2-1 所示;选择下拉菜单【构件】→【新增构件】。

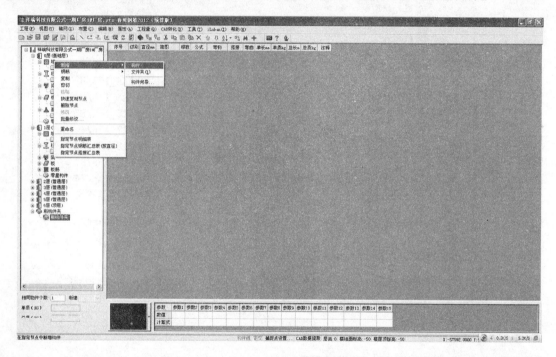

图 7-2-1 新增构件

(2)在构件编辑框 中输入新增的构件名称,如:TJ1(1/A-E);功能同【重命名】的操作。

(3)如果新增构件有多个完全相同的构件数目,则在目录栏中的【相同构件个数】的编辑框中输入数目,缺省值为1,详见本节 7.1.3 介绍。

7.2.2 新增构件向导

一般情况下与第四章构件法配套使用。

(1)在目录栏中,用鼠标左键点击构件夹使之加亮,将鼠标指向构件夹单击右键弹出【快捷菜单】→【新增】→【构件向导】命令,如图 7-2-2 所示;选择下拉菜单【构件】→【新增构件向导】;点击工具栏中的 按钮。

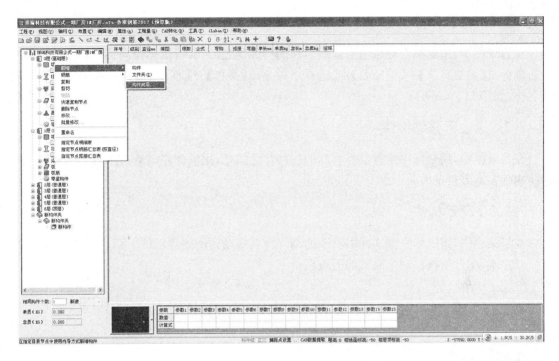

图 7-2-2　新增构件向导

（2）软件界面中会自动跳出【构件向导选择】的对话框。

（3）后面具体操作见第四章构件输入法。

7.2.3　删除构件

在目录栏中，用鼠标左键点击需删除的构件使之加亮，将鼠标指向构件单击右键弹出【快捷菜单】→【删除节点】；或选择下拉菜单【操作】→【删除】或使用工具栏中的【删除】命令。

7.2.4　复制、粘贴构件

复制：在目录栏中，用鼠标左键点击需复制的构件使之加亮，将鼠标指向构件单击右键弹出【快捷菜单】→【复制】；或选择下拉菜单【操作】→【复制】或点击工具栏中的 ![icon] 按钮。粘贴：在目录栏中，用鼠标左键点击待复制的构件的构件夹使之加亮，将鼠标指向待复制构件的构件夹单击右键弹出【快捷菜单】→【粘贴】；或选择下拉菜单【操作】→【粘贴】或点击工具栏中的 ![icon] 按钮。

7.2.5　快速复制构件

在目录栏中，用鼠标左键点击需复制的构件使之加亮，将鼠标指向构件单击右键弹出【快捷菜单】→【快速复制】；或选择下拉菜单【操作】→【快速复制】命令或点击工具条中的 ![icon] 按钮；软件自动在同一级子目下复制出一个相同构件。

7.2.6　修改构件名称

在目录栏中,用鼠标左键点击需修改名称的构件使之加亮,将鼠标指向目录栏中的构件单击右键弹出【快捷菜单】→【重命名】;或选择下拉菜单【操作】→【重命名】。在编辑框中输入构件名称,如:TJ1(1/A-E)。

7.2.7　上下移动构件

在目录栏中,用鼠标左键点击需移动的构件使之加亮,用鼠标左键点击工具条的 ⬆ 或 ⬇ 按钮使构件在本级目录内向上或向下移动。

7.2.8　移动构件

在目录栏中,用鼠标左键选择需移动的构件将其拖动到所要移动的上级目录的图标上,松开鼠标左键,构件就被移动到放置的上级目录下。

7.3　构件输入法的特点及通用操作流程

在构件输入法中,通用特点是:

(1)软件中的构件钢筋参照《混凝土结构施工图平面整体表示方法制图规则和构造详图》(00G101-1),《混凝土结构施工图平面整体表示方法制图规则和构造详图》(03G101-1)和《混凝土结构施工平面整体表示方法制图和构造详图》(11G101)三种规范设置的,用户可以自己选择。

(2)图中绿色的数字都允许用户进行修改。

(3)且每个绿色的数字,只要鼠标靠近就自动会出现提示条。提示条:提示用户该数字的含义及在软件中的输入格式。

(4)数据输入中,一级钢、二级钢、三级钢等用 A、B、C 等来表示,不区分大小写。

在构件输入法中的通用操作流程:

选择构件→选择具体构件类型→构件属性设置→构件形状选择→配筋选择→修改图中参数→确认完成。

7.4　基　　础

7.4.1　基础/条基/有梁式条基

操作步骤如下:

(1)在目录栏中,用鼠标左键点击【大类构件夹(基础)】使之加亮,单击右键弹出【快捷菜单】→【新增】→【构件夹】,选择条基,用鼠标左键点击【小类构件夹(条基)】使之加亮,点击工具栏中的 按钮。

（2）软件界面中会自动跳出【构件向导选择】对话框，如图 7-4-1 所示。

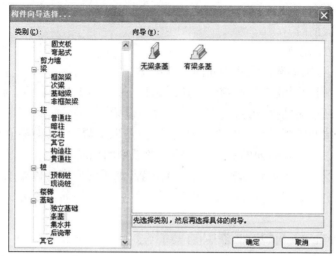

图 7-4-1　"构件向导选择"对话框

（3）在【构件向导选择】对话框中，先找到【基础】，请单击【基础】旁边的"＋"号，或者双击【基础】；再在展开节点中找到【条基】，在右边图形中找到【有梁条基】，并用鼠标左键点中【有梁条基】使之显亮，点击【确定】进入下一步。

（4）软件界面中会自动跳出【构件属性】的对话框，如图 7-4-2 所示。需仔细查看各项参数，各项参数软件大都已按规范设置，如果与具体图纸不同需修改。这些参数直接影响钢筋的下料长度。

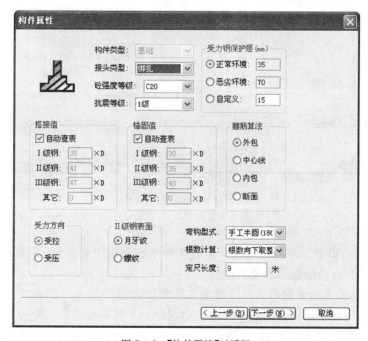

图 7-4-2　【构件属性】对话框

如果钢筋的搭接及锚固长度按规范取值,则在界面中需选择:

①混凝土强度等级。

②搭接自动查表前打"√"。

③钢筋的受力方向的确认。

④如果有两级钢,则应选择钢筋表面的花纹形状。

⑤如果该工程项目采用【空工程】新建,还需选择下拉菜单【工程】→【工程设置】,软件会自动跳出【系统缺省设置】对话框,可直接在构件属性中设置。

如果钢筋的搭接及锚固长度不按规范取值,则只需取消界面中【搭接值自动查表】、【锚固值自动查表】前的"√",并在后面的对话框中输入图纸中的相应数据。

受力钢筋保护层厚度(mm):软件已按规范设置,如果图中有特殊要求,用鼠标左键点击【自定义】,并在【自定义】后的对话框输入相应数据,然后选择箍筋计算方法。修改完成,点击【下一步】。

(5)软件界面中自动跳出【基础\条基\有梁条基】对话框,如图 7-4-3 所示。

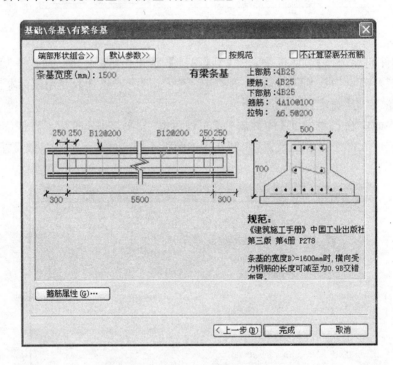

图 7-4-3 【有梁条基】编辑对话框

具体参数讲解如下:

(1) 端部形状组合>> :单击后弹出对话框以单击选择某种端头组合类型,如图 7-4-4 所示;选择端部形状组合之后,自动回到图形界面。

(2) 默认参数>> :单击后弹出对话框以设置各种参数,如图 7-4-5 所示。

①【上(下)部筋最小弯折长度】:软件会自动判断上下筋单边端部的弯折长度 =Max[(锚固长度 - 该端支座总宽度 + 地梁保护层),最小弯折长度],Max 表示在列举的参数中取

最大值。

　②【腰筋弯折长度】：腰筋单边端部的弯折长度，没有判断，计算腰筋时直接引用；格式同上。

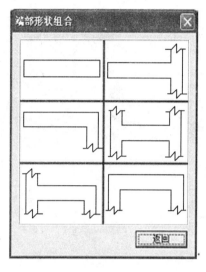

图　7-4-4

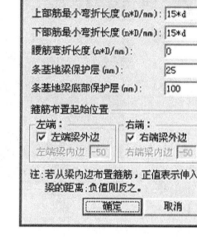

图　7-4-5

　③【条基地梁保护层】：表示地梁顶部、两侧面及两端头的保护层厚度；在【构件属性】对话框中设置的保护层是条形基础的保护层，具体点说是条基主筋 R1 和条基分布筋 R2 的保护层。

　④【条基地梁底部保护层】：由于桩头需伸入基础内一定长度，或由于条基主筋和条基分布筋的直径影响而需要专门设置地梁底部的保护层厚度，因桩头影响时通常设为 100。

　⑤【箍筋布置起始位置】：在计算有梁条基的箍筋根数时，用户可控制其布筋范围；选项【左（右）端梁外边】勾选时，地梁箍筋从端部外边不扣保护层开始布置；选项【左（右）端梁外边】取消时，表示从梁内边开始布置箍筋，并在【左（右）端梁内边】后面的输入框中填写数值，此时箍筋根数 ＝（ 地梁净长 ＋ 输入框的值 ）/ 间距 ＋1，即正值表示伸入相交梁内多少长度开始布置钢筋，负值表示距离相交梁多少长度开始布置钢筋。

　设置好参数后点【确定】，自动回到图 7-4-3 界面。

　(3)图 7-4-3 中右上角的□按规范指的是该图右下边所写的技术规范，在【按规范】前打勾表示按所写规范配筋，默认不打勾。

　(4)□不计算梁底分布筋该选项决定是否计算梁底位置的条基分布筋，默认不打勾，即在梁底位置处仍然计算条基分布筋；通过单击切换选项。

　(5)图 7-4-3 中各项数据修改完成，点击【完成】，软件自动关闭【基础\条基\有梁条基】的对话框。进入钢筋软件主界面，鼠标自动停留在目录栏中的构件【新基础\条基\有梁条基】，直接输入该条基名称，至此该有梁条基的配筋完成，如图 7-4-6 所示。

7.4.2　现浇桩/人工挖孔灌注桩

　在【构件向导选择】对话框中，单击选择【桩】→【现浇桩】，再在右边图形中选【人工挖孔灌

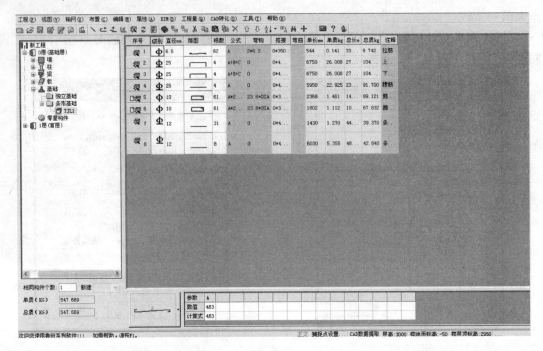

图 7-4-6

注桩】,单击【确定】按钮,进入到【构件属性】,设置好相关属性单击【下一步】进入图形参数,如图 7-4-7 示。

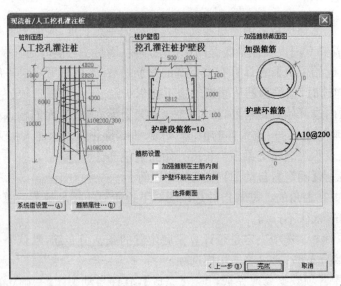

图 7-4-7　人工挖孔灌注桩图形参数

(1)系统值设置…(A):主要在预制桩中使用。

(2)箍筋属性…(D):设置箍筋属性

(3)【加强箍筋在主筋内侧】、【护壁环筋在主筋内侧】:默认为非选中,即箍筋在主筋的外侧;请根据实际情况用左键单击进行选择。

（4）[选择截面]：对桩截面进行单击选择；选择后，右方的加强箍筋及护壁环箍筋图示随之更新。

（5）加强箍筋及护壁箍筋截面图：输入加强箍筋搭（焊）接长度、护壁环箍筋的规格。

7.4.3 基础/独立基础/三桩承台

柱下独立基础如图 7-4-8 所示。

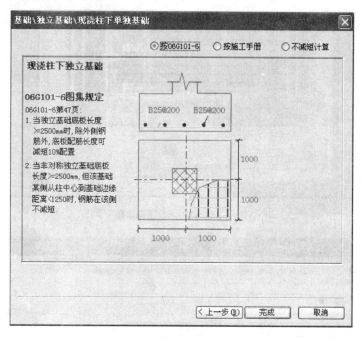

图 7-4-8

（1）⊙[按06G101-6]：该选项为默认状态，用于钢筋按 06G101-6 规范图集的要求计算钢筋用量。

（2）⊙[按施工手册]：选择该选项，用于按施工手册的要求计算钢筋用量。

（3）⊙[不减短计算]：选择该选项，钢筋计算直接按照基础长度扣保护层的计算方法计算，如图 7-4-9 所示。

（4）☑[统计平均值]：该选项默认为勾选状态，如果用于实际翻样，请取消选择。

（5）☐[直角边]：该选项默认为取消状态，勾选时水平位置左右两侧变为直角边。

7.4.4 基础/集水井/单孔（中间）

在【构件向导选择】对话框中，单击选择【基础 / 集水井】，再在右边图形中选【单孔（中间）】，进入到【构件属性】对话框，设置相关属性后单击【下一步】按钮，进入到图形参数设置窗体中，如图 7-4-10 所示，单击绿色数据即可修改参数。

参数介绍：

（1）[默认参数>>]：单击此按钮后弹出【参数设置】对话框，设置【底部（或坡面）钢筋的最小弯折长度】，参数为"n×d"或"n×d"，如"20×d"或"20×d"，一般情况下采用默认值即可。

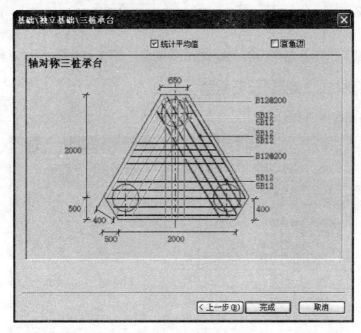

图 7-4-9　三桩承台图形参数

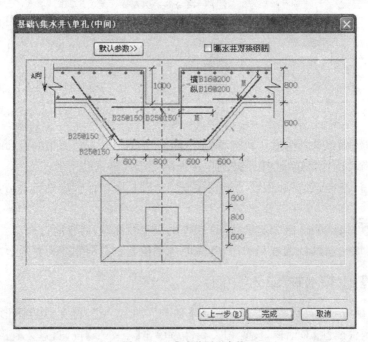

图 7-4-10　集水井图形参数

(2) ▢集水井双排钢筋：默认为单排钢筋，遇到双排形式的钢筋请单击成勾选状态。

(3)【井深 JS】、【底部左边长度 DZC】、【井长 JC】、【底部右边长度 DYC】、【坡宽 PK】、【板厚 BH】、【坡高 PG】、【底部上部宽度 DSK】、【井宽 JK】、【底部下部宽度 DXK】：均为数值格式，如" 800 "，单位为 mm，按图输入即可。如果集水井没有放坡面，将【坡宽 PK】输入为 0 即

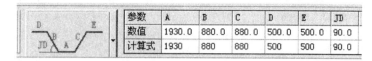

可,软件抽取底部及坡面钢筋时自动转换弯折角度 JD＝90°,如图 7-4-11 所示(钢筋简图没有变化,但参数 JD 已经变为 90°)。

图 7-4-11

7.5 柱

7.5.1 矩形柱

正方形柱的四边边长均相等,设置矩形柱的截面尺寸 b 边 ＝h 边就相当于正方形柱。例如,某柱在底层是正方形,但在二层时变为矩形,如果一层柱采用正方形构件,将无法利用一层柱的数据。再如,A 柱为正方形、B 柱为矩形,A、B 柱筋绝大部分参数均相同,如果先用正方形构件翻样 A 柱,则无法选择 A 柱复制后修改为 B 柱。

(1)在目录栏中,用鼠标左键点击构件夹【柱】→【普通柱】使之加亮,使用工具栏中的【新增构件向导】命令。

(2)软件界面中会自动跳出【构件向导选择】对话框,如图 7-4-1 所示。

(3)在【构件向导选择】对话框中,先找到【柱】,请单击【柱】旁边的"＋"号,或者双击【柱】;再在右边图形中找到【矩形】,并用鼠标左键点中【矩形】使之显亮。点击【确定】进入下一步。

(4)软件界面中会自动跳出【构件属性】的对话框。需仔细查看各项参数,各项参数软件大都已按规范设置,如果与具体图纸不同需修改。这些参数直接影响钢筋的下料长度。

如果钢筋的搭接及锚固长度按规范取值,则在界面中需选择:

①混凝土强度等级。

②搭接自动查表前打勾。

③钢筋的受力方向的确认。

④如果有两级钢,则应选择钢筋表面的花纹形状。

⑤该工程项目,采用【默认工程】新建,需在菜单【工程】→【工程设置】中输入工程信息及计算规则等;如需调整个别构件属性,只需双击该构件名称进入【构件属性设置】,或点击修改快捷键命令来修改。

⑥如果钢筋的搭接及锚固长度不按规范取值,则只需取消界面中【搭接值自动查表、锚固值自动查表】前的"√",并在后面的对话框输入图纸中的相应数据。

⑦受力钢筋保护层厚度（mm）:软件已按规范设置,如果图中有特殊要求,用鼠标左键点击【自定义】,并在【自定义】后的对话框输入相应数据。

⑧修改完成,点击【下一步】。

(5)软件界面中会自动跳出【柱子属性】对话框,如图 7-5-1 所示。具体参数如下:

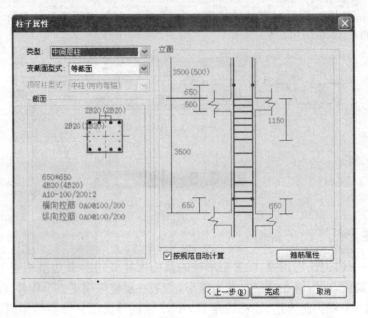

图 7-5-1 柱子图形参数对话框

【类型】：下拉选择，如图 7-5-2 所示。点击类型右侧的下拉箭头，选择相应的类型，如基础层、中间层、顶层、墙上柱、梁上柱、单层柱等，下方及右侧图形自动改变。

备注：

①"基础层柱"的配筋包括一层的钢筋。

②"梁上柱"、"墙上柱"均指根部层（首层），"梁上柱"及"墙上柱"的其他层采用"中间层柱"、"顶层柱"计算。

③"墙柱重叠一层"见 11G101-1 图集第 61 页"柱与墙重叠一层"大样，墙柱重叠层的柱主筋从楼板面起始而没有锚固概念，03G101-1 图集第 7 页第二条"当柱与剪力墙重叠一层时，其根部标高为墙顶面往下一层的结构层楼面标高"。

【变截面形式】：下拉选择，如图 7-5-3 所示。默认为等截面形式，点击其右边的下拉箭头，选择相应的变截面形式，如上部变截面、下部变截面等，软件会自动改变下方及右侧图形，软件将根据 11G101-1 图集第 60、65 页变截大样，并依据变截尺寸、偏心尺寸自动判定是采用"下弯锚、上插筋"还是"下略弯并连续伸至上层"的配筋方式。

图 7-5-2

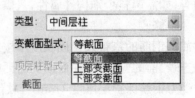

图 7-5-3

【顶层柱形式】：下拉选择，如图 7-5-3 所示。如果在【类型】中选择了"顶层柱"、"单层柱"，则需下拉选择顶层柱的形式，选择柱在图中的平面位置（中柱／角柱／边柱）及配筋形式（见 11G101-1 平法图集第 59、60、64、65 页柱顶纵筋构造），软件会自动改变右侧图形。"关于中柱的判定"：参照 03G101-1 平法图集第 11 页判断，除去最外轴线 A、D、1、7 之外的所有柱均属中柱。

修改下方截面及右方立面图中绿色数据：鼠标移动至数据位置，会显示黄色提示条，左键单击，会自动弹出类似【修改变量值】的对话框，输入（或选择）相应的数据（或选项）。

【截面图形区域】：输入／修改本层（上层）的中部主筋、变截偏心值、截面尺寸、四角主筋、箍筋、拉筋等参数。

【水平边（b 边）中部主筋 HORZJ】：指的是单边的中部钢筋根数，软件自动按对称布筋。单击此参数后弹出【输入对话框】，如图 7-5-4 所示。输入／修改本层（或上层）水平边（b 边）一侧中部主筋，是单边的中部钢筋根数，按对称配筋考虑。具体输入方法可参见图 7-5-4 中说明。

【垂直边（h 边）中部主筋 VERZJ】：单击此参数后弹出【输入对话框】，输入或修改本层（或上层）垂直边（h 边）一侧中部主筋。

【X 方向偏心】：当变截面形式为"下部变截面"或"上部变截面"时，此参数有效；图中默认值是 0，指的是本层变截面柱的纵向中心线与上层柱的纵向中心线间的距离，以 mm 为单位；单击后在输入框中填写数值并确定即可，是软件自动判定主筋方式是采用"下弯锚、上插筋"还是"下略弯并连续伸至上层"的必要参数之一。

【Y 方向偏心】：当变截面形式为"下部变截面"或"上部变截面"时，此参数有效；默认值是 0，指的是本层变截面柱的水平中心线与上层柱的水平中心线间的距离，以 mm 为单位。

【截面尺寸 JM】：输入或修改本层（或上、下层）柱子的截面尺寸；单击该提示条后弹出【截面尺寸修改】对话框，如图 7-5-5 所示。

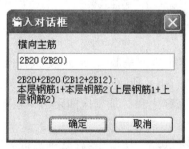

图　7-5-4　　　　　　　　　　　　　　　　　图　7-5-5

【四角筋 SJJ】：输入或修改本层（或上、下层）柱子的四角主筋；单击该提示条后弹出【钢筋属性修改】对话框，如图 7-5-6 所示；由于四角主筋根数总是为 4，故软件不再让您填写根数，以减少出错的几率。

【箍筋 GJ】：输入或修改本层（或上、下层）柱子的箍筋；单击该提示条后弹出【钢筋属性修改】对话框，如图 7-5-7 所示；此时根数由加密区间距、非加密区间距自动计算，故软件不再让您填写根数，以减少出错的几率；同样，如果是上（或下）变截面，将允许（需要）填写上（或下）层参数；如果是等截面，将不允许（不需要）填写上（或下）层参数。

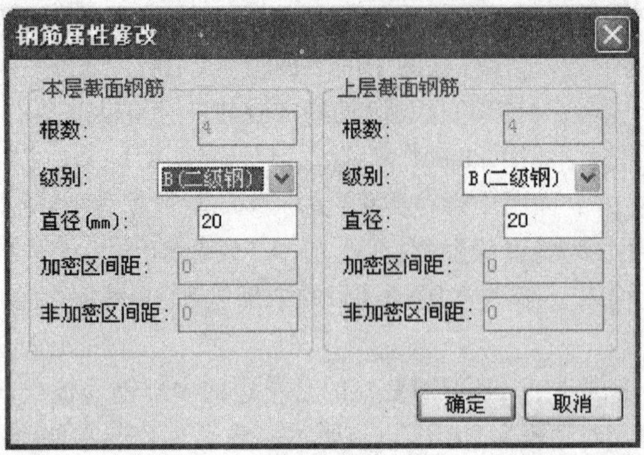

图 7-5-6

注意:左下角的箍筋肢数,若是采用肢数标法,则输入单个数字,如 2、3、4 等;若是采用 03G 标法,则输入 3-3、3-4、4-4 等,表示 $3×3,3×4,4×4$ 箍筋。目前版本最多可支持到 $12×12$ 肢箍。

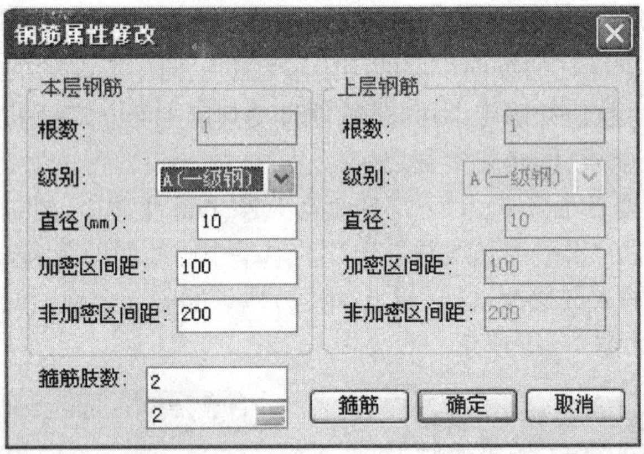

图 7-5-7

【横向拉筋 HORLJ】、【纵向拉筋 VERLJ】:分别指水平方向单肢 S 拉筋、垂直方向单肢 S 拉筋;单击该提示条后弹出【钢筋属性修改】对话框,如图 7-5-8 所示。【根数】指在柱截面或箍筋大样中能够直接看到的根数;拉筋总根数 =【上下加密区之和 / 加密区间距 +(层高 — 上下加密区之和)/非加密区间距】×根数,即根数 =0 时表示没有拉筋。

立面图形区域:输入 / 修改本层(或上层)是否按默认规范、楼层层高(基础高度)、下部离板高度、梁的高度或楼板的厚度、本层上部加密区长度、本层下部加密区长度、基础弯折长度、基础内箍筋根数、插筋弯折离基础底部高度等立面参数,说明如下:

☑ 按规范自动计算:默认为打勾,指的是主筋的搭接(接头)位置、箍筋的加密位置及长度按选用"规范"自动计算。即【按规范自动计算】前打勾的情况下,"本层下部离板高度 XBGD、上层下部离板高度 SBGD、本层箍筋下部加密区 XJMQ、本层箍筋上部加密区 SJMQ "这四个参数是不允许修改的,软件按照规范自动计算其值;如果需要修改这四个参数,请把"按规范自动计算"前的勾取消,即可输入自定义值。

【本层下部离板高度 XBGD】:指第一层第一个焊接点或第一个搭接点离楼板或基础顶的

距离,见 11G101-3 平法图集第 36、39、42、45 页纵筋大样,归纳为:

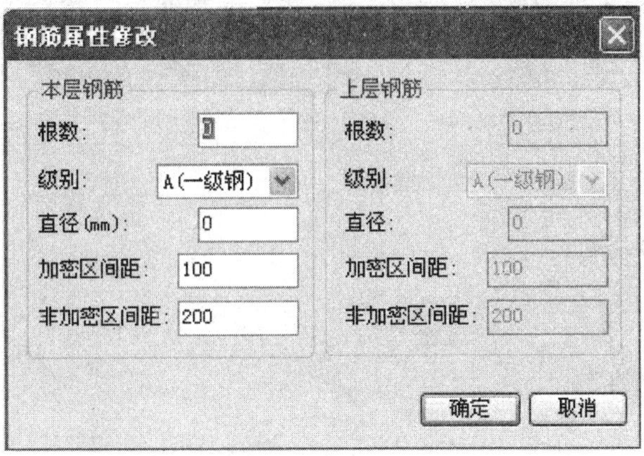

图 7-5-8

①抗震 KZ 基础层的 XBGD $\geqslant H_n/3$、楼层或顶层的 XBGD $\geqslant$ Max($H_n/6, h_c, 500$)。

②抗震 QZ、LZ 所有楼层的 XBGD $\geqslant$ Max($H_n/6, h_c, 500$)。

③非抗震 KZ、QZ 所有楼层绑扎搭接时的 XBGD $\geqslant 0$、机械连接或焊接连接时的 XBGD$\geqslant$ 500。

注:H_n 为所在楼层的净高、h_c 为柱截面长边尺寸(圆柱为截面直径)、Max 函数取括号内各参数的最大值。

【本层箍筋下部加密区 XJMQ】:本层基础顶面或楼面上方区域的箍筋加密区长度,见 03G101-1 平法图集第 40、45 页大样,归纳为:

抗震 KZ 基础层(即底层柱根)的 XJMQ $\geqslant H_n/3$,并且底层刚性地面上下各加密 500。

抗震 KZ 楼层或顶层、QZ 所有楼层、LZ 所有楼层的 XJMQ $\geqslant$ Max($H_n/6, h_c, 500$)。

非抗震 KZ 所有楼层的 XJMQ $\geqslant$纵筋搭接区范围 DJQ ;根据 03G101-1 平法图集第 42 页,绑扎搭接时 DJQ=搭接长度 L_l+ 错位 $0.3L_l$+ 搭接长度 L_l= $2.3L_l$,机械连接时 DJQ=下部离板高 500+ 错位 $35d$,焊接连接时 DJQ=500+Max($500, 35d$)。

【本层箍筋上部加密区 SJMQ】:本层梁高度区域及梁下方区域的箍筋加密区长度,见 03G101-1 平法图集第 40、45 页大样,归纳为:

①抗震 KZ、QZ、LZ 所有楼层的 SJMQ $\geqslant$本层顶部梁高 h_b+Max($H_n/6, h_c, 500$)。

②非抗震 KZ 所有楼层的上部区域不要求加密,即 SJMQ=0。

(6)参数设置好以后,点击图 7-5-1 柱子图形参数对话框中【箍筋属性】,软件自动进入【箍筋属性】的对话框,如图 7-5-9 所示;该对话框含:【主箍形状】、【附箍形状】、【参数】三个同级对话框。

【主箍形状】:首先选择箍筋标注方法是采用【03G 标法】还是【肢数标法】,假设选择【肢数标法】,再选择图 7-5-10 左边【复合方式】中的类型 ,如【六肢箍】,然后选择图 7-5-10 右方【内部形式】中的类型 ,如【交错十字】,选择完内部形式之后,点击【设为默认】,软件默认本次六肢箍筋及之后所做新柱子六肢箍内部形式均默认为【交错十字】,如有不同可重新选择内部形式并点击【设为默认】。【03G 标法】同样操作。

在【箍筋图形】中软件自动根据主筋的根数及箍筋直径,计算出每个箍筋的尺寸。如果箍

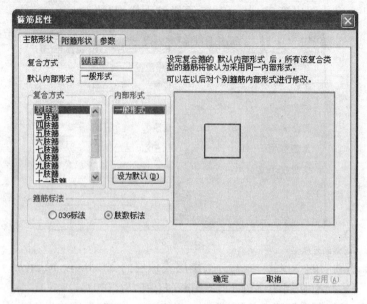

图 7-5-9

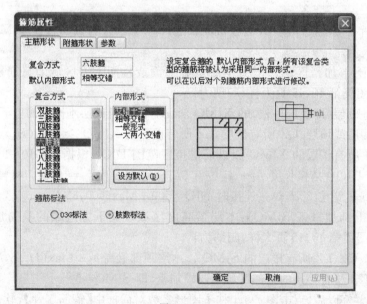

图 7-5-10

筋的默认尺寸不符合实际,请单击【箍筋图形】区域中的绿色数据作进一步修改即可。

【附箍形状】:点击【附箍形状】,进入【附加箍筋】的对话框,如图 7-5-11 所示。

【参数】:点击【参数】,进入【参数】的对话框,如图 7-5-12 所示。

图中各项数据修改完成,点击【确定】,软件自动关闭【箍筋属性】对话框,点击【完成】,进入钢筋软件主界面并提交钢筋到【钢筋列表栏】中,鼠标自动停留在目录栏中的构件【KZ】,直接输入该矩形柱名称,至此该柱钢筋翻样完成。

备注:

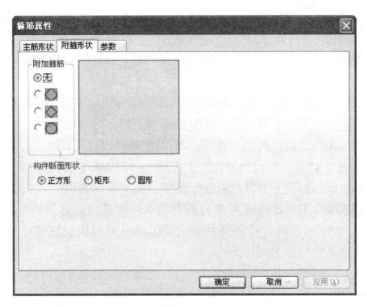

图 7-5-11

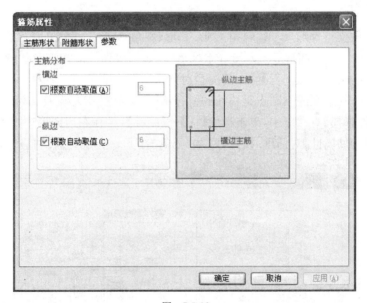

图 7-5-12

①关于顶层中柱的形式判定：

柱（向内弯锚）：当直锚长度 < 一个锚固长度时选用，构造直锚长度≥0.5倍锚固长度。

中柱（向外弯锚）：当直锚长度 <（一个锚固长度、且顶层为现浇混凝土板、其强度等级）≥C20、板厚≥80mm时选用，构造要求直锚长度≥0.5倍锚固长度。

中柱（直锚）：当直锚长度≥一个锚固长度时选用。

中柱（自动判断）：软件根据前面三种情况智能判断中柱的顶层柱配筋形式，计算中柱时建议首选中柱（自动判断）。

②关于角柱／边柱的判定：指位于最外轴线上的柱子，参照11G101-1平法图集第11页

判断，A、D、1、7 四条轴线上的所有柱子均属边柱，如果 A 交 1、7、D 交 1、7 四个交点上有柱子，则这四棵柱属角柱。

　　a.关于顶层角柱／边柱的纵向钢筋构造形式判断见 11G101-1 平法图集第 37 页构造（一）：

　　"柱顶纵筋构造 B"：当顶层为现浇混凝土板、其强度等级≥ C20、板厚≥ 80mm 时选用。

　　"柱顶纵筋构造 C"：当柱外侧纵向钢筋配筋率 >1.2％ 时选用。

　　"柱顶纵筋构造 A"：不满足构造 B、C 条件的其他条件时选用。

　　b.关于顶层角柱／边柱的纵向钢筋构造型式见 11G 101-1 平法图集第 37 页构造（二）：

　　"柱顶纵筋构造 E"：当梁上部纵向钢筋配筋率 >1.2％ 时选用。

　　"柱顶纵筋构造 D"：不满足构造 E 条件的其他条件时选用。选用构造（二）类型时，D、E 构造对柱主筋要求均相同，仅对边柱／角柱处的梁上部纵筋弯锚长度有不同要求，故软件中为"角／边柱（ 柱顶纵筋构造 DE）"。

　　具体选用构造（一）还是构造（二），由设计指定；当设计未指定时，由施工人员根据具体情况自主选用。

7.5.2　暗柱

　　鲁班钢筋软件支持梯形、L 形、斜角 L 形、T 形、斜角 T 形、十字形（双箍筋）、十字形（四箍筋）、F 形（三箍筋）、F 形（四箍筋）、Z 形等十种暗柱，如果遇到其他特殊形状的暗柱，则可以用两种或两种以上的暗柱组合进行翻样，前提是对其构造要求要掌握。各种形状的暗柱，其操作步骤、算法均相同，其最大的不同点是箍筋的组合不同，本节以 T 形暗柱为例。

　　在【构件向导选择】对话框中，单击选中【柱】→【暗柱】，再在右边图形中找到" T 形"，单击【确定】；进入到【构件属性】对话框，设置好参数后单击【下一步（N）】按钮；进入到【柱子属性】对话框，如图 7-5-13 所示。

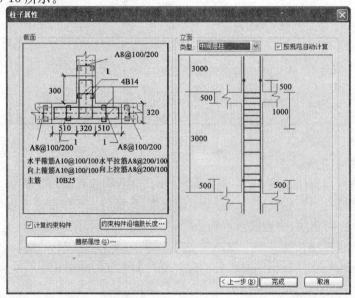

图　7-5-13

（1）截面

☑计算约束构件：当选择的是梯形、L形、T形暗柱时该选项有效；据 11G101-1 平法图集，编号以字母"Y"开头的均属约束构件，见 11G101-1 平法图集的 YAZ（约束边缘暗柱）、YDZ（约束边缘端柱）、YYZ（约束边缘翼墙（柱））、YJZ（约束边缘转角墙（柱））等应将此选项勾选；勾选后与勾选前如图 7-5-14、图 7-5-15 所示，勾选后将计算"$\lambda v/2$ 区域"的拉筋。

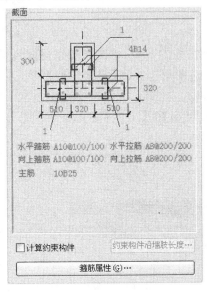

图 7-5-14

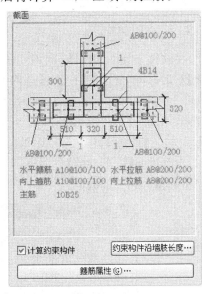

图 7-5-15

当选项【计算约束构件】呈勾选时，约束构件沿墙肢长度···选项有效，单击后弹出【设定】对话框；一般情况下设计图中均会标注出 L_c 值，将其手工输入到 L_{c1} 或 L_{c2} 之后的输入框中，并单击【确定】按钮即可；如果设计图未标注 L_c 时，则让软件帮助用户填写，单击选择【设防烈度】，并在【剪力墙墙肢长度 1】或【剪力墙墙肢长度 2】中输入墙肢长度，单击【按条件计算】按钮，软件将根据 11G101-1 平法图集规范计算出"约束边缘构件沿墙肢的长度 L_c"，并将 L_c 值自动填写到 L_{c1} 或 L_{c2} 之后的输入框中；"抗震等级"由软件自动引用由【新建工程向导】的第一步操作设定的抗震等级或由主菜单【工具】→【缺省设置】设定的抗震等级，此处不可修改；单击【查看规范】按钮将弹出【长度 L_c】对话框，其内容对应 11G101-1 平法图集，如图 7-5-16、图 7-5-17 所示。

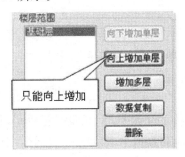

图 7-5-16

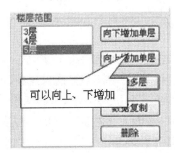

图 7-5-17

（2）立面

具体的设置方法与柱的设置相同，图中各项数据修改完成，点击【完成】，软件自动关闭【柱子属性】对话框并进入钢筋软件主界面并提交钢筋到【钢筋列表栏】中，鼠标自动停留在目录栏中的构件【新柱\暗柱\T形】，直接输入该柱名称比如"YYZ1＊2"，并且在主界面中的【相同构件个数】后面的输入框中填写"2"，表示 2 根柱。

7.5.3　排架柱

（1）在软件主界面的构件目录中，单击选择需要增加柱的节点；单击 按钮，弹出【构件向导选择】对话框，单击选中【柱】→【其他节点】，再在右边图形中找到【排架柱】，再单击【确定】按钮。

（2）自动进入【构件属性】对话框，下拉选择【接头类型】为【绑扎】，【混凝土强度等级】为【C25】，设置好参数后单击【下一步(N)＞】按钮。

（3）自动进入【图形参数】对话框，如图 7-5-18 所示，每一个参数都有相应的文字提示，提示如何正确输入相关的数值。

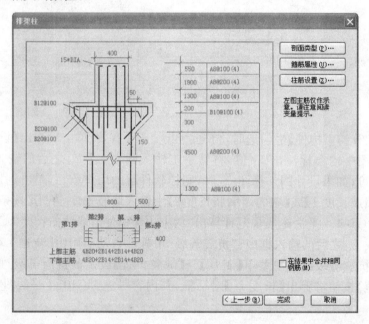

图　7-5-18

剖面类型(P)… ：如图 7-5-19 所示，选择排架柱的类型，单边伸出还是双边伸出。

箍筋属性(U)… ：与柱的箍筋设置相同，如图 7-5-19 所示。

柱筋设置(Z)… ：柱筋设置如图 7-5-20 所示。

【同一平面上下柱筋相同时，是否连通】：如果同一平面位置上，上下部钢筋相同，选择【上下柱筋断开】，表示上下柱钢筋不连通计算；选择【上下柱钢筋连通】，表示上下柱钢筋连通计算，如图 7-5-20 所示。

【断开时，上柱筋伸入牛腿锚固】：如果上下部钢筋不连通计算时，选择【一次性锚固】，表示上部所有钢筋伸入牛腿加一个锚固;选择【50%错开锚固】,表示上部所有钢筋伸入牛腿加一个锚固外,另有 50%上部钢筋再加一个锚固(如 3620+26XDIAX2),如图 7-5-21 所示。

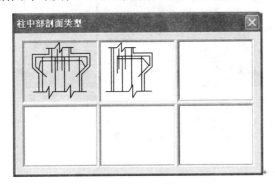

图 7-5-19

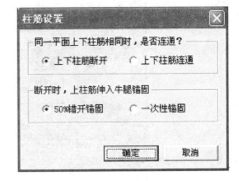

图 7-5-20

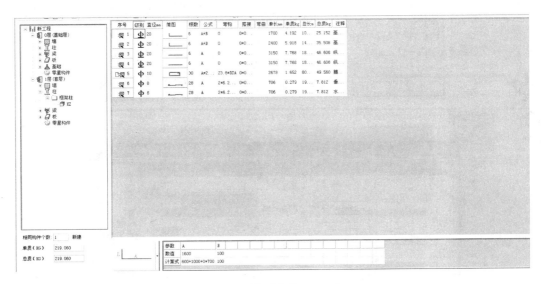

图 7-5-21

☐ 在结果中合并相同钢筋(M):对于直径、长度、钢筋简图相同的钢筋,在钢筋列表中给予合并,纸样在打印钢筋清单时可以节省纸张。相关参数输入好后,单击【确定】,生成如图 7-5-21 所示的钢筋列表。

注:其他类型的柱的操作方法与以上柱的操作方法大致相同。

7.5.4 贯通柱

鲁班钢筋软件支持矩形(正方形)柱、圆形贯通柱。

(1)在软件主界面的构件目录中,单击选择需要增加贯通柱的节点;单击按钮,弹出【构件向导选择】对话框,单击选中【柱】→【贯通柱】节点,再在右边图形中找到【矩形柱】,再单击【确定】按钮。

(2)弹出【柱子属性】对话框,如图 7-5-22 所示。

如果将【基础层】删除,【楼层范围】中没有任何楼层,按钮中只有【向上增加单层】、【增加多层】按钮高亮显示,如图 7-5-23 所示。

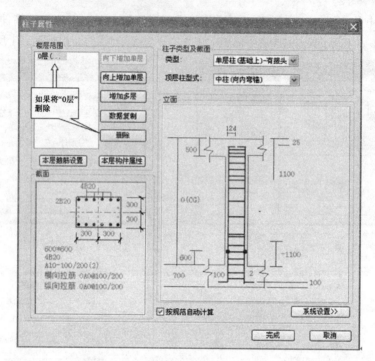

图　7-5-22

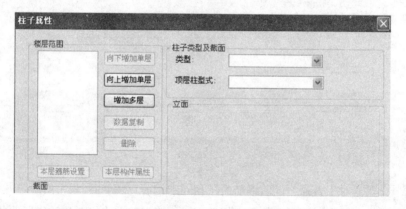

图　7-5-23

向上增加单层：从图 7-5-23 状态中执行【向上增加单层】命令，会弹出如图 7-5-24 所示对话框，如果图 7-5-23 中已经有某个楼层存在，则不会弹出如图 7-5-24 所示的对话框，而直接增加楼层。

当图 7-5-22 中存在的楼层不同时，可以执行的按钮命令是不同的，如图 7-5-25～图 7-5-27 所示。

增加多层：可以一次性增加多个楼层，如图 7-5-28 所示。

数据复制：把当前楼层的属性及箍筋属性复制给其他楼层的柱，如图 7-5-29 所示。

删除：删除某个楼层，当所选楼层处于中间位置时，是不能删除该楼层的。

本层箍筋设置 本层构件属性：对本层柱的箍筋和属性进行定义，方法与普通柱一样。

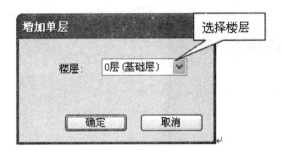

图 7-5-24

图 7-5-25

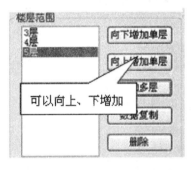

图 7-5-26

图 7-5-27

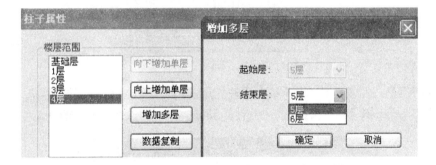

图 7-5-28

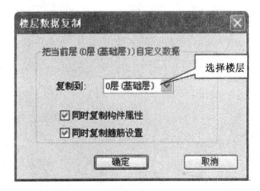

图 7-5-29

柱的截面尺寸与箍筋的设置的对话框如图 7-5-30、图 7-5-31 所示。

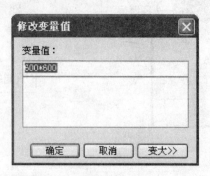

图 7-5-30

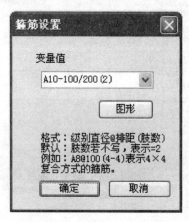

图 7-5-31

若柱箍筋不是按照规范计算的(需要调整),点击图 7-5-31 中【图形】按钮,进入到【箍筋属性】对话框,如图 7-5-32 所示,去掉【按规范计算】前的勾号,修改图中数据即可。

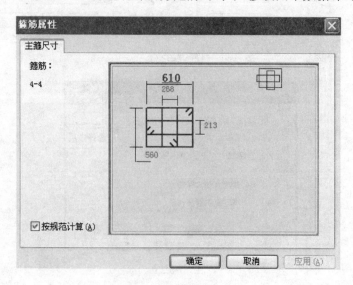

图 7-5-32

系统设置>> :可以对贯通柱的计算规则进行设置,如图 7-5-33 所示。

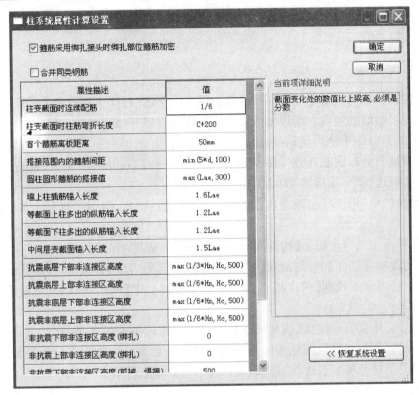

图 7-5-33

(3)单击【完成】按钮,得到贯通柱的计算结果,如图 7-5-34 所示。

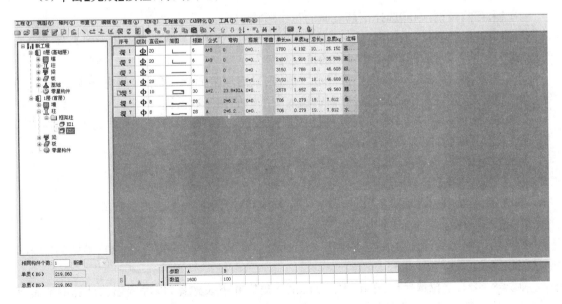

图 7-5-34

7.6 剪 力 墙

7.6.1 剪力墙

"一次搭接"指墙的竖直立筋在同一位置焊接或搭接(此时接头百分率为100%)。

"两次搭接"指墙的竖直立筋焊接或搭接的位置隔根错开(此时接头百分率为50%)。

根据1103G101-1平法图集第70页(以下简称"平法P70"),只有当"三、四级抗震等级或非抗震剪力墙竖向分布钢筋直径≤28时可在同一部位连接,HPB235(一级)钢筋端头加5d直钩",故此时才可选择"一次搭接"的墙类型。

(1)在目录栏中,用鼠标左键点击【构件夹(墙)】使之加亮,使用工具栏中的【新增构件向导】命令。

(2)软件界面中会自动跳出【构件向导选择】对话框,如图7-4-1所示。

(3)在【构件向导选择】中,先找到【剪力墙】,请单击【剪力墙】旁边的"+"号,或者双击【剪力墙】;再在右边图形中找到【两次搭接】,并用鼠标左键点中【两次搭接】使之显亮。点击【确定】进入下一步。

(4)软件界面中会自动跳出【构件属性】的对话框,需仔细查看各项参数,各项参数软件大都已按规范设置,如果与具体图纸不同需修改。这些参数直接影响钢筋的下料长度。具体说明:如果钢筋的搭接及锚固长度按规范取值,则在界面中需选择:

①混凝土强度等级。

②搭接自动查表前打勾。

③钢筋的受力方向的确认。

④如果有两级钢,则应选择钢筋表面的花纹形状。

⑤如果该工程项目,采用【默认工程】新建,选择下拉菜单【工程】→【工程设置】,软件会自动跳出【工程设置】对话框,选择建筑物的抗震等级。

如果钢筋的搭接及锚固长度不按规范取值,则只需取消界面中【搭接值自动查表、锚固值自动查表】前的"√",并在后面的对应框中输入图纸中的相应数据。

【受力钢筋保护层厚度(mm)】:软件已按规范设置,如果图中有特殊要求,用鼠标左键点击【自定义】,并在【自定义】后的对应框中输入相应数据。

特别注意的是,该界面的【接头类型】指墙体水平筋。

修改完成,点击【下一步】。

(5)软件界面中会自动跳出【搭接及变截面类型】的对话框,如图7-6-1所示。

相关按钮及参数含义:

变截面选择>>:单击后弹出对话框,以确定变截面处竖向分布钢筋的构造要求(请参见11G101-1平法图集第70页)。

中间层▼:下拉选择框:单击其右方的倒三角形并下拉选择,以确定当前计算的墙是基础层、中间层、还是顶层。下拉选择楼层之后蓝色图形区域自动更新为对应的图形。

搭接类型:绑扎▼:单击其右方的倒三角形并下拉选择,以确定剪力墙纵向钢筋的接头类

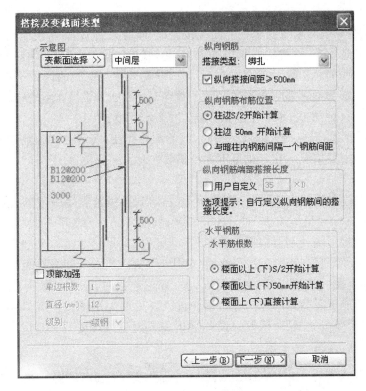

图　7-6-1

型,支持绑扎、机械连接、中心对接焊接、搭接双面焊、搭接单面焊等类型。

【纵向搭接间距≥500】:该选项勾选状态时将限制纵向钢筋连接点的错开距离。

纵向钢筋布筋位置:"纵向钢筋布置位置"对话框下,参考 11G101-1 图集第 68 页,为端柱时应单击选择【柱边 50mm 开始计算】、【柱边 S/2 开始计算】选项,其他情况应单击选择【与暗柱内钢筋间隔一个钢筋间距】选项;如果需要自行定义纵向钢筋的搭接长度,请单击勾选【☐用户自定义】,并在其后的输入框中填入自定义值,如"38",表示纵筋搭长 $38d$;若未勾选【☐用户自定义】,则纵筋搭长取值为【构件属性】对话框中的搭接值。

⊙柱边S/2开始计算:单击其中选项前的"⊙",以确定纵筋根数计算规则,是从柱边 1/2 纵向钢筋的间距开始计算。

⊙柱边 50mm 开始计算:单击其中选项前的"⊙",以确定纵筋根数计算规则,是从柱边 50mm 的间距开始计算。

⊙与暗柱内钢筋间隔一个钢筋间距:单击其中选项前的"⊙",以确定纵筋根数计算规则,是从暗柱内钢筋间隔一个钢筋间距开始计算。

⊙楼面以上(下)S/2开始计算:单击其中选项前的"⊙",以确定水平钢筋计算规则,是从柱边 1/2 纵向钢筋的间距开始计算。

⊙楼面以上(下)50mm开始计算:单击其中选项前的"⊙",以确定水平筋根数计算规则,是从楼面以上(下)50mm 开始计算。

⊙楼面上(下)直接计算:单击其中选项前的"⊙",以确定水平筋根数计算规则,是从楼面以上(下)

直接开始计算。

☑顶部加强 选项：如果图纸中要求在上面楼板位置(即剪力墙顶部)需设加强筋,则将单击【顶部加强】使其为勾选状态,才可输入相应的数据,包括【单边根数】、【直径】、【级别】三个子参数。

注意：加强钢筋的总根数＝单边根数×2 边；设置了加强钢筋的区域不再设置水平主筋。

举例：当未配置顶部加强钢筋时水平主筋总根数＝32 根,如果设置加强筋单边根数＝1 根,则加强筋总根数＝1×2＝2 根,水平主筋根数＝32－2＝30 根。

基础单边水平附加根数: 0 ：当选择了【基础层】时,此参数才存在；表示在基础范围内布置的墙水平钢筋的单边根数,一般情况下在基础范围内不需要布置水平钢筋,即为 0。

说明：

【本层离板高度】：根据 11G101-1 图集第 70 页,当"各级抗震等级或非抗震剪力墙竖向分布钢筋直径＞28 时采用机械连接"时,HJG≥500,其他情况下 HJG≥0 即可。

【本层纵向搭接间隔长度】：根据 11G101-1 图集第 70 页,当"一、二级抗震等级剪力墙竖向分布钢筋直径≤28"即竖向筋错位冷搭接时,QZJ≥$0.3l_{lE}$；当"三、四级抗震等级或非抗震剪力墙竖向分布钢筋直径≤28"即竖向钢筋可在同一部位连接时,QZJ 参数不存在或 QZJ＝0；当"各级抗震等级或非抗震剪力墙竖向分布钢筋直径＞28 时采用机械连接"时,QZJ＝35d。

(6)在【搭接及变截类型】对话框中设置好相关参数后,单击【下一步(N)＞】按钮,进入到【图形参数】对话框,如图 7-6-2 所示。

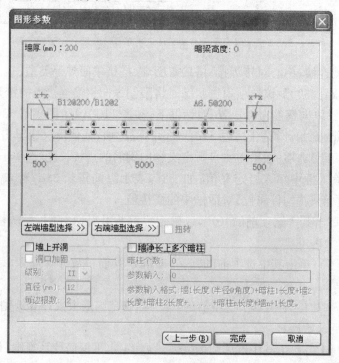

图 7-6-2

相关按钮含义：

左端墙型选择 >> ：单击此按钮后弹出【左端墙型选择】对话框,如图 7-6-3 所示,共 11 种端头类型,请参见 11G101-1 图集第 68 页,单击某种类型即选择了该类型并返回到【图形参数】对话框中,蓝色图形区域自动更新为该端头类型。

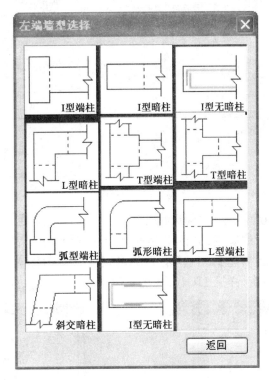

图 7-6-3　左端墙型选择

右端墙型选择 >> :单击此按钮后弹出与左端墙型完全相同的【右端墙型选择】对话框。

☑扭转:单击勾选此选项,自动将右端头以水平轴线为翻转轴上下扭转,扭转前与扭转后如图 7-6-4、图 7-6-5 所示。

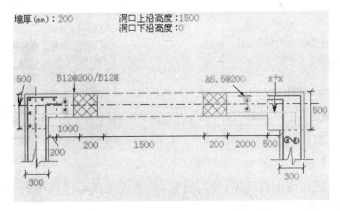

图 7-6-4　扭转前

水平筋搭接设定 >> :当墙的左端或右端与另一段墙相交时,此按钮才显示;单击后弹出如图 7-6-6 所示对话框,依据见 11G101-1 图集第 68 页各转角大样;蓝色区域中的绿色数据单击即进行修改。

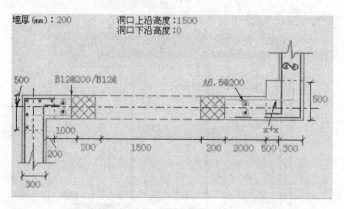

图 7-6-5　扭转后

☐ **直接在转角处搭接，通过转角0.6Lae**：呈勾选状态时如图 7-6-7 所示，在 11G101-1 图集第 68 页中没有此大样；通过查阅大量的规范、手册，外侧水平筋通过转角柱距离取定 $0.6l_{ae}$。

【**外侧水平筋连续通过转弯**】：当选项 ☐ **直接在转角处搭接，通过转角0.6Lae** 呈未勾选状态时，即表示外侧水平筋连续通过转弯，详见 11G101-1 图集第 68 页转角墙大样。

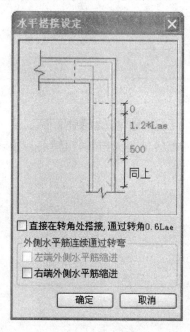

图　7-6-6

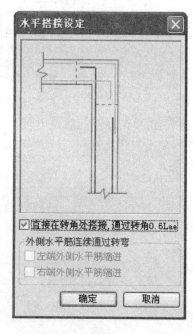

图　7-6-7

【☐**墙上开洞**】：若该墙上有墙洞，请勾选它，并请设置图形区域中的 DKG、DXG 参数值；洞口处不抽取水平钢筋及竖向钢筋。

【☐**洞口加固**】：当墙上开洞时有效，请参见 11G101-1 图集第 68 页剪力墙洞口补强构造，单击呈勾选状态，并下拉选择洞口补强的级别，输入直径、每边根数即可。

提示：若遇到洞口上下筋与左右筋不相同时，请提交钢筋后，在钢筋列表栏中修改其"级别"、"直径"、"根数"即可，如上例，设上下钢筋合计为 6B14，则在钢筋列表栏中修改长度为

3012 的 4B12 钢筋直径为 14，根数为 6 根即可。如果修改了钢筋级别，应注意通过执行主界面中的菜单【工具】→【03G 锚固值搭接值查表】快速查找到正确的锚固值及搭接值，再修改其参数栏中的 l_{aE} 值及 l_{lE} 值。或者通过输入不同的洞口钢筋多次提交并手工"假修改"使其成为自己手工添加的钢筋并删除不需要的钢筋即可。如将直径为 12.0 的钢筋修改为 12，这种不会影响到计算结果的修改称之为"假修改"，软件就认为您已经修改了当前钢筋，将其图标变为"□"形，再次修改构件并提交钢筋时，软件不会删除手工生成的钢筋。

【□墙净长上多个暗柱】：如果要求计算的墙体中有多个暗柱，并且要求水平筋能拉通计算，则单击右下角的【墙净长上多个暗柱】使其勾选，并填写【暗柱个数】及【参数输入】两个必填参数。只有当【□墙上开洞】为非勾选状态时，此选项才能被单击勾选，即【墙上开洞】及【多个暗柱】不能同时被勾选。

【暗柱个数】：当选项【□墙净长上多个暗柱】呈勾选状态时有效，指扣除墙的初始端、终止端共两个暗柱（端柱）之后的暗柱（端柱）个数；格式为整数，如"3"。

【参数输入】：当选项【□墙净长上多个暗柱】呈勾选状态时有效，格式为"墙 1 长度＋暗柱 1 长度＋墙 2 长度＋暗柱 2 长度＋……＋暗柱 n 长度＋墙 n＋1 长度"，例如当暗柱个数＝3 时，其格式类似"3600＋450＋3000＋500＋2600＋600＋3300"，其中 450、500、600 三个数为 3 棵暗柱的宽度（起始端、终止端共 2 棵暗柱的宽度请在图形参数中输入），其余数据为 4 段墙的各段净长。如果单击【完成】或【修改】按钮，弹出如下图 7-6-8 所示的警告，则表示【暗柱个数】及【参数输入】两个参数不对应，此时请检查。

图形区域中参数说明：

【暗梁高度】：请特别注意，输入暗梁高度后，暗梁高度位置的墙体水平筋不再计算，即在计算水平钢筋根数时的实际计算尺寸为"层高减去暗梁高度"；而纵向主筋、插筋、拉筋照常抽取。根据 11G101-1 图集第 74 页，暗梁侧面纵筋同剪力墙水平分布筋，所以在暗梁位置同样布置墙体水平钢筋；您可将此参数理解为"不计算墙体水平筋的区域"，如"600"，表示在计算墙体水平筋时，用层高扣减 600 之后再计算其根数。

【伸入端柱长度＋弯折长度 X＋X】：灵活设置水平钢筋伸入端柱的直段长度及弯折长度，单击此参数后弹出如图 7-6-9 所示的对话框。【系统计算】选项选中时，软件将按下方的【系统计算说明】的规则进行计算，见 11G101-1 图集第 68 页。

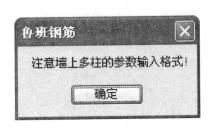

图　7-6-8

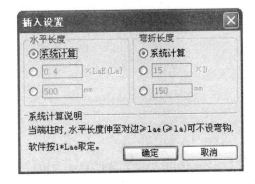

图　7-6-9

图中各项数据修改完成,点击【完成】,软件自动关闭【图形参数】对话框。进入钢筋软件主界面,鼠标自动停留在目录栏中的构件【新剪力墙/两次搭接】,直接输入该墙体名称,至此该墙体的配筋完成。

<h1 style="text-align:center">7.7 梁</h1>

7.7.1 框架梁

点击工具栏中的 ▣ 按钮。

选中【框架梁】节点执行主菜单【构件】→【新增构件向导】。将进入到【构件向导选择】对话框中,鲁班钢筋支持框架梁、非框架梁、次梁、基础梁等,并且支持弧形框架梁、弧形次梁、框架折梁、框架次梁。本节将通过直形框架梁的讲解,来熟悉梁的相关操作。

在【构件向导选择】对话框中,选择【梁】→【框架梁】,在右边图形中选直形框架梁,并点击【确定】按钮;弹出【构件属性】对话框,设置完【构件属性】的参数,请点击【下一步】按钮,将进入到【梁构件属性】,如图 7-7-1 所示。

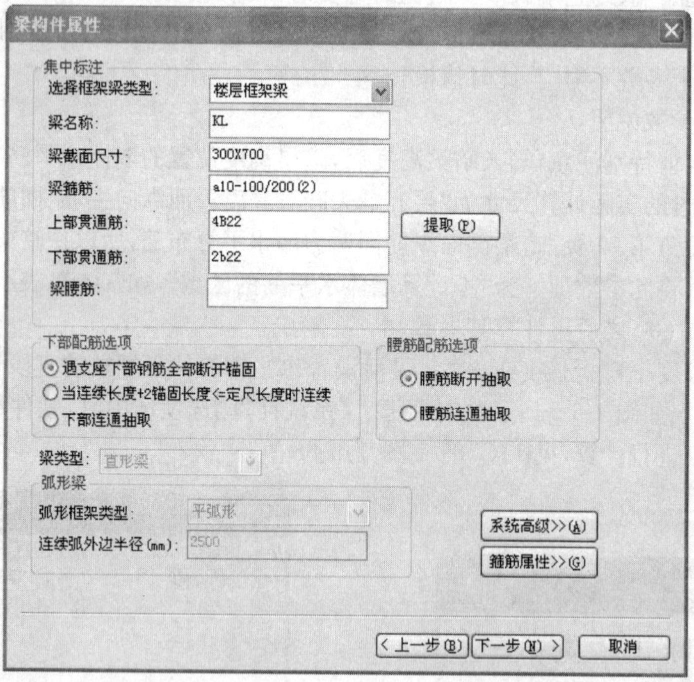

图 7-7-1 梁构件属性

(1)集中标注:

【选择框架梁类型】:软件默认为楼层框架梁。如果是屋面框架梁时,需要下拉选择一下;屋面框架梁与楼层框架梁的最大不同点在于端支座节点的构造要求不同。

【梁名称】:支持中文、字母、数字、符号,一般应与图纸上的梁编号相统一,以便修改及校对。如梁名称"KL1(5A)*2"表示有 2 根 KL1,有 5 跨且 1 端悬挑;您也可以在提交钢筋之后通过"重命名"修改构件名称。

【梁截面尺寸】具体格式为:b*h1/h2Yc1*c2。其中,b 为梁宽,h1 为根部高度,h2 为端部高度,当不输入"/h2"时表示梁的根部及端部为相同的高度,即梁不变截。c1 为腋长,c2 为腋高,当不输入"Yc1*c2"时表示没有加腋。比如"350*750"表示不变截、不加腋,"50*750/500"表示变截不加腋,"350*750Y500*250"表示不变截、有加腋。支持"*"、"X"字符,推荐用"*"表示"乘",因为用小键盘可以快速输入"*"号。如果个别跨梁的断面尺寸不同,可在后面的图中修改。

提示:将鼠标指针靠近输入时,会弹出提示条,较详细地描述了当前的参数输入格式,您初学软件时,应特别注意提示条。

【梁箍筋】:输入格式为"级别直径-加密区间距/非加密区间距(箍筋肢数)"。梁箍筋为同一种间距或肢数时不用斜线,支持 2、4、5、6、8 肢箍。如"a/10-100/200(4)"表示箍筋为一级钢,直径 10,加密区间距为 100,非加密区间距为 200,均为四肢箍。如"a8-100(4)/150(2)"表示箍筋为一级钢、直径为 8,加密区间距为 100、四肢箍,非加密区间距为 150、两肢箍。当不标注肢数时,默认为两肢箍,如"a10-200",表示一级钢,直径 10,间距为 200 的双肢箍。不同时,可在后面的图中修改。

【梁上部贯通筋】:"/"表示不同排钢筋、"+"表示同排的不同直径钢筋。例:"2B25+2B20/2B22/2B18"表示第一排有 2B25 和 2B20 的钢筋,第二排有 2B22 的钢筋,第三排为 2B18 的钢筋;

【梁腰筋】:根数级别直径输入,内容空白则表示按规范抽取。

提示:梁上部是贯通筋还是加强负筋,由该跨梁上部负筋数据及上部加强筋形式决定。

提取(E):在修改梁时,如果梁上部负筋大部分是相同的时候,比如"2B25+2B20/2B22",在【梁贯通筋】输入框中输入这一参数,点击【提取】按钮,则当前梁所有上部负筋均一次性改为"2B25+2B20/2B22"。在修改"梁跨中"数据时,对于上部负筋只需要把少量不同的地方进行修改即可达到快速修改的目的。但请记住,利用这一方法后,如果实际贯通钢筋为 2B25,提取数据以后,在【梁贯通筋】输入框中应还原为"2B25"。

【下部贯通筋】:其格式同"上部贯通筋",且仅把输入的参数提取到每跨的下部纵筋处。比如七跨梁中 4、5、6 跨均为 6B22,就在这输入框中填写"6B22",那么整跨梁的下部默认钢筋为6B22,在跨梁中仅需要修改第 3、7 跨的下部筋数据,实现了快速输入及修改。

(2)下部配筋选项:

【遇支座下部钢筋全部断开锚固】:为默认选项,在平法图集的构造大样中,下部纵筋为不连续,遇支座则全部断开锚固。各跨下部筋长度为各跨净跨长+2×锚固长度。

【当连续长度+2×锚固长度≤定尺长度时连续】:指"连续二跨或二跨以上的轴间间距-边跨支座长度+2×锚固长度≤钢筋的定尺长度"时,"同类别"且"同直径"且"同根数"的钢筋连续布筋不断开。在配筋时,先判断后一跨钢筋和前一跨钢筋能否连通,即直径和级别是否相等,而且支座处是否变截面。若不能,钢筋断开;若连通,则判断前面"连续长+2×锚固长+后一跨长"是否大于定尺长度,若大于定尺长度,则钢筋不能连通,在支座处断开,钢筋长度等于连续长度+锚固长度。否则,继续判断下一跨。

【下部连通抽取】：下部钢筋全部连通抽取，此时的构造和配筋与上部贯通筋非常相似。

（3）腰筋配筋选项

【腰筋断开抽取】：是指每跨梁上的腰筋断开，长度为"轴间间距－右支座宽度－左支座宽度＋搭接长度＋2×锚固长度"。锚固长度一般默认为15d。

【腰筋连通抽取】：是指每跨梁上的腰筋不断开，长度为"总的轴间间距＋搭接长度＋锚固长度－第一跨左支座宽度－最后一跨右支座宽度"。锚固长度一般默认为15d。

（4）[系统高级>>(A)]：当遇到设计特殊，某些构造要求与规范不同的梁时，您可以使用此命令进行调整，如图7-7-2所示。

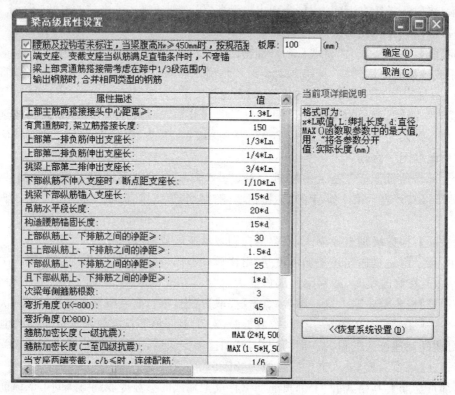

图 7-7-2　系统设置

四个选项含义：

①【腰筋及拉钩若未标注，当梁腹高 h≥450mm 时，按规范抽取，板厚：mm】：这是根据03G101-1 图集第 64 页"梁侧面纵向构造筋和拉筋"大样设置的选项（当选用规范为 00G101 图集时，此处将变为"当梁高 h≥700mm 时，按规范抽取"）；这个选项默认为勾选，应注意输入板厚。如果在"左挑梁、梁跨中、右挑梁"中没有输入具体参数时，软件自动按照规范取值。

②【端支座、变截支座当纵筋满足直锚条件时，不弯锚】：详见 11G101-1 图集第 79 页及第 81 页的"一至四级抗震等级时的纵筋在端支座直锚构造"及"非抗震楼层框架梁 KL（端支座支锚）"大样。默认情况下为勾选，符合规范要求。如果取消选择，则纵筋在端支座将伸至柱外边（柱纵筋内侧）且≥0.4l_{aE}（抗震）或 0.4l_a（非抗震），再弯折 15d。

③【梁上部贯通筋搭接需考虑在跨中 1/3 段范围内】:详见 11G101-1 图集第 79 页至第 81 页"纵向钢筋构造"大样中的"l_{lE}"位置;

④【输出钢筋时,合并相同类型的钢筋】:相同类型钢筋是指级别、直径、简图、简图中各参数等完全相同的钢筋。软件默认为不勾选,以方便您根据注释来进行每一根钢筋的校对,做到对电算结果心中有底。

(5) 箍筋属性>>⑥ :箍筋是两肢箍时不需要设置,点击【箍筋属性】按钮后弹出【箍筋属性】设置对话框,具体设置方法同柱子箍筋的肢数标法设置,输入完毕后点击【下一步】按钮,将进入【左挑梁】窗体。设无左挑梁,不需要进行设置,再点【下一步】进入到【梁跨中】窗体,如图 7-7-3 所示。

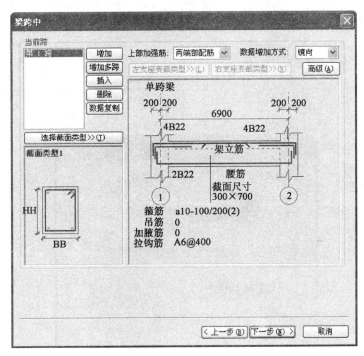

图 7-7-3　梁跨中

①梁跨的管理:

【当前跨】:被蓝色覆盖的跨为当前跨,鼠标在列表框中单选进行当前跨的切换,如图 7-7-4 所示。第 1 跨为当前跨。

【增加】:在列表框末尾增加 1 跨梁,并复制当前梁跨的参数到新增梁跨上,即新增梁跨的参数与当前跨参数完全相同。应注意使用这一特性以减少参数的输入,比如第 3 跨与新增跨参数较相似或完全相同,您可以选中当前跨为"第 3 跨"点【增加】按钮,增加的"第 6 跨"梁,其参数与第 3 跨完全相同,您不需要修改或只需少量修改即可完成第 6 跨参数的输入。

【增加多跨】:执行后将弹出对话框如图 7-7-5 所示,让您输入或选择将增加几跨梁。将在列表框末尾增加多跨梁,并复制当前梁跨的参数到新增梁跨上,即新增梁跨的参数与当前跨参数完全相同。您同样应注意使用这一特性以减少参数的输入。

【插入】：在当前梁跨之前插入一新梁跨，新跨梁与当前跨梁参数同样完全相同。

【删除】：将当前跨删除，删除后不可恢复。

【数据复制】：如某跨梁与其他跨参数基本相同或完全相同，则通过此命令进行参数的复制以提高您的输入效率。将把当前跨的数据复制到其他跨中，如选中第 3 跨时点"数据复制"后弹出的对话框，如图 7-7-6 所示，可以选择【是否同时复制高级属性数据】、【目标跨】、【镜向复制】还是【平行复制】。

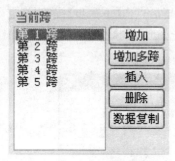

图 7-7-4 当前跨

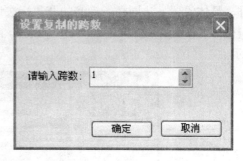

图 7-7-5

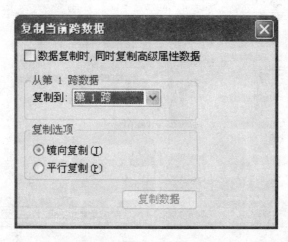

图 7-7-6

② 选择截面类型》(T)：当不是矩形梁时，可以选择其他截面，并弹出【选择类型】对话框，如图 7-7-7 所示。

③梁参数：如图 7-7-8 所示，可以对梁进行原位标注，修改相关参数。

相关按钮含义：

上部加强筋 两端部配筋 ：包含【两端部配筋】、【连通配筋】两个下拉选项。两端部配筋指除了上部贯通筋以外还有其他上部负筋，需要断开配置。连通配置指上部负筋在本跨不断开。选择【连通配筋】后，"左边上部钢筋"、"右边上部钢筋"、"架立筋"这三个参数将被屏蔽，并且新增"上部连通配筋"的参数。

数据增加方式 镜向 ：包含【镜向】、【平移】两个下拉选项。

a.【镜向】指在执行【增加】、【增加多跨】、【插入】三个命令时，新增跨与当前跨的支座及上部配筋数据呈镜向关系，即当前跨的左支座（左上部配筋）数据将为新增跨的右支座（右上部配

图 7-7-7　截面选择

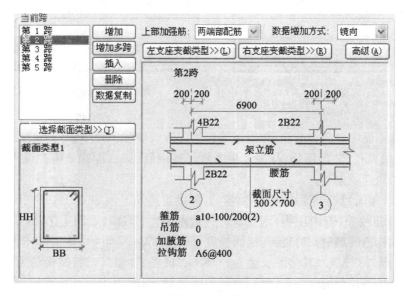

图 7-7-8　梁参数

筋）；反之，当前跨的右支座（右上部配筋）数据将为新增跨的左支座（左上部配筋）。

　　b.【平移】指新增跨与当前跨的支座及上部配筋数据呈平行移动的关系，即当前跨的左支座（左上部配筋）数据仍然为新增跨的左支座（左上部配筋）；而当前跨的右支座（右上部配筋）数据仍然为新增跨的右支座（右上部配筋）。与【数据复制】对话框中的【镜向复制】及【平行复制】选项意义完全相同。

　　[左支座变截型>>(L)] [右支座变截型>>(R)]：可以对梁高度错位（梁顶面或底面不在一条水平线上）、水平错位（梁各跨的水平中心线不在一条直线上）的钢筋变化（详见 11G101-1 图集第 84 页）自动处

231

理,如下图 7-7-9 所示。用户只需按提示的内容输入错位数值即可,按照规范智能处理。执行后相邻跨将自动填写相对应的参数,比如修改了第 4 跨左边变截参数,那么第 3 跨右边变截参数自动更正。

高级(A):如图 7-7-10 所示。当某跨梁(而不是所有跨)的上部负筋第一排或第二排延伸长度、弯起式钢筋上弯起点离支座距离、箍筋加密长度等,与【梁构件属性】→【系统高级】中的梁高级属性值不相同时,才需要设置,如实例梁的第 5 跨;当梁所有跨的上述参数与规范默认值不同时,应在【梁构件属性】→【系统高级】中的梁高级属性值窗体中进行设置。

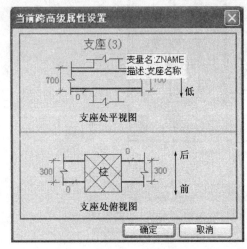

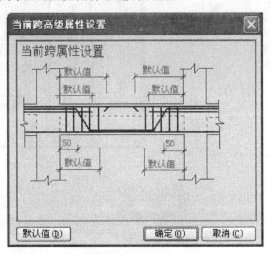

图 7-7-9　当前跨高级属性设置(1)　　　　图 7-7-10　当前跨高级属性设置(2)

参数说明:

①上、下部钢筋中弯起式配筋,相应钢筋后加(nW),例如:4B22(2W)/2B22(1W),表示第一排有 4 根二级直径 22 的钢筋,其中 2 根为弯起式钢筋;第二排有 2 根二级直径为 22 的钢筋,其中 1 根为弯起式钢筋。

②【按规范(腰筋)】:点击【按规范(腰筋)】,则设置腰筋。例如 G2B22、N2B25。G 表示构造腰筋,N 为抗扭腰筋,若未注明,则默认为构造腰筋。11G101-1 图集第 28 页第五条规定,"1,当为梁侧面构造腰筋时,其搭接与锚固长度可取为 15d;2,当为梁侧面受扭纵向钢筋时,其搭接长度为 l_l 或 l_{lE}(抗震),其锚固长度为 l_a 或 l_{aE}(抗震)",如果当前拉钩筋为"0",则输入腰筋后,软件智能填写拉钩筋参数,其级别直径均同箍筋,间距为非加密区箍筋间距的 2 倍。如果当前拉钩筋为"非 0"数据,更改或删除腰筋时,软件不会自动更新拉钩筋参数。

③【吊筋】:在次梁与主梁相交的位置一般存在吊筋或附加箍筋,吊筋或附加箍筋都用"吊筋"参数表达,格式为"根数类型直径♯次梁宽度＋根数类型直径♯次梁宽度＋..."。

a. 若没有吊筋,也没有附加箍筋,则只需输入"0"。

b. 若没有吊筋,但需附加箍筋,则输入非零数据,多个次梁时用"＋"号分开。

c. 若有吊筋,也有附加箍筋,则输入"根数类型直径♯次梁宽度",如"2B16♯200",吊筋中间段的尺寸为"50＋200＋50"。

d. 有多个次梁,则用"＋"连接,例:"♯250＋2B16♯200"表示有两根次梁与主梁相交,第一条次梁宽 250,两侧有附加箍筋,但无吊筋;第二条次梁宽 200,次梁位置处有吊筋 2 根二级直径 16,两侧有附加箍筋。

e. 当有吊筋、但没有附加箍筋时,请在提交钢筋之后将本跨相应的附加箍筋删除即可。

④【次梁每侧附加箍筋根数】默认为 3 根,但您可在【梁构件属性】→【系统高级】后弹出的【梁高级属性设置】窗体中自定义。

⑤【拉钩筋】:格式为"级别直径@排距"或"根数级别直径",例:A10@400 或 10A10。当具有腰筋时,拉钩筋才有效。

点击【下一步】按钮,进入【右挑梁】,勾选 □ 存在右挑梁 变成 ☑ 存在右挑梁 ,就可进行右挑梁的参数设置,如图 7-7-11 所示。

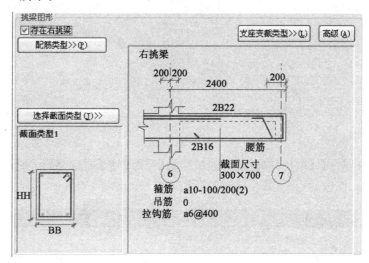

图 7-7-11 右挑梁

相关按钮含义:

① 配筋类型>>(P) :支持三种挑梁类型,如图 7-7-12 所示,根据设计选择即可。

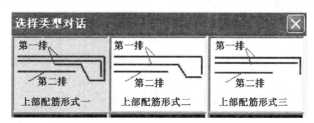

图 7-7-12 挑梁配筋类型

② 选择截面类型(T)>> :与梁跨中设置相同。

③ 支座变截类型>>(L) :与梁跨中设置相同。

④ 高级(A) :与梁跨中设置相似,右挑梁参数设置完毕以后,请点击【完成】按钮,返回到主界面,当前梁的所有钢筋将计算完毕,并显示在钢筋列表栏中,如图 7-7-13 所示。

如果要修改或校对,已经输入的参数,在树目录中选择梁名称节点如 KL1(5A),执行 ⟳ 修改命令或者鼠标左键双击该节点,即弹出 KL(5A)的属性修改对话框,如图 7-7-14 所示,点击

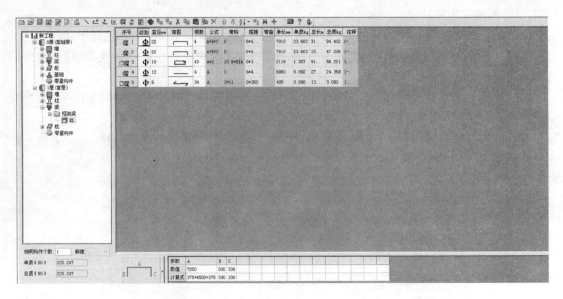

图　7-7-13

窗体上方的【构件属性】、【梁构件属性】、【左挑梁】、【梁跨中】、【右挑梁】五个按钮进行切换选择并修改相关参数。修改后点击【提交修改】即可。

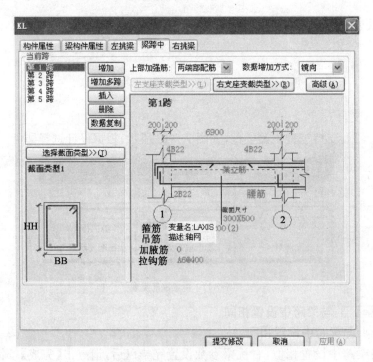

图 7-7-14　参数修改

注：梁中的其他构件如弧形梁、折梁、次梁、非框架梁、基础梁、基础次梁等与框架直形梁的操作步骤相似。

7.7.2 基础梁

1)构件属性

点击选中需要增加基础梁的构件的节点,比如"0层→梁→基础梁";

(1)点击工具栏中的🔲新增构件向导按钮,或者在【基础梁】节点上右击弹出快捷菜单【新增】→【构件向导】。

(2)选中【基础梁】节点执行主菜单【构件】→【新增构件向导】。将进入到【构件向导选择】对话框中,鲁班钢筋支持基础主梁、基础次梁、基础梁加腋等。

(3)在【构件向导选择】对话框中,选择【梁】→【基础梁】,在右边图形中选基础主梁,并点击【确定】按钮;弹出【构件属性】对话框,设置完构件属性的参数,请点击【下一步】按钮,将进入到【梁构件属性】对话框,如图 7-7-15 所示。

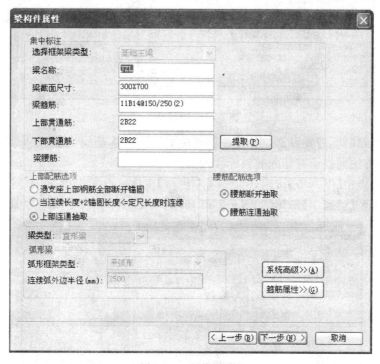

图 7-7-15　梁构件属性

2)梁构件属性

(1)梁构件属性:图 7-7-1 所示梁构件属性的参数输入基本同框架梁,基础梁支持 11G101-3图集的箍筋标注法,可输入如 11B14@150/250(2),表示箍筋加密为 HRB335 级钢筋,直径14mm,从梁端到跨内间距 150mm 设 11 道(即分布范围为 $150 \times 10 = 1500$),其余间距为250mm,均为双肢箍。

(2)【系统高级】按钮:当遇到设计特殊,某些构造要求与规范不同的梁时,您可以使用此命令进行调整,如图 7-7-16 所示。

各个选项含义同框架梁。

3)箍筋属性

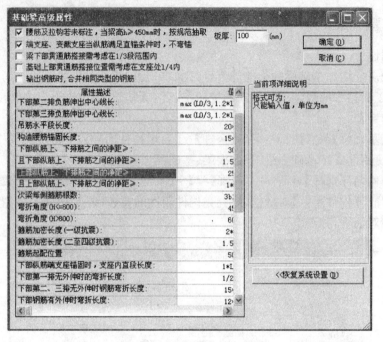

图 7-7-16　系统设置

　　箍筋是两肢箍时不需要设置,点击【箍筋属性】后弹出【箍筋属性】设置对话框,如图 7-5-9 所示,具体设置方法同柱子箍筋的肢数标法设置。

　　输入完毕后点击【下一步】按钮,将进入【左挑梁】窗体。设无左挑梁,不需要进行设置,再点【下一步】进入到【梁跨中】窗体,如图 7-7-17 所示。

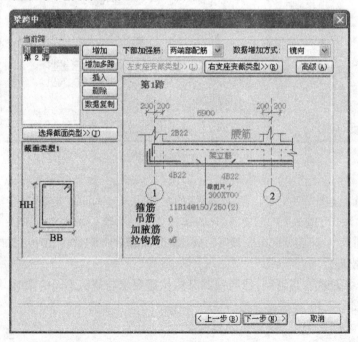

图 7-7-17　梁跨中

(1)梁跨的管理:同框架梁。

(2)截面设置:同框架梁。

(3)参数:如图 7-7-18 所示,可以对梁进行原位标注,修改相关参数。

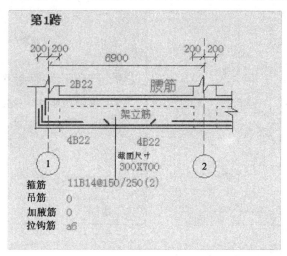

图 7-7-18 梁参数

(4)相关按钮含义:

①【下部加强筋】:包含【两端部配筋】、【连通配筋】两个下拉选项。两端部配筋指除了下部贯通筋以外还有其他下部负筋,需要断开配置。连通配置指下部负筋在本跨不断开。选择连通配筋后,"左边下部钢筋"、"右边下部钢筋"、"架立筋"这三个参数将被屏蔽,并且新增"下部连通配筋"的参数。

②【数据增加方式】:包含【镜像】、【平移】两个下拉选项。

【镜像】指在执行【增加】、【增加多跨】、【插入】三个命令时,新增跨与当前跨的支座及上部配筋数据呈镜像关系,即当前跨的左支座(左上部配筋)数据将为新增跨的右支座(右上部配筋);反之,当前跨的右支座(右上部配筋)数据将为新增跨的左支座(左上部配筋)。

【平移】指新增跨与当前跨的支座及上部配筋数据呈平行移动的关系,即当前跨的左支座(左上部配筋)数据仍然为新增跨的左支座(左上部配筋);而当前跨的右支座(右上部配筋)数据仍然为新增跨的右支座(右上部配筋)。与【数据复制】对话框中的【镜像复制】及【平行复制】选项意义完全相同。

③【左支座变截类型】、【右支座变截类型】:鲁班软件可以对梁高度错位(梁顶面或底面不在一条水平线上)、水平错位(梁各跨的水平中心线不在一条直线上)的钢筋变化(详见11G101-1图集第 84 页)自动处理,如图 7-7-19 所示。用户只需按提示条提示的内容输入错位数值即可,鲁班软件即按照规范智能处理。执行后相邻跨将自动填写相对应的参数,比如修改了第 4 跨左边变截参数,那么第 3 跨右边变截参数自动更正。

④【高级】:如图 7-7-20 所示,当某跨梁(而不是所有跨)的下部负筋第一排或第二排延伸长度、弯起式钢筋下弯起点离支座距离、箍筋加密长度等与【梁构件属性】→【系统高级】中的梁高级属性值不相同时,才需要设置,如实例梁的第 5 跨;当梁所有跨的上述参数与规范默认值

不同时,应在【梁构件属性】→【系统高级】中的梁高级属性值窗体中进行设置。

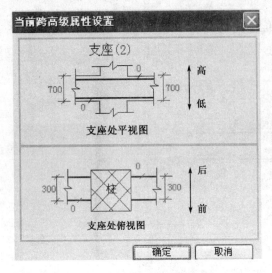

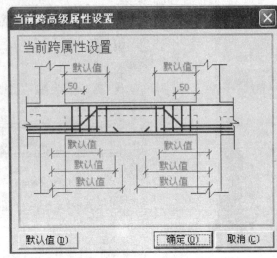

图 7-7-19　当前跨高级属性设置(1)　　　　　图 7-7-20　当前跨高级属性设置(2)

(5)参数填写及修改:在【当前跨】处单选当前跨,右边的较大区域将动态显示当前跨的相关参数。当鼠标指针移动到绿色数据上方时,将显示当前参数的较详细的操作提示。其中所有绿色的数据您需要单击以逐一填写。

(6)各参数详细描述(请注意参数的代码,以后将能更好地利用表格模式输入数据):

①"柱宽 LZ1"、"柱宽 LY1"、"柱宽 LZ2"、"柱宽 LY2":图示的从左到右的四个柱宽,LZ1+LY1=左支座总宽,LZ2+LY2=右支座总宽,其中的 Z 代表左,Y 代表右,1 代表当前梁跨的前支座,2 代表当前梁跨的后支座。LZ1 可以理解为梁跨前支座的左边宽度,LY1 为前支座的右边宽度,LZ2 为后支座的左边宽度,LY2 为后支座的右边宽度。

②"跨长 L_n":轴线间的距离。

③"左边下部配筋 RT1"、"右边下部配筋 RT2":例如:2B25+2B20/2B22,表示上一排为 2 根二级直径 25 及 2 根二级直径 20,下一排为 2 根二级直径 22。弯起式配筋,相应钢筋后加(nW),例如:4B22(2W)/2B22(1W),表示上一排有 4 根二级直径 22 的钢筋,其中 2 根为弯起式钢筋;下一排有 2 根二级直径为 22 的钢筋,其中 1 根为弯起式钢筋。

④"架立筋 RJLJ":格式为"根数类型直径",如 2B14。

⑤"上部配筋 RB":输入格式为"根数类型直径",与"下部配筋"参数相同,同样为"/"表示不同排,"+"表示同排,钢筋参数之后的(nW)表示弯起钢筋,如 2B22(2W)/2B20+2B22(1W)。

⑥"按规范(腰筋)":点击【按规范】,则设置腰筋。设置在梁两侧面的纵向构造配筋以大写字母 G 打头注写,且对称配置。例 G8B16,表示梁的两个侧面共配置 8B16 的纵向构造钢筋,每侧各配置 4B16。也可用"+"号相连,例 G6B16+G4B16,表示梁一侧配 6B16,另一侧配 4B16。

⑦"截面尺寸 JM":软件默认的参数为"梁构件属性"中的"梁截面尺寸"。

⑧"箍筋参数":格式与"梁构件属性"的"箍筋"参数完全相同。

⑨"吊筋":在次梁与主梁相交的位置一般存在吊筋或附加箍筋,吊筋或附加箍筋都用"吊筋"参数表达,格式为"根数类型直径♯次梁宽度+根数类型直径♯次梁宽度+..."。

a. 若没有吊筋,也没有附加箍筋,则只需输入"0"。

b. 若没有吊筋,但需附加箍筋,则输入非零数据,多个次梁用"+"号分开。

c. 若有吊筋,也有附加箍筋,则输入"根数类型直径♯次梁宽度",如"2B16♯200",吊筋中间段的尺寸为"50+200+50"。

d. 有多个次梁,则用"+"连接,例:"♯250+2B16♯200"表示有两根次梁与主梁相交,第一条次梁宽250,两侧有附加箍筋,但无吊筋;第二条次梁宽200,次梁位置处有吊筋2根二级直径16,两侧有附加箍筋。

e. 当有吊筋但没有附加箍筋时,请在提交钢筋之后将本跨相应的附加箍筋删除即可。

"次梁每侧附加箍筋根数"默认为3根,但您可在点击【梁构件属性】→【系统高级】后弹出的【梁高级属性设置】窗体中自定义。

⑩"加腋筋":格式为"根数类型直径",例如2C20,表示有2根三级直径20钢筋。

注意:只有当在截面尺寸参数中输入了加腋部分的尺寸后,加腋筋才有效,如"350×700Y500×250"。假设截面尺寸输入为"250×700",则不会计算加腋筋。

⑪"拉钩筋":格式为"级别直径"、"级别直径@排距"或"根数级别直径",例:A10、A10@400或10A10。输入级别直径时,间距默认为箍筋非加密区两倍,当具有腰筋时,拉钩筋才有效。

当梁跨中所有参数填写完毕,点击【下一步】按钮,进入【右挑梁】,单击□ 存在右挑梁 变成☑ 存在右挑梁,就可进行右挑梁的参数设置,如图7-7-21所示。

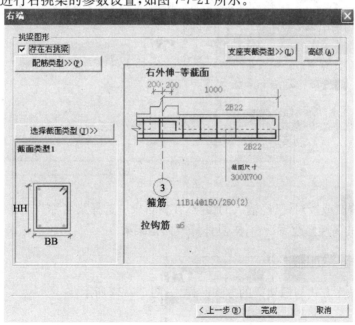

图7-7-21 右挑梁

(7)相关按钮含义：

①【配筋类型】：鲁班钢筋支持三种挑梁类型，如图 7-7-22 所示，根据设计选择即可。

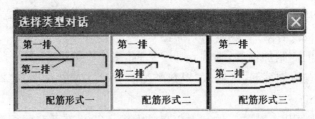

图 7-7-22 挑梁配筋类型

②【选择截面类型】：与梁跨中设置相同。

③【支座变截类型】：与梁跨中设置相同。

(8)各参数描述：

柱宽 LZ、柱宽 LY、悬臂梁跨长 LN、下部连通配筋 RT、上部配筋 RB、腰筋 RY、截面尺寸 JM、箍筋 RG、吊筋 RD、拉钩筋 RLGJ 等参数梁跨中完全相同，不再赘述。

右挑梁参数设置完毕以后，请点击【完成】按钮，返回到主界面，当前梁的所有钢筋将计算完毕，并显示在钢筋列表栏中，如图 7-7-23 所示。

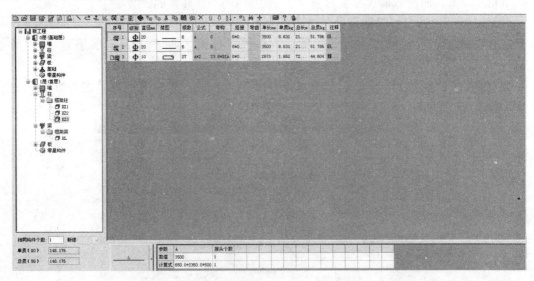

图 7-7-23

(9)如果要修改或校对，已经输入的参数，在树目录中选择梁名称节点，鼠标左键双击该节点，即弹出 JCL 的属性修改对话窗体，具体修改同框架梁。

7.7.3 基础梁加腋

构件属性：操作方式与框架梁的方式一样，如图 7-7-24 所示。

基础梁加腋：

(1)基础梁加腋尺寸有两种标注方法：

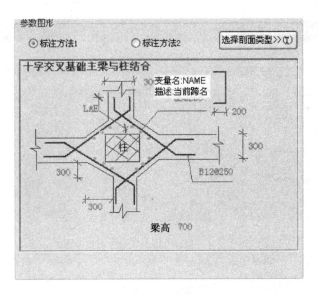

图 7-7-24 基础梁加腋

标注方法 1:如图 7-7-24 所示,采用两个直角边标注定位。

标注方法 2:采用角度和偏离柱子距离标注定位。

(2)选择剖面类型,如图 7-7-25 所示,可根据实际选择相应的剖面类型,选中剖面类型后,自动返回如图 7-7-24 所示基础梁加腋对话框,点击【完成】,即完成该基础梁加腋筋的抽取。

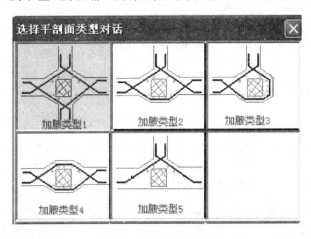

图 7-7-25 梁构件属性

7.7.4 折梁

构件属性:操作方式与框架梁的方式一样。

折梁构件属性:操作方式与框架梁的方式一样,设置好折梁构件属性,点击【下一步】进入到【折梁】对话框,图 7-7-26 所示,可根据图纸实际的设计要求进行更改。图中所有绿色数字均可修改。

数据设置完成后,点击【完成】,即完成该折梁钢筋的抽取。

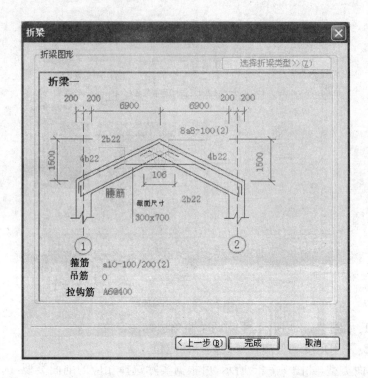

图 7-7-26

7.8 板钢筋的输入

7.8.1 单向布筋板

操作步骤如下：

（1）在目录栏中，用鼠标左键点击【构件夹（板）】使之加亮，使用工具栏中的 新增构件向导命令。

（2）软件界面中会自动跳出【构件向导选择】的对话框。

（3）在【构件向导选择】对话框中，先找到【板】，请单击【板】旁边的"＋"号，或者双击【板】；再在展开节点中找到【简支板/固支板/弯起式】，再在选取右边图形选取相应的图形，点击【确定】进入下一步。

（4）软件界面中会自动跳出【构件属性】对话框。需仔细查看各项参数，各项参数软件大都已按规范设置，如果与具体图纸不同需修改。这些参数直接影响钢筋的下料长度。修改完成，点击【下一步】。

（5）软件界面中会自动跳出【图形参数设置】的对话框如图 7-8-1 所示。具体操作：

①先在右侧【板的形式】中找到相应的图形，图中的虚线表示还有相邻的板。

②修改图中绿色数据及灰色的数据。鼠标移动至数据位置左键单击，软件界面中会自动跳出【修改变量值】的对话框，如图 7-8-2 所示，输入相应的数据。

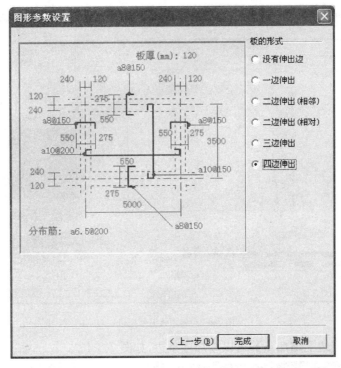

图 7-8-1 板编辑框

（6）图中各项数据修改完成，点击【完成】，软件自动关闭【图形参数设置】的对话框。进入钢筋软件主界面，鼠标自动停留在目录栏中的构件"B"，直接输入该板名称，至此该板的配筋完成。

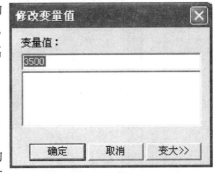

图 7-8-2 修改变量值

7.8.2 异形板钢筋

异形板钢筋操作步骤如下：

D-D-D 板针对异型板的一种图形处理法，即拖动（drag）、布筋（drop）、标注（dim），通过这三个步骤，即可完成对异型板的钢筋抽取。操作步骤如下：

（1）在目录栏中，用鼠标左键点击【构件夹（板）】使之加亮，使用工具栏中的 🔲 新增构件向导命令。

（2）软件界面中会自动跳出【构件向导选择】的对话框。

（3）在【构件向导选择】中，先找到【板】，请单击【板】旁边的"＋"号；或者双击【板】，再在展开节点中找到【简支板】，再在选取右边图形选取【D-D-D 板】使之显亮。点击【确定】进入下一步。

（4）软件界面中会自动跳出【构件属性】对话框。需仔细查看各项参数，各项参数软件大都已按规范设置，如果与具体图纸不同需修改。这些参数直接影响钢筋的下料长度。

（5）软件界面中会自动跳出【图形编辑】的对话框，如图 7-8-3 所示。具体操作：

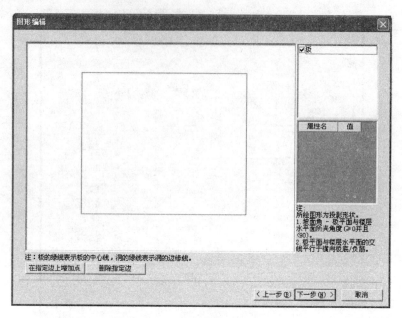

图 7-8-3　异形板编辑框(1)

①点击【在指定边上增加点】，可以增加多条边，如图 7-8-4。

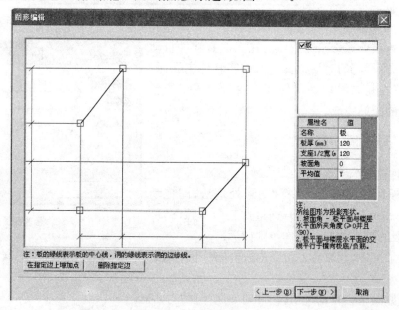

图 7-8-4　异形板编辑框(2)

②将光标停留在小方框内，逐个地拖动，拖出大致的图形；点击绿色边线，右侧出现板的属性参数进行修改，如图 7-8-5 所示。

(6)修改完成，点击【下一步】。软件界面中会自动进入【图形编辑】的对话框，如图 7-8-6 所示。

点击图形中的钢筋，右边显现该钢筋的参数，修改各个参数值，并可以拖动负筋让它伸出。

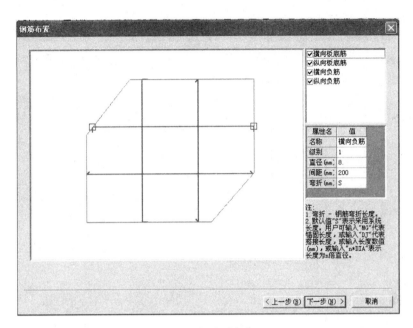

图 7-8-5 异形板编辑框(3)

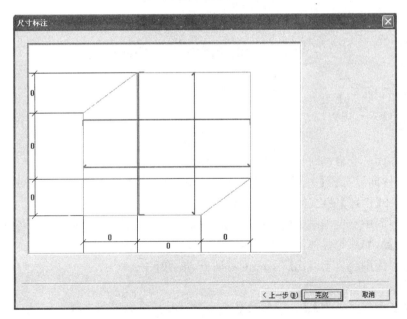

图 7-8-6 异形板编辑框(4)

　　(7)修改完成,点击【下一步】。软件界面中会自动进入【尺寸标注】的对话框,如图 7-8-7 所示。按图输入相应的尺寸。

　　(8)图 7-8-7 中各项数据修改完成,点击【完成】,软件自动关闭【尺寸标注】的对话框。进入钢筋软件主界面,鼠标自动停留在目录栏中的构件"B",直接输入该板名称,至此该板的配筋完成。

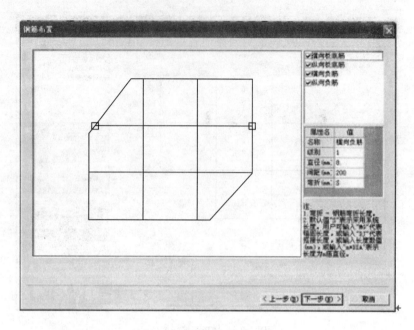

图 7-8-7　异形板编辑框(5)

7.9　其他构件钢筋的输入

雨蓬,操作步骤如下:

(1)在目录栏中,用鼠标左键点击【构件夹(其他)】使之加亮,使用工具栏中的 🔲 新增构件向导命令。

(2)软件界面中会自动跳出【构件向导选择】的对话框。

(3)在【构件向导选择】中,先找到【其他】,请单击【其他】;再在右边图形中找到【雨蓬】,并用鼠标左键点中【雨蓬】使之显亮。点击【确定】进入下一步。

(4)软件界面中会自动跳出【构件属性】的对话框。需仔细查看各项参数,各项参数软件大都已按规范设置,如果与具体图纸不同需修改。修改完成,点击【下一步】。

(5)软件界面中会自动跳出【雨蓬】的对话框,如图 7-9-1 所示。

具体操作:

①点击【选择与蓬类型】、【选择板负筋类型】按钮,按图纸进行选择。

②在【高级】一项中进行系统数据的修改。

③按图纸修改绿色的数字。

④图 7-9-1 中各项数据修改完成,点击【确定】,软件自动关闭【雨蓬】的对话框,进入钢筋软件主界面,鼠标自动停留在目录栏中的构件【新构件\雨蓬】,直接输入该雨蓬名称,至此该雨蓬的配筋完成。

其他构件中的如水箱、天沟板、女儿墙、外墙脚线的操作步骤与雨蓬相似。

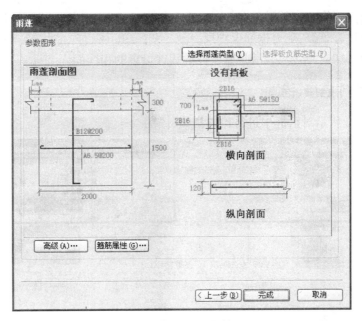

图 7-9-1 【雨蓬】对话框

7.10 批 量 修 改

7.10.1 构件一般属性

单击按钮 或【菜单】→【操作】→【批量修改】弹出批量修改对话框,如图 7-10-1 所示。

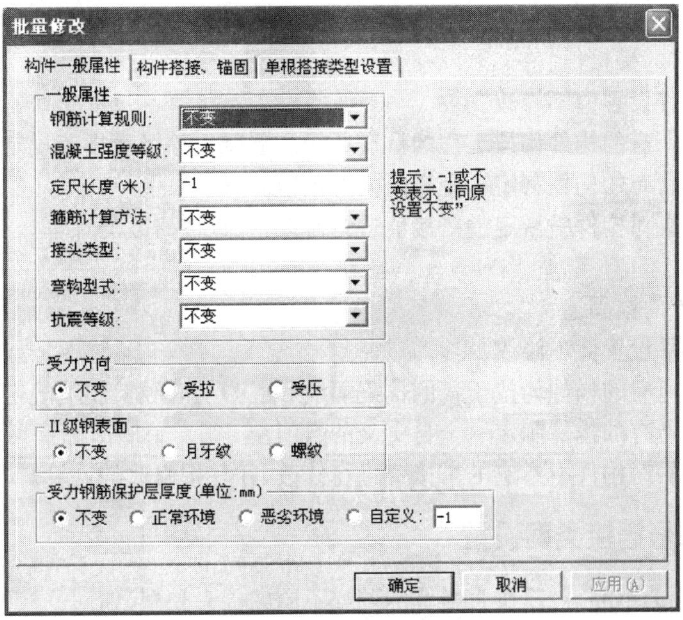

图 7-10-1 构件一般属性

这里边我们可以修改钢筋计算规则、混凝土强度等级、定尺长度、箍筋计算方法、接头类型、弯钩的形式、抗震等级、受力钢筋保护层。

说明:填入"-1"或"不变"表示与原构件的属性设置的相同的。

7.10.2　构件搭接、锚固

在如图 7-10-2 所示对话框中进行构件搭接、锚固。

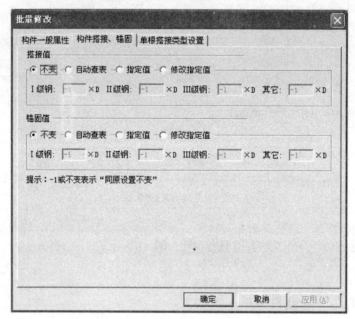

图 7-10-2　构件搭接、锚固

(1)搭接值

批量修改构件的搭接值。

【不变】:按构件设置值不修改。

【自动查表】:所有的构件均按工程的抗震等级和混凝土等级及规范规定自动设置。

【指定值】:为所有的构件制定一个自定义的数值。

【修改指定值】:对构件中指定的搭接值进行修改,并且按修改的计算。

(2)锚固值

批量修改构件的锚固值。

【不变】:按构件设置值不修改。

【自动查表】:所有的构件均按工程的抗震等级和混凝土等级及规范规定自动设置。

【指定值】:为所有的构件制定一个自定义的数值。

【修改指定值】:对构件中指定的搭接值进行修改,并且按修改的计算。

7.10.3　单根搭接类型设置

对已抽取完成的钢筋,可以按直径范围调整不同的接头类型,如同一柱中不同直径的钢筋有不同的接头类型,这个功能就可以轻松完成。软件自动对批量修改过的每个构件执行【提交修改】的功能,如图 7-10-3 所示。

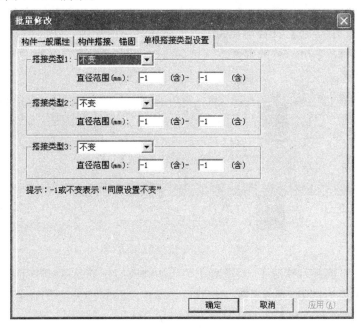

图 7-10-3 单根搭接类型设置

7.10.4 批量修改操作方法

1)特别注意事项

(1)目前版本,每一次批量修改确定只能修改一个内容。

(2)除【单根搭接类型】外其他内容调整,软件内部对指定结点下的每个构件都执行了一次提交【修改】确定的功能;如在同一构件中有两次或两次以上的构件自动产生的钢筋,以及根据构件自动产生的钢筋进行修改的,重新提交后需要手工删除的情况,操作者应自行手工调整。

(3)【批量修改】命令,根据操作者指定节点进行批量修改。

(4)【批量修改】命令对图形法等不起作用。

2)使用方法

(1)直接点击图标法:在列表框中选中所需修改的节点直接点击 ↻ 按钮。

(2)采用右键菜单或下拉菜单。

3)功能操作方法简介

(1)混凝土强度等级

作用:对每个构件下的每根钢筋由自动查表得到的搭接值、锚固值起作用。搭接值的变化在计算结果界面中搭接列可看出,锚固值在有锚固的主筋的参数栏中可看出。

自动查表的情况下,有的构件因主筋搭接长度的修改对箍筋的个数也进行了自动修改(在按规范计算的情况下)。

举例说明:

当使用【批量修改】修改混凝土强度等级后,可看到在主界面里的【搭接】一栏是有变化的。

例如：

①普通柱里的正方形柱,混凝土强度等级为 C25,接头类型为绑扎,搭接与锚固值自动查表,一切按默认,点击【完成】,计算出来的主界面搭接列的值如图 7-10-4 所示。

②使用【批量修改】功能,修改混凝土强度等级为 C35,点击【完成】,主界面搭接列的值变成如图 7-10-5 所示。

序号	级别		直径mm	简图	根数	公式	弯钩	搭接	弯曲	单长mm	单质kg	总长m
1	Φ	2	20.0	▬	16	A		0*53.2*DIA		4564.0	11.273	73.024
2	Φ	1	10.0	▦	35	A*2+B	25*DIA	0*43.4*DIA		2490.0	1.536	87.150

图 7-10-4 混凝土强度等级修改(1)

序号	级别		直径mm	简图	根数	公式	弯钩	搭接	弯曲	单长mm	单质kg	总长m
1	Φ	2	20.0	▬	16	A	0	0*43.4*DIA		4368.0	10.789	69.888
2	Φ	1	10.0	▦	35	A*2+B	25*DIA	0*35*DIA		2490.0	1.536	87.150

图 7-10-5 混凝土强度等级修改(2)

特别说明:在下面几种情况下,对混凝土等级的修改对钢筋是不起作用的。

搭接值、锚固值为自定义时;当接头类型为除绑扎以外的接头类型时;搭接、锚固值采用自动查表时。

(2)构件搭接类型

作用:对每个构件下的每根钢筋由自动查表得到的搭接值、锚固值起作用;对报表中的钢筋接头类型起作用;自动查表的情况下,有的构件因主筋搭接类型及搭接长度的修改对箍筋的个数也进行了自动修改(在按规范计算的情况下)。

(3)定尺长度

作用:对每个构件下的每根钢筋的接头个数以及钢筋长度起作用。

(4)弯钩形式(不包括箍筋)

作用:只对有弯钩的钢筋起作用。在主界面的【弯钩】一列可以看出变化。

(5)搭接值查表形式

作用:修改搭接值为自动查表值还是指定值。

指定值的修改与后面的"Ⅰ级钢搭接值(X∗Dia)"、"Ⅱ级钢搭接值(X∗Dia)"、"其他钢搭接值(X∗Dia)"三项有关,当为自动查表值时,下面一至三级钢搭接值的修改是不起作用的。

因主筋搭接长度的修改有时会影响箍筋的个数。

举例说明:普通柱里的正方形柱,混凝土强度等级为 C25,接头类型为绑扎,搭接与锚固值为自定义,一切按默认,点击完成,计算出来的结果如图 7-10-6 所示。使用【批量修改】,修改成按自动查表值,点击【确定】,计算结果如图 7-10-7 所示。

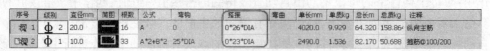

序号	级别		直径mm	简图	根数	公式	弯钩	搭接	弯曲	单长mm	单质kg	总长m	总质kg	注释
1	Φ	2	20.0	▬	16	A	0	0*26*DIA		4020.0	9.929	64.320	158.86	纵向主筋
2	Φ	1	10.0	▦	33	A*2+B*2	25*DIA	0*23*DIA		2490.0	1.536	82.170	50.688	箍筋@100/200

图 7-10-6 搭接值查表形式(1)

(6)单根搭接类型

特别说明:【单根搭接类型】的修改后,建议不要再执行【修改】及以上【批量修改】的各条命

序号	级别	直径mm	简图	根数	公式	弯钩	搭接	弯曲	单长mm	单质kg	总长m	总质kg	注释
1	Φ 2	20.0	■	16	A	0	0*53.2*DIA		4564.0	11.273	73.024	180.368	纵向主筋
2	Φ 1	10.0	▭	35	A*2+B*2	25*DIA	0*43.4*DIA		2490.0	1.536	87.150	53.760	箍筋Φ100/200

图 7-10-7　接值查表形式(2)

令,执行【修改】会取消【单根搭接类型】的结果。

【单根搭接类型】的修改后,软件不再自动执行【修改】命令,则要特别注意类似于以下的问题:如柱主筋,有两种不同直径的主筋(20mm、25mm),如 20mm 直径的需采用搭接类型,25mm 直径的采用电渣压力焊。

这时应注意,箍筋加密区的加密长度应按搭接类型还是按电渣压力焊类型考虑,如果是搭接类型考虑加密区长度,则在抽钢筋时接头类型应按搭接考虑,再用【单根搭接类型】批量修改功能,把 25mm 直径的钢筋接头类型改为电渣压力焊,这样操作流程,计算结果准确无误。

如前所述,如果抽筋时采用电渣压力焊,则箍筋的加密区长度就会少算。

举例说明:在【单根搭接类型】下面的下拉框里选择一种搭接类型,例如选择绑扎,点击【确定】,这时会出现一个对话框,在里面的【直径范围】输入你需要的直径,例如"6-20",点击【确定】,这时你会发现这部份钢筋计算结果界面里的搭接栏值变了,并且可在搭接汇总表里显示出来。

例如:

①普通柱里的正方形柱,混凝土强度等级为 C25,接头类型为绑扎,搭接与锚固值为自定义,点击【下一步】,一切按默认,点击完成,计算出来的结果如图 7-10-8 所示。

序号	级别	直径mm	简图	根数	公式	弯钩	搭接	弯曲	单长mm	单质kg	总长m	总质kg	注释
1	Φ 2	22.0	⌐	4	A+B+C	0	1*53.2*DIA		9080.4	27.060	36.322	108.240	第1跨
2	Φ 2	22.0	⌐	2	A+B+C	0	1*53.2*DIA		9080.4	27.060	18.161	54.120	下部第
3	Φ 1	10.0	▭	47	A*2+B	25*DIA	0*43.4*DIA		2130.0	1.314	100.11	61.758	第1跨
4	Φ 2	12.0	—	4		0	1*53.2*DIA		7498.4	6.659	29.994	26.636	构造腰
5	Φ 1	6.0	↗	34	A.	2*6.25*	0*350		337.0	0.075	11.458	2.550	第1跨

图 7-10-8　单根搭接类型(1)

②使用【批量修改】的【单根搭接类型】,在下拉框里选择【搭接双面焊】,点击【确定】,出现如图 7-10-9 所示对话框,输入 20-22。

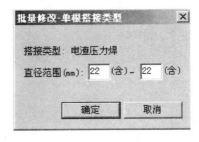

图 7-10-9　单根搭接类型(2)

③点击【确定】,计算结果界面如图 7-10-10 所示。可以看出里面的直径为 22 钢筋,搭接值由原来的"1 * 53.2 * DIA"变为"1 * 5 * DIA",而直径为 12 的钢筋未变。

序号	级别	直径mm	简图	根数	公式	弯钩	搭接	弯曲	单长mm	单质kg	总长m	总质kg	注释
1	Φ 2	22.0	⊓	4	A+B+C	0	1*5*DIA		8020.0	23.900	32.080	95.600	第1跨
2	Φ 2	22.0	⊓	2	A+B+C	0	1*5*DIA		8020.0	23.900	16.040	47.800	下部第
3	Φ 1	10.0	▭	47	A*2+B	25*DIA	0*43.4*DIA		2130.0	1.314	100.11	61.758	第1跨
4	Φ 2	12.0	—	4	A	0	1*53.2*DIA		7498.4	6.659	29.994	26.636	构造腰
5	Φ 1	6.0	⌒	34	A	2*6.25*	0*350		337.0	0.075	11.458	2.550	第1跨

图 7-10-10　单根搭接类型（3）

7.10.5　查找

【查找】功能可以快速在目录栏中查找到相关构件，鼠标左键点击菜单【操作】→【查找】或点击工具栏中的 图标，会弹出如图 7-10-11 所示对话框，在【查找内容】中输入要查找的构件名称，然后鼠标左键点击【查找下一个】软件会自动在目录栏加亮显示你所查找的构件，如图 7-10-11 所示。

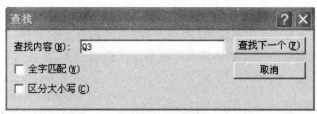

图 7-10-11　查找对话框

第8章 单根钢筋的输入法

8.1 单根钢筋输入的操作方法

8.1.1 单根钢筋的增加

操作步骤如下：

（1）在目录栏中，用鼠标左键单击构件使之加亮，将鼠标指向构件单击右键弹出快捷菜单【钢筋】→【新增】命令，如图 8-1-1 所示；或者选择下拉菜单【操作】→【钢筋】→【新增】；或点击工具栏中的 ↘ 按钮。

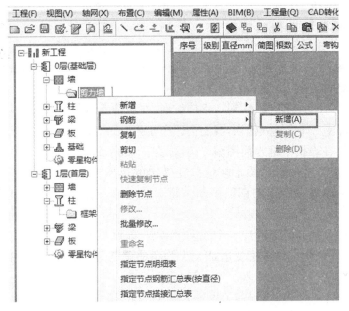

图 8-1-1

（2）在钢筋列表栏中，软件自动新增一行钢筋输入栏，如图 8-1-2 所示。

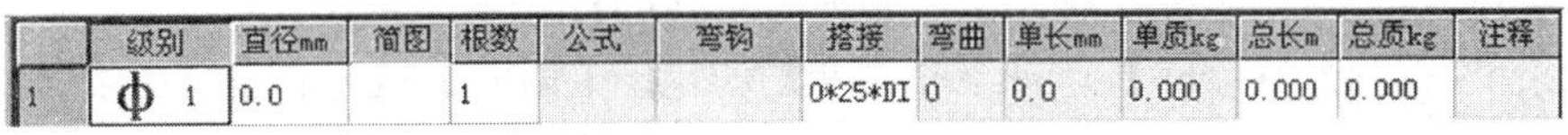

	级别	直径mm	简图	根数	公式	弯钩	搭接	弯曲	单长mm	单质kg	总长m	总质kg	注释
1	Φ 1	0.0		1			0*25*DI	0	0.0	0.000	0.000	0.000	

图 8-1-2

8.1.2 单根钢筋数据输入方法

增加钢筋后，可以在钢筋列表栏中（如图 8-1-3 所示）输入钢筋数据，一般来说，用户必须输入的数据有:"级别","直径","简图","根数"(光标自动停留的白色区域)。一般情况下,其他列的数据不必用户直接输入,软件会根据您的设置自动计算;当然也允许用户进行修改(修改方法见"8.3 钢筋基本参数的修改")

	级别	直径mm	简图	根数	公式	弯钩	搭接	弯曲	单长mm	单质kg	总长m	总质kg	注释
1	Φ 2	20.0	⌐⌐	4	A+B+C	0	0*41*DI	(2*WQ	5120.0	12.646	20.480	50.586	
2	Φ 1	8.0	⌐	1	A*2+B*2	2*10*DIA	0*300	(3*WQ	1512.0	0.597	1.512	0.597	
3	Φ 1	0.0		1			0*300	0	0.0	0.000	0.000	0.000	

图 8-1-3

输入时建议用户使用小键盘,可以大大加快您的操作;按回车键(Enter),光标自动移到下列或下一行的【级别】列位置,输入过程不需要使用鼠标。具体流程为:级别→直径→简图→简图的参数→根数→第二行钢筋的级别等循环操作(其中流程中的"→"用 Enter 回车键代替)。

8.1.3 单根钢筋数据内容说明

(1)级别:采用阿拉伯数字的输入,内设 1~7(A/B/C/L/N)级钢。输入 1(A)表示Ⅰ级钢;输入 2(B)表示Ⅱ级钢;输入 3(C)表示Ⅲ级钢;输入 4 表示Ⅳ级钢;输入 5 表示Ⅴ级钢;输入 6(L)表示冷扎带肋钢筋;输入 7(N)表示冷轧扭钢筋。冷拔丝Ⅰ级钢筋(输入 11 表示冷拔丝Ⅰ级钢);冷拉 1~3 级钢筋(输入 21 表示冷拉Ⅰ级钢、输入 22 表示冷拉Ⅱ级钢、输入 23 表示冷拉Ⅲ级钢);输入 31 表示预应力Ⅰ级钢,输入 32 表示预应力Ⅱ级钢,其他依此类推。如果您输错了,我们默认的钢筋类型为Ⅰ级钢。

(2)直径:采用阿拉伯数字输入,对应钢筋级别,在您输入直径时,您输入的钢筋直径必须是该种级别里有的直径。如您输入错误,我们会让您在弹出的对话框中,选择正确的钢筋直径。

(3)简图:直接在表格中输入简图编码(具体在 8.2 钢筋简图按编码输入法中介绍);或者直接用鼠标左键点选左下角的"图形按钮",在弹出的选择框里,通过点击下拉框来分别选择"折数"、"弯钩",从而得到所需的钢筋简图。简图输入后,还需输入简图的参数,简图列才算完成。

软件中,每种钢筋的简图,对应一个或多个参数,即每个钢筋形状对应一个长度计算公式。在计算公式中,有几个变量是系统变量,WQT 为弯曲调整值,DIA 为当前钢筋直径。

(4)根数:采用阿拉伯数字输入。

(5)注释:鼠标左键双击注释栏,可以输入相关的文字信息,对这根钢筋加以进行说明。

8.1.4 单根钢筋的删除

在钢筋列表栏中,用鼠标左键点击需删除的钢筋的行使之加亮,将鼠标指向该行单击右键弹出快捷菜单【钢筋】→【删除】;选择下拉菜单【操作】→【钢筋】→【删除】;点击工具栏中的 ✕ 按钮。

8.1.5 同一构件中的单根钢筋的复制

在钢筋列表栏中,用鼠标左键点击需复制的钢筋的行使之加亮,将鼠标指向该行选择右键下拉菜单【钢筋】→【复制】;点击工具栏中的 按钮。支持跨构件的固执粘贴。

8.2 钢筋简图按编码输入法

8.2.1 钢筋简图按编码输入法

软件提供四位数编码,第一位是组成单根钢筋形状的段数(不包括弯钩);第二位是该单根钢筋端部弯钩的个数;第三、四位是根据第一、二位的条件下的单根钢筋形状的软件自编序列号。举例:3001 表示该钢筋形状由三段钢筋组成,且端部无弯钩,在该类钢筋中编码为01。具体钢筋形状为 3001 ▭ 。

8.2.2 编码输入的操作方法

软件提供了钢筋简图编码提示窗口,输入编码时,提示窗口自动弹出(图 8-2-1),编码输入完毕,点按 Enter 键(回车键)确认后,窗口关闭。

举例,输入单根钢筋形状为一段的钢筋,在简图单元格内输入了第一个字符"1"后,软件会自动将所有的一折钢筋的钢筋编码和简图输出在提示窗口内,如图 8-2-1 所示,也就是所有钢筋编码的第一位编码为"1"的钢筋会出现在提示窗口内。同理,如输入了"12",软件会将所有的前两位编码为"12"的钢筋输出在提示窗口中,方便使用者输入正确的钢筋编码,如图 8-2-2 所示

在使用提示窗口时,如数据超过一页,您可以使用提示窗口上提供的翻页按钮进行翻页,左边两按钮为【首页】、【尾页】,右边两窗口为【上一页】、【下一页】。如图 8-2-3 为输入"30"后显示的首页。

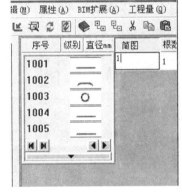

图 8-2-1

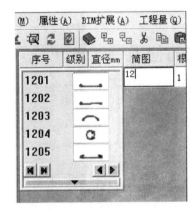

图 8-2-2

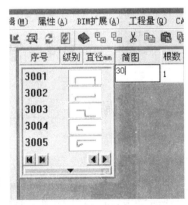

图 8-2-3

另外,您还可以在输入编码时,直接按"＋","－"号,进行翻页,"＋"号为下一页,"－"号为上一页。

如您在输入编码第一位或第一、二位后,按 Enter 键(回车键)确认,我们自动为您选择当前页的第一个钢筋。

8.3 钢筋长度的输入

选择好钢筋的类型后,在编码区里输入各边的长度,如图 8-3-1 所示。

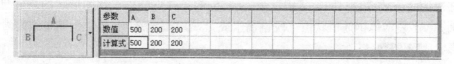

图 8-3-1

注:(1)单根长度表达式输入可支持的表达格式为:"+"、"一"、"*"、"/"、"("、")"。

(2)支持的参数为:d(直径)、l_a(l_{ae})。

(3)输入的表达式前需要加"=",输入完成后直接转化为数值,如图 8-3-2,图 8-3-3 所示。

图 8-3-2

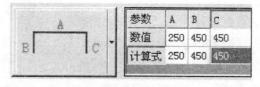

图 8-3-3

8.4 钢筋基本参数的修改

8.4.1 弯钩调整

(1)单根钢筋的弯钩调整

操作步骤如下:

①在钢筋列表栏中,用鼠标左键点击需调整的钢筋的行使之加亮,将鼠标指向该行,单击右键弹出快捷菜单,点击【弯钩调整】;选择下拉菜单【单根】→【弯钩调整】;点击工具栏中的 按钮。

②软件会自动弹出如图 8-4-1 所示的【弯钩增加值】对话框。可以直接在【当前弯钩值】中写入弯钩倍数,点击【使用当前值】确认;或直接在查表位置选择,点击【使用查表值】确认。

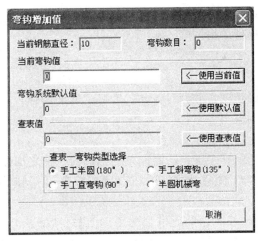

图 8-4-1

（2）单个构件中的钢筋弯钩集体调整

操作步骤如下：

①在目录栏中，用鼠标左键点击需调整的构件使之加亮，选择下拉菜单【操作】→【修改】；点击工具栏中的 🔄 按钮。

②软件会自动弹出如图 8-4-2 的【构件属性调整】对话框。直接在【弯钩形式】的下拉框中选择所需的弯钩形式。软件默认值是：手工半圆（180°）。

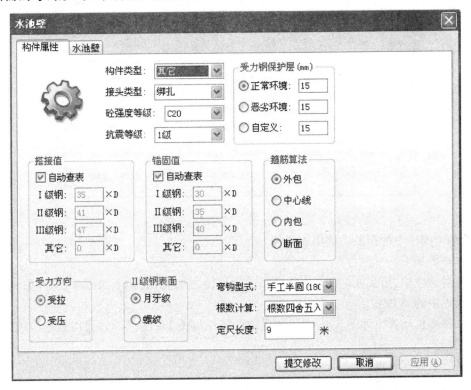

图 8-4-2

③需特别注明的是：单个构件中的钢筋弯钩集体调整法对已使用过单根钢筋弯钩调整的钢筋不起作用，需要重新进行单根调整。

8.4.2　搭接调整

包括对搭接类型、搭接长度、钢筋定尺长度、搭接个数的调整。

（1）单根钢筋的搭接调整

操作步骤如下：

①在钢筋列表栏中，用鼠标左键点击需调整的钢筋的行使之加亮，将鼠标指向该行单击右键弹出快捷菜单，点击【搭接调整】；选择下拉菜单【单根】→【搭接调整】；点击工具栏中的 ⚒ 按钮。

②软件会自动弹出如图 8-4-3 所示的【搭接增加值】对话框。可以直接在【当前搭接值】的【搭接长度】、【定尺长度（米）】、【搭接个数】、【搭接类型】中输入适合的数据，点击【使用当前值】确认；或直接【在当前定尺长度和搭接类型下的查表参数】中，选择适当的数据，点击【使用查表值】确认。

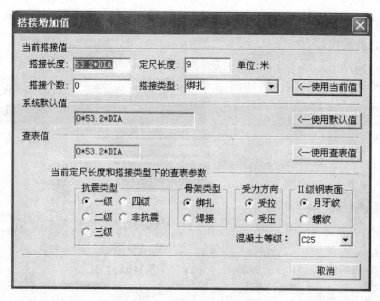

图　8-4-3

（2）单个构件中的钢筋搭接集体调整

操作步骤如下：

①在目录栏中，用鼠标左键点击需调整的构件使之加亮，选择下拉菜单【操作】→【修改】；点击工具栏中的 ♻ 按钮。

②软件会自动弹出如图 8-4-2 所示的【构件属性调整】对话框。如果按规范取值，则在界面中需选择：

a.混凝土强度等级。

b.搭接自动查表前打勾。

c.钢筋的受力方向的确认。

d.如果有两级钢,则应选择钢筋表面的花纹形状。

e.如果该工程项目,采用【默认工程】新建,还需选择下拉菜单【工程】→【工程设置】,软件会自动跳出如图 8-4-4 所示【工程设置】对话框,在【计算规则】栏中抗震等级可直接在构件属性对话框中调整、选择。

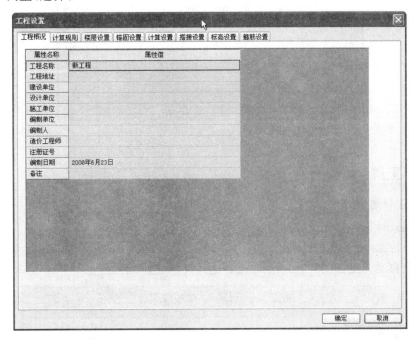

图　8-4-4

需特别注明的是:单个构件中的钢筋搭接集体调整法对使用过单根钢筋搭接调整的钢筋不起作用。

8.4.3　弯曲调整值

(1)弯曲调整值的设置

①如果用【工程向导】创建新工程,则在【新建工程向导】→【工程设置】中设置。

②如果该工程项目,采用【默认工程】新建,则在目录栏中,用鼠标左键点击需调整的工程名称或楼层或构件夹或构件使之加亮,选择下拉菜单【工具】→【缺省设置】,软件会自动跳出【系统缺省设置】的对话框,选择是否考虑弯曲系数。

(2)弯曲调整值的修改

操作步骤如下:

①在钢筋列表栏中,用鼠标左键点击需调整的钢筋的行使之加亮,将鼠标指向该行单击右键弹出快捷菜单,点击【弯曲调整】;选择下拉菜单【单根】→【弯曲调整】;或点击工具栏中的 ⤴ 按钮。

②软件会自动弹出如图 8-4-5 所示的【弯曲调整值】对话框。可以直接在【当前弯曲值】中写入角度值,点击【使用当前值】确认。

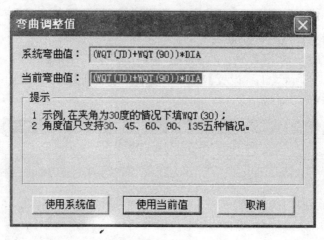

图 8-4-5

8.4.4 工具

(1)表达式计算器

使用表达式计算器操作步骤如下：

①选择下拉菜单【工具】→【表达式计算器】或点击工具栏中的 按钮。

②软件会自动弹出如图 8-4-6 所示的【表达式计算器】对话框。

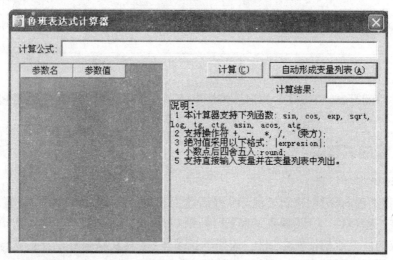

图 8-4-6

可以在【计算公式】中输入数据或参数表达式。

注意：角度输入与输出皆为角度值；表达式需要输入完整，比如"90 * sin(75)"；参数默认值为 0。

(2)箍筋个数计算器

操作步骤如下：

①选择下拉菜单【工具】→【箍筋个数计算器】。

②软件会自动弹出如图 8-4-7 所示的【图形计算器】对话框。

在右边的【参数列表】表格中修改【参数值】，就可以计算出您的箍筋个数，如果没有特别的需要，您是不需要修改计算公式的。

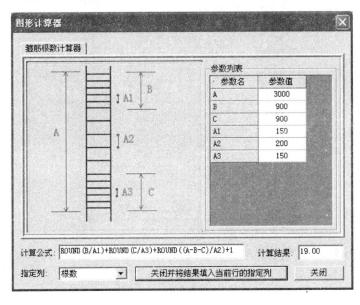

图 8-4-7

8.4.5 搭接与锚固值查询

如果您需要查询相应钢筋的搭接与锚固值，按图 8-4-8 进行操作，可以得到相应的数值。

图 8-4-8

8.4.6 钢筋比重表

使用钢筋比重表操作步骤如下：

(1)选择下拉菜单【工具】→【单位长度重量表】命令。

(2)软件会自动弹出如图 8-4-9 所示的【比重设置】对话框。

图 8-4-9

可以点击【增加】输入新的直径的钢筋及比重,或者鼠标左键双击所需要修改的比重进行修改。

8.4.7 自定义钢筋

(1)选择下拉菜单【工具】→【自定义钢筋】命令。

(2)软件会自动弹出如图 8-4-10 所示的【自定义钢筋】对话框。

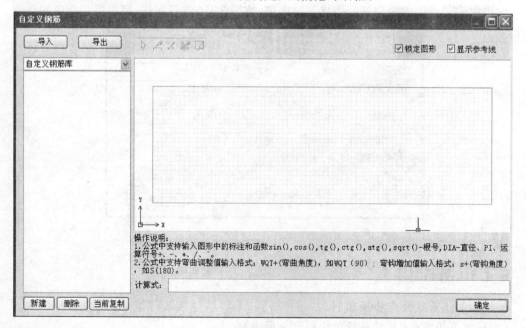

图 8-4-10

可以增加自定义的钢筋,在自定义钢筋库里新增一个钢筋,给个名称。画出一个图形,编辑一个公式,在单根钢筋添加的时候可以调出使用,如图 8-4-11 所示。

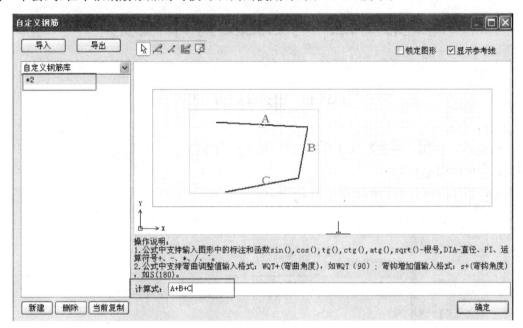

图　8-4-11

第9章 报表及打印预览

9.1 报 表 查 看

选择菜单中的【工程量】→【计算报表】或左键点击工具条中的 ▣ 按钮,进入如图 9-1-1 所示鲁班钢筋报表。

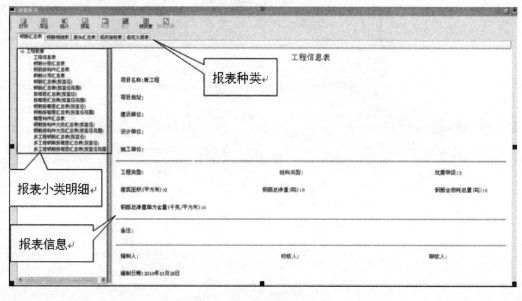

图 9-1-1

报表种类中有 4 种软件默认的报表大类(钢筋汇总表,钢筋明细表,接头汇总表,经济指标分析表),以及用户自定义报表。

操作方法:先选择报表种类,再选择工程数据中的报表小类名称,即可看到需要的报表数据信息。

9.2 报 表 统 计

9.2.1 报表统计

选择工程数据下的报表名称,点击命令 统计 可以选择需要统计的钢筋,如图 9-2-1 所示。条件统计可按照按楼层和按构件统计报表。

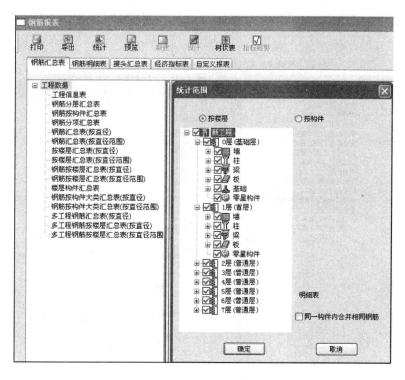

图　9-2-1

9.2.2　报表私有统计

选择工程数据下的报表名称，右键可选择【设置私有统计条件】，如图9-2-2、图9-2-3所示。

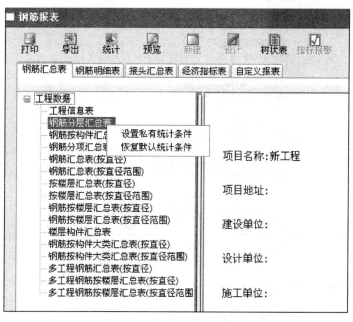

图　9-2-2

图　9-2-3

设置好设置私有统计条件后,该报表以红色高亮显示,表示该报表不是软件的默认统计条件,如图 9-2-4 所示。

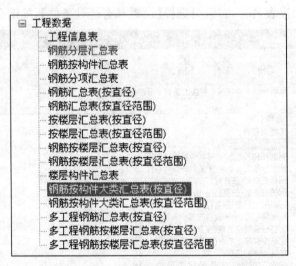

图　9-2-4

9.2.3　多工程汇总合并

点击多工程钢筋汇总表,弹出对话框如图 9-2-5 所示。

图　9-2-5

可在【项目名称】中输入本工程的名称,点击【浏览】添加以前做好的项目工程,如图 9-2-6
所示。

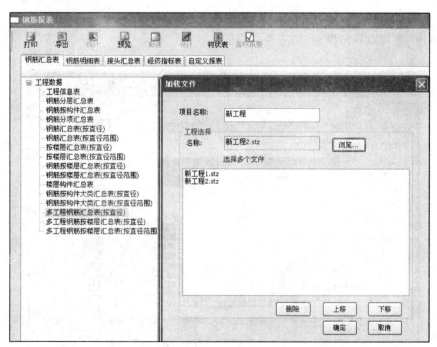

图　9-2-6

点击【确定】完成多工程钢筋汇总表的合并。
注:V19.3.0 接头汇总表新增了植筋统计,如图 9-2-7 所示。

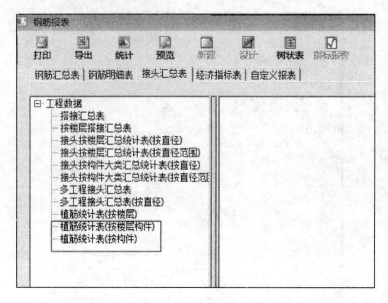

图 9-2-7

9.3 报表打印

点击按钮 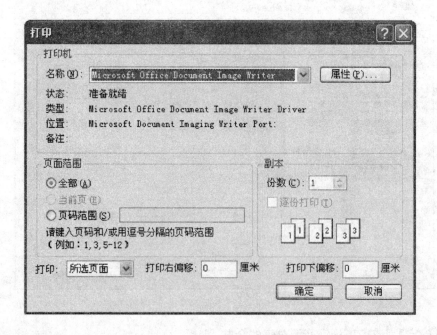 可以打印报表,如图 9-3-1 所示。

图 9-3-1

点击命令 ![图标]，可以在打印之前查看打印效果，如图 9-3-2 所示。

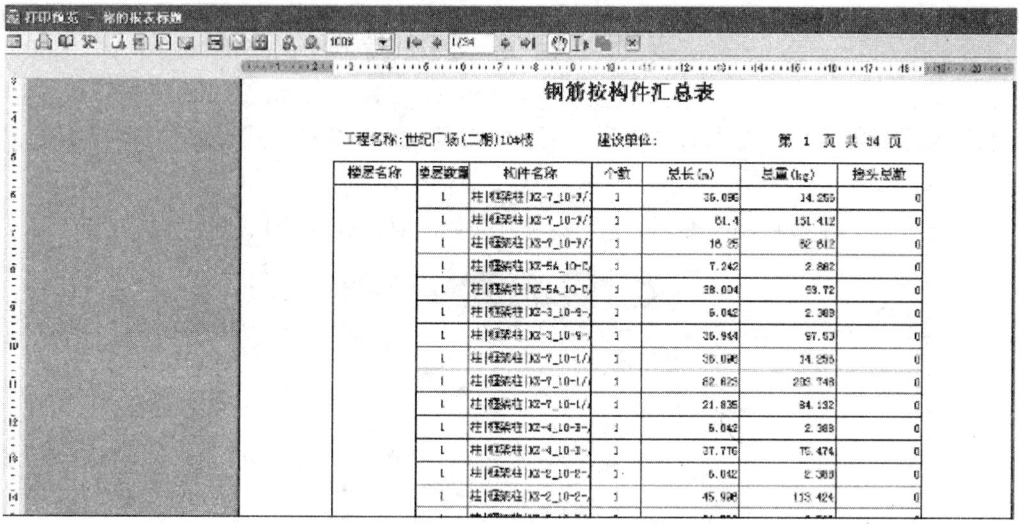

图 9-3-2

9.4 报表导出

点击 ![图标] 可以导出 Excel 表格，软件弹出对话框如图 9-4-1 所示。

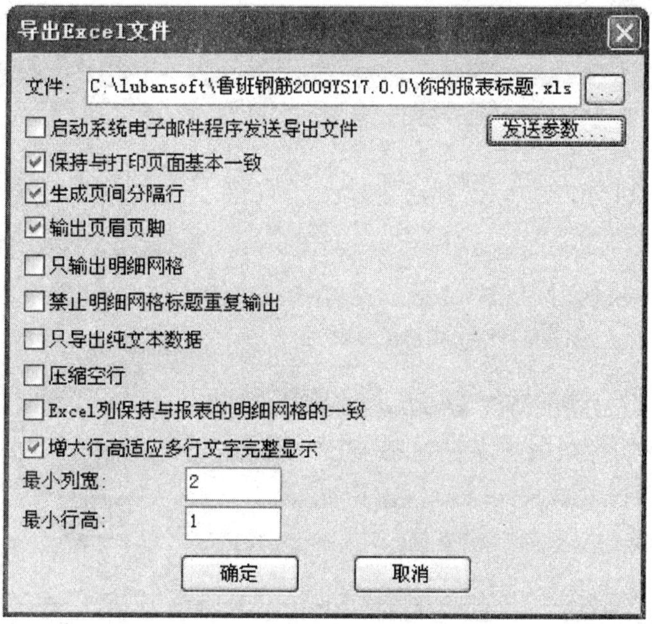

图 9-4-1

提示：钢筋明细表暂不支持导出表格，需要从节点报表中导出。

9.5 自定义报表

自定义报表可设置任意形式的报表。报表的眉页、表头、统计形式、显示内容、字体形式等都可自由设置。

选择 自定义报表 ， 新建 按钮高亮显示，点击 新建 按钮，弹出对话框，如图 9-5-1 所示。

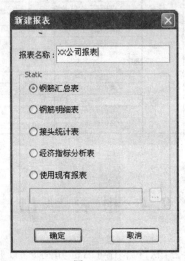

图 9-5-1

点击【确定】可以进入报表模版设计，如图 9-5-2 所示。

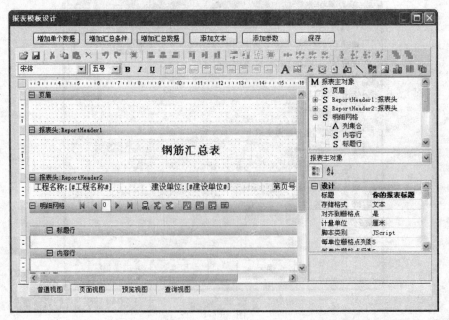

图 9-5-2

单个数据如图 9-5-3 所示。

单个数据是指计算结果中每一根钢筋所拥有的属性,只能被用在钢筋明细表中。

汇总条件如图 9-5-4 所示。

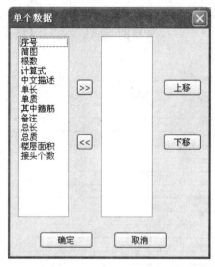

图 9-5-3　报表单个数据

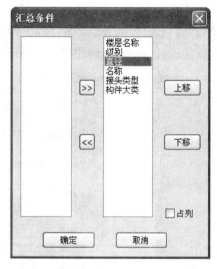

图 9-5-4　报表汇总条件

汇总条件是指用来将钢筋数据进行分类的条件,选择占列则被选择及下级的条件都将以列的形式显示出来。

汇总数据如图 9-5-5 所示。

汇总数据是指根据汇总条件得到的数据。选择【确定】后每个汇总条件都会自动对应一个汇总数据,可以根据需要删除不需要对应汇总条件的汇总数据框。

添加文本:可在页眉页脚和表头表尾添加文本框。方法为选择页眉或其他,点击【添加文本】,框选一个文本范围,出现一个方框,双击就可以修改了。

添加参数如图 9-5-6 所示。

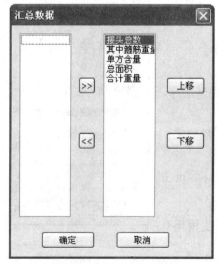

图 9-5-5　报表汇总数据

图 9-5-6　报表工程参数

可在页眉页脚和表头表尾添加参数框。方法为选择页眉或其他,点击【添加参数】,在弹出框中选择一个参数即可。

点击 ▷ 按钮可以把选中的条件增加到报表中,点击 ◁ 按钮可以把选择的条件清除报表。

点击 上移 下移 按钮可以把选择的条件次序进行调整,排列在最上面的次序将会在报表的排列靠前显示,如图 9-5-4(条件和条件不占列)和图 9-5-5(接头靠前)所选择,点击【确定】保存,重新统计后,报表信息如图 9-5-7 所示。

工程名称:世纪广场(二期)10#楼 　　　　　　　　建设单位:

接头个数	其中箍筋(kg)	单方含量	楼层面积	总重(kg)
楼层名称: 0层(基础层)				
级别: 　1				
直径: 　6				
名称: 　KL-6_10-2-10-8/10-B				
接头类型: 绑扎				
构件大类: 梁				
0	30.261	0	0	30.261
0	30.261	0	0	30.261
0	30.261	0	0	30.261
名称: 　KL-7_10-2-10-9/10-C				
接头类型: 绑扎				
构件大类: 梁				
0	30.723	0	0	30.723
0	30.723	0	0	30.723
0	30.723	0	0	30.723
名称: 　KL-8_10-2-10-9/10-D				
接头类型: 绑扎				
构件大类: 梁				
0	30.723	0	0	30.723

图 9-5-7

报表定义流程为:钢筋汇总表,接头汇总表,经济指标分析表的定义流程为:

(1)选择需要的汇总条件。调整好汇总条件的先后顺序,根据需要选择是否占列。

(2)根据已有的汇总条件,选择需要的汇总数据。

(3)钢筋明细表的定义流程为:

①选择需要的汇总条件。调整好汇总条件的先后顺序,根据需要选择是否占列。

②先选择需要的单个数据。调整好单个数据的先后顺序。

③根据已有的汇总条件,选择需要的汇总数据。

当自定义报表需要修改时,选中自定义报表名称,点击 ▦ 就可以对报表模版进行修改。

当其他工程需要使用已有的报表时,可以选择使用现有报表,如图 9-5-8 所示。

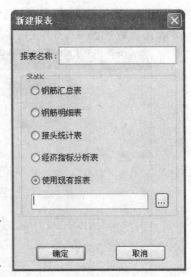

图 9-5-8

点击▣使用现有报表,点击文件夹图标,弹出如图 9-5-9 所示对话框。

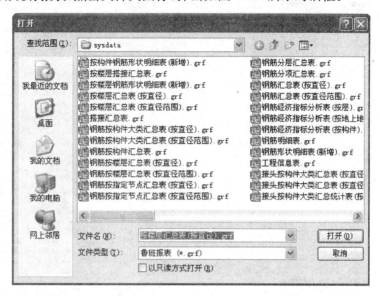

图　9-5-9

自定义报表功能:

(1)支持设置任意形式的报表。报表的眉页,表头,统计形式,显示内容,字体形式等都可自由设置。

(2)新增快速定义报表的功能,包括:增加单个数据,增加汇总条件,增加汇总数据,添加文本,添加参数。

(3)定义好的报表文件放在"X:\lubansoft\鲁班钢筋 2010YS17.0.0\lbgjlib\sysdata\customReport"文件夹中。

(4)支持直接将报表文件复制到其他电脑中使用。

9.6　树状报表

9.6.1　钢筋清单明细总表

选择菜单中的【报表】→【钢筋清单明细总表】或左键点击工具条中的▣按钮,即可进入钢筋清单明细总表,如图 9-6-1 所示,该表可按楼层或按构件分成两个表,通过图 9-6-1 左下角的【钢筋明细总表(按楼层)】、【钢筋明细总表(按构件)】按钮切换进入。

选择菜单中的【操作】→【展开】或左键点击工具条中的▣按钮,即可展开钢筋清单明细总表;选择菜单中的【操作】→【收缩】或左键点击工具条中的▣按钮,即可收缩钢筋清单明细总表。钢筋清单明细总表包含:构件信息、个数、总质、单质、根数、级别直径、简图、单长、备注、编号等信息。其中构件信息包含:楼层、大类构件夹、小类构件夹、构件名称、构件位置等信息,如图 9-6-2 所示。

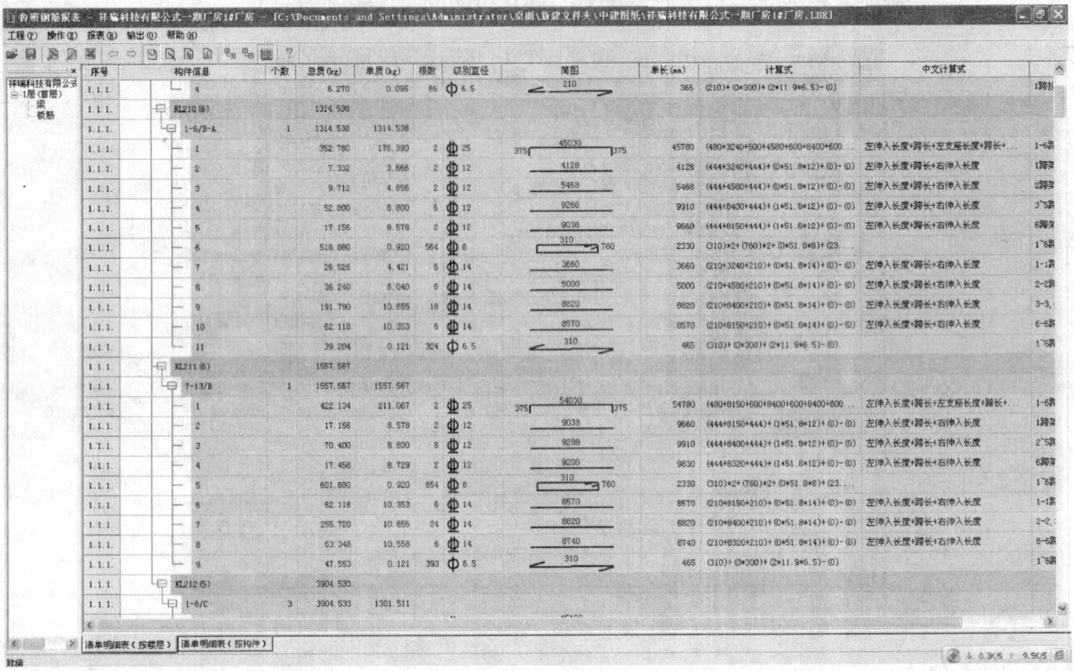

图　9-6-1

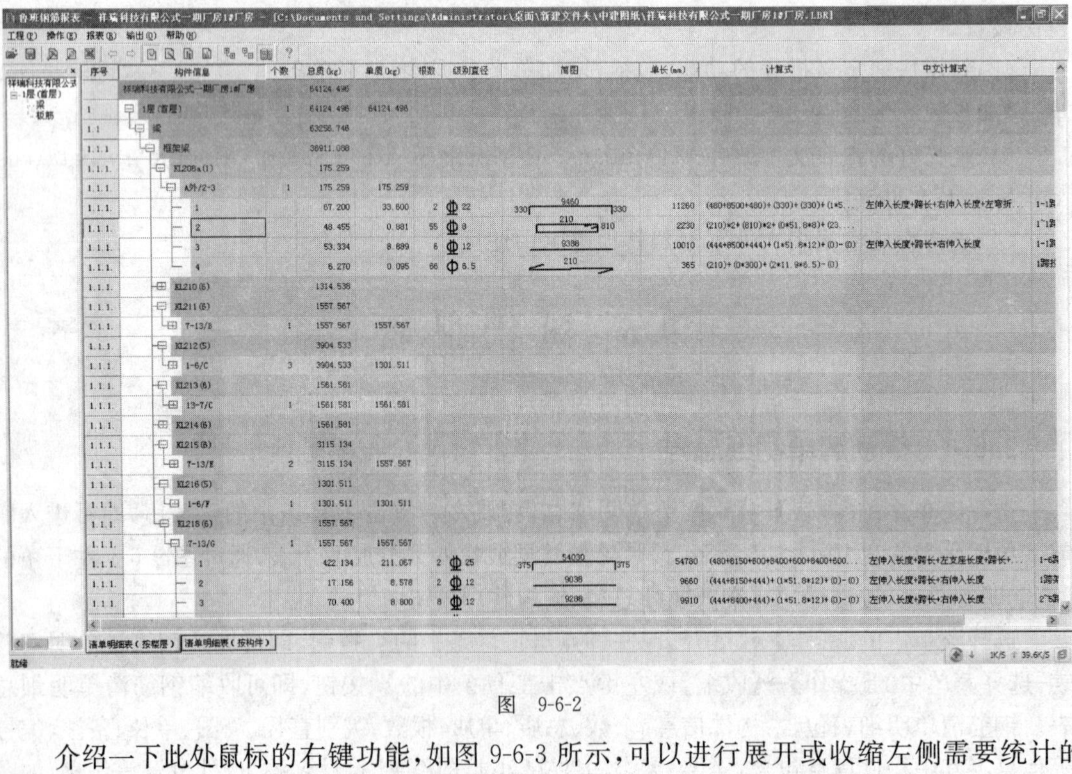

图　9-6-2

介绍一下此处鼠标的右键功能,如图 9-6-3 所示,可以进行展开或收缩左侧需要统计的项目。

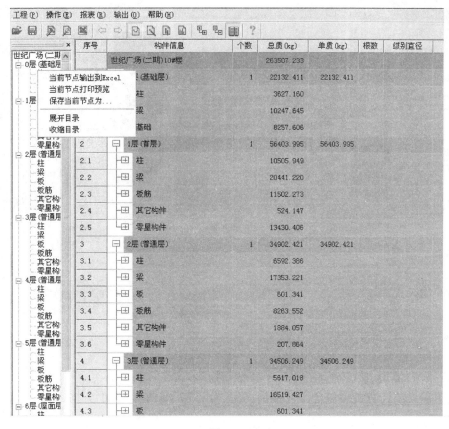

图 9-6-3

(1)当前节点输出到 Excel:把当前的报表以 Excel 表格形式输出并保存。

(2)当前节点打印预览:打印预览当前报表的形式。

(3)保存当前节点:保存当前报表为鲁班报表文件格式。

(4)展开目录:进一步展开报表。

(5)收缩目录:进一步收缩报表。

9.6.2 钢筋工程量统计分析表

选择菜单中的【报表】→【钢筋工程量统计分析表】或左键点击工具条中的 📄 按钮,即可进入钢筋工程量统计分析表,如图 9-6-4 所示,该表按楼层、直径、定额组合可组合成六个表,通过图 9-6-4 下方的【定额、层、直径】等六个按钮切换进入。

钢筋工程量统计分析表包含:定额编号、层、直径、大类构件夹、小类构件夹、构件名称、位置等信息。

9.6.3 接头工程量统计分析表

选择菜单中的【报表】→【接头工程量统计分析表】或左键点击工具条中的按钮 📄,即可进入接头工程量统计分析表,如图 9-6-5 所示,该表按楼层、直径、接头组合可组合成三个表,通

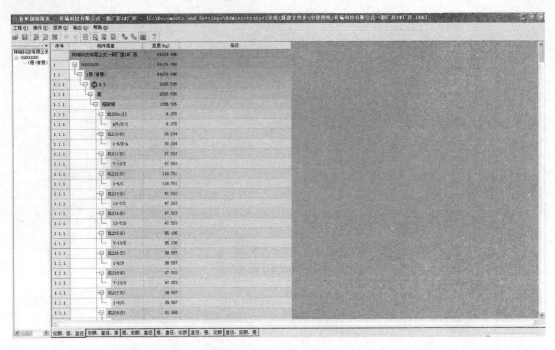

图　9-6-4

过图 9-6-5 下方的【层、接头、直径】等三个按钮切换进入。

钢筋工程量统计分析表包含：层、接头类型、直径、大类构件夹、小类构件夹、构件名称、位置等信息。

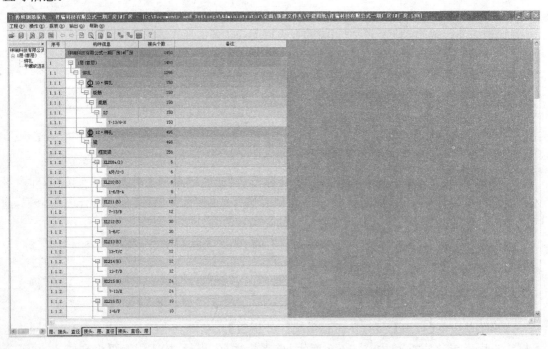

图　9-6-5

9.6.4　工程经济指标分析表

选择菜单中的【报表】→【工程经济指标分析表】或左键点击工具条中的按钮 ，即可进入工程经济指标分析表，如图 9-6-6 所示，该表按楼层、直径、构件可组合成三个表，通过图 9-6-7 下方的【层、直径】等八个按钮切换进入。

注意：工程经济指标分析表输出的前提是必须在【工程设置】中输入当前层的建筑面积值。

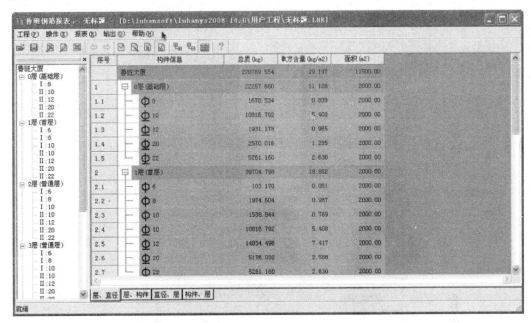

图　9-6-6

9.6.5　自定义报表

鲁班钢筋中也可以灵活地自定义报表，具体操作如下：

选择菜单中的【报表】→【自定义报表】，弹出如图 9-6-7 所示自定义报表对话框，鼠标左键点击【增加】，可以输入报表名称，选择报表统计类型，如图 9-6-8 所示。在左边的窗口可以选择要打印的项目，比如鼠标左键选中【构件名称】，然后点【增加】，构件名称就作为一列保存于报表中，其他项目以此类推。增加到右边窗口的内容可以通过【上移】或【下移】来调整前后顺序。填写完相关信息后，点击【确定】即可，如图 9-6-9 所示。

对于自定义的报表鲁班还可以导入和导出，如图 9-6-10 所示，以数据文件格式输出。

9.6.6　条件统计

鲁班钢筋还可以进行条件统计，点击【报表】→【条件统计】，弹出对话框如图 9-6-11 所示。

将需要统计的楼层或者构件里面的标准层、构件名称、直径、级别等进行条件统计，如图 9-6-12 所示。

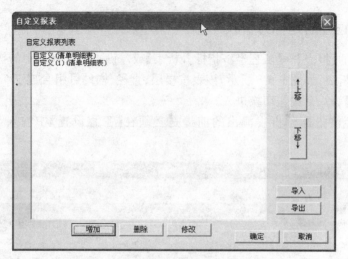

图 9-6-7

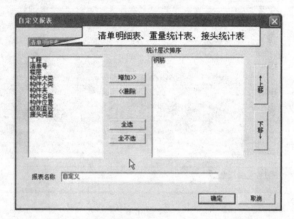

图 9-6-8

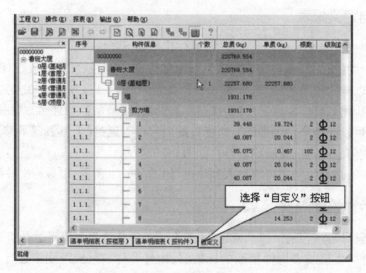

图 9-6-9

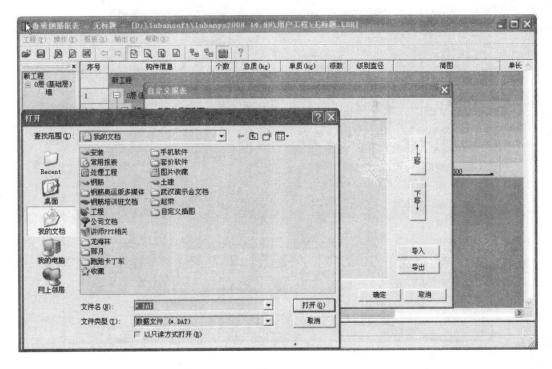

图　9-6-10

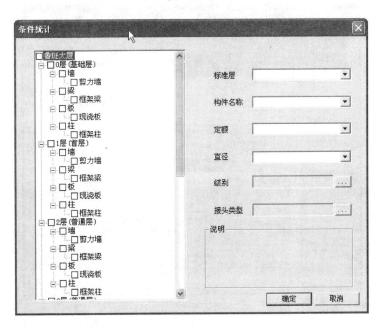

图　9-6-11

9.6.7　报表打印设置

报表打印设置如图 9-6-13 所示。

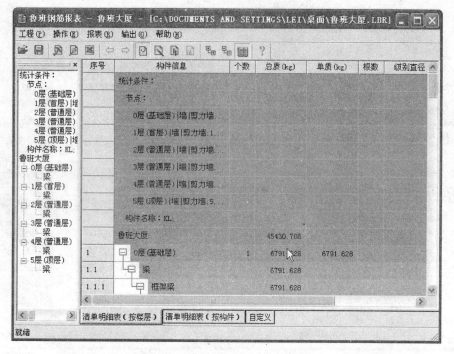

图 9-6-12

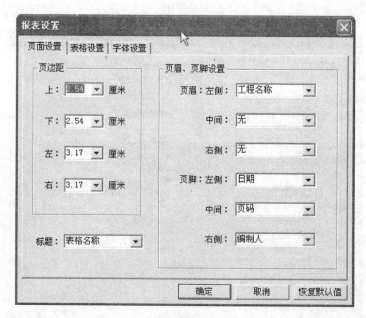

图 9-6-13

作用：设置报表打印时页边距、页眉、页脚等内容，可以有效地节约纸张。

切换至【表格设置】进行设置，如图 9-6-14 所示。

作用：钢筋清单明细表（按楼层/按构件）的具体显示、打印项目的设置。

切换至【字体设置】进行设置，如图 9-6-15 所示。

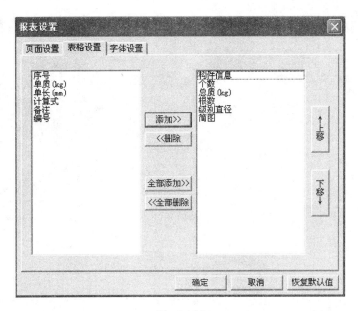

图 9-6-14

图 9-6-15

作用:调节字体、行高,以达到最好的视觉效果。

当报表设置好后,左键点击【确定】,如图 9-6-16 所示,软件就调整到了你所需要的表格形式。

9.6.8 报表打印

对于已经设置好的报表,我们可以直接点击 进行打印预览,如图 9-6-17 所示。

当我们对预览的报表满意后,我们可以直接点击 进行打印,如图 9-6-18 所示。

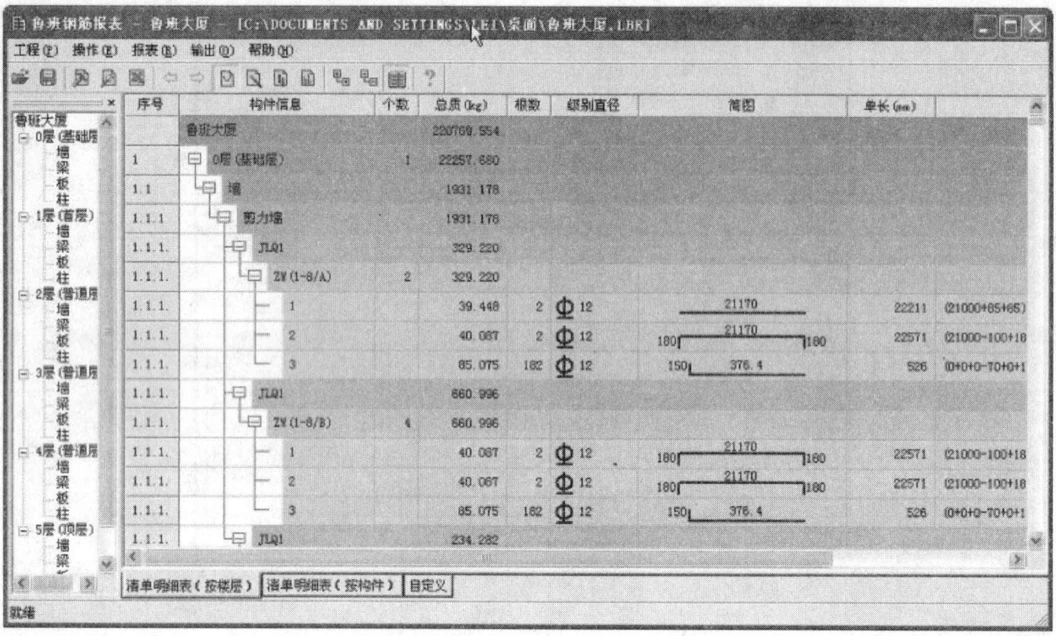

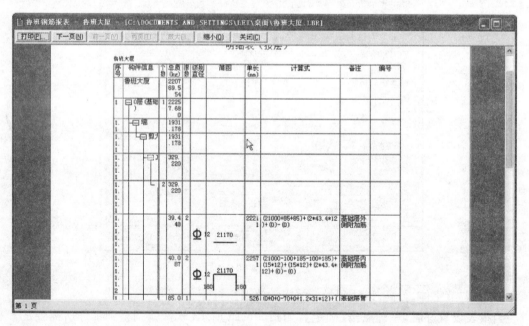

图 9-6-16

图 9-6-17

9.6.9 报表输出到 Excel 文件

选择菜单中的【输出 Excel 文件】或左键点击工具条中的 按钮，弹出【选择输出到 Excel 方式】的对话框，如图 9-6-19 所示。

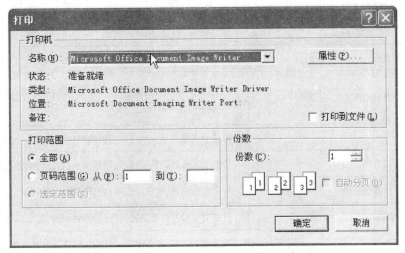

图　9-6-18

图　9-6-19

用表格形式阐述见表9-6-1。

表 9-6-1

输出整张表格	软件将目前表格全部内容输出到 Excel 文件
按当前情况输出	软件将按照您目前的表格展开的样式输出

9.7　打印预览

在鲁班钢筋主构件法界面下：选择菜单中的【工程量】→【节点打印预览】，即可进入报表选择，如图9-7-1所示。

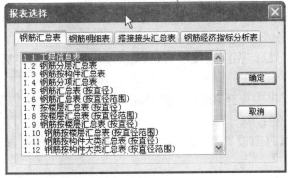

图　9-7-1

用表格形式阐述见表 9-7-1。

表 9-7-1

钢筋汇总表(按直径)	指整个工程的钢筋按不同级别、直径进行汇总
钢筋汇总表(按直径范围)	同上,按1级,4<直径≤10;10<直径≤25;2级,2<直径≤10;10<直径≤25 汇总
搭接汇总表	指整个工程的接头按接头类型及直径汇总接头个数
按楼层汇总表(按直径)	指整个工程的钢筋按楼层、钢筋级别、直径分别进行汇总
按楼层汇总表(按直径范围)	与钢筋汇总表(按直径范围)意义相同,是按楼层汇总
按楼层搭接汇总表	指整个工程的各楼层接头按接头类型及直径汇总接头个数
指定节点清单表	指定整个工程、某个楼层、文件夹、构件的钢筋清单
指定节点钢筋汇总表(按直径)	指的目录栏中的节点,可以是整个工程,也可以是某个楼层,也可以是某个构件夹或某个构件
指定节点钢筋汇总表(按直径范围)	与钢筋汇总表(按直径范围)意义相同,是按节点汇总
指定节点搭接汇总表	指按节点的接头按接头类型及直径汇总接头个数
分项汇总表	按软件【构件向导】中认可的构件汇总工程的钢筋量
分层汇总表	按工程设置中的楼层显示预览工程的钢筋量
按构件汇总表	按软件树状管理目录的文件夹中的构件进行汇总
工程信息表	将工程设置的工程概况显示出来,包括钢筋总重等,见图 9-7-2
工程信息表钢筋经济指标分析表(按层)	按工程设置中的楼层显示预览工程的钢筋经济指标值
工程信息表钢筋经济指标分析表(按构件)	按软件【构件向导】中认可的构件显示预览工程的钢筋经济指标值
工程信息表钢筋经济指标分析表(按地上地下)	按地上、地下两部分显示预览工程的钢筋经济指标值
钢筋按构件汇总表(按直径)	按软件【构件向导】中认可的构件,按直径汇总钢筋总量
钢筋明细表	预览显示整个工程的钢筋清单表

说明:节点可以是整个工程、某个楼层、某个文件夹、某个构件。

具体操作步骤如下:

(1)在目录栏中,用鼠标左键点击【节点】使之加亮,选择下拉菜单【工程】→【节点打印预览】。

(2)软件自动跳出【报表选择】的对话框,如图 9-7-2 所示,选中您需要的报表类型,点击【确定】,进入打印预览或打印窗口。

(3)在随后弹出的【打印设置】对话框中设置打印信息,打印设置和 Windows 其他程序相同。

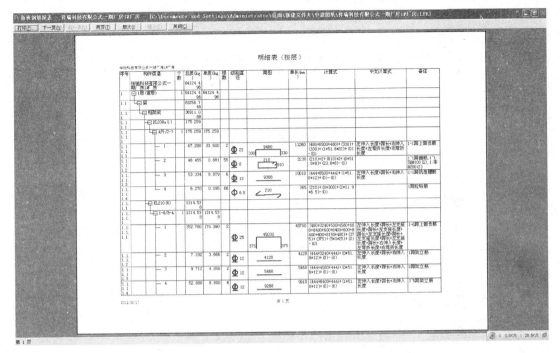

图　9-7-2

9.8　定制表格

选择菜单中的【工具】→【定制表格】，即可进入【报表设置】对话框，如图 9-8-1 所示。

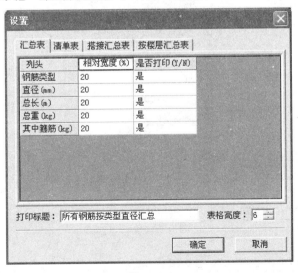

图　9-8-1

在钢筋明细表打印前，您可以对汇总表、清单表、搭接汇总表、按楼层汇总表进行设置，分别点击以上的四个按钮，进行【相对宽度】、【是否打印】两项的设置。

第 10 章　CAD 电子文档的转化

10.1　鲁班钢筋 CAD 转化简介

10.1.1　简介

在 CAD 转化界面中,可以将设计院原始的 CAD 图纸打开,通过【提取】→【识别】→【导入】,将 CAD 图纸中的线条转化成鲁班钢筋平台可识别并可计算的基本构件,从而快速提高建模效率。

10.1.2　展开 CAD 转化命令

方法一:鲁班钢筋 CAD 转化界面由图形法主界面常用工具栏 CAD转化(II) 展开 CAD 转化的所有命令。

方法二:鼠标左键点击构件布置栏中的【CAD 转化】按钮,展开 CAD 转化的所有命令。

【CAD 转化】命令包含的内容:【CAD 草图】、【转化轴网】、【转化柱】、【转化墙】、【转化梁】、【转化板筋】、【转化独基】、【转化结果应用】,如图 10-1-1 所示。

图　10-1-1

10.1.3　基本工作原理

1)图层

鲁班软件 CAD 转化内部共设置两个图层:

(1)CAD 图层:初始打开的图纸即在这个图层,这个图层包含所有 CAD 原始文件包含的 CAD 图层。通过【提取】,该图层上的图元将被转移至【已提取的 CAD 图层】,原图元将不再在这个图层上。

（2）构件显示图层：对图形中已经布置好的图或转化好后的图形的显示控制。

两个图层通过【图层控制】打开与关闭。

2）基本流程

鲁班钢筋 CAD 转化目前支持的转化构件：轴网、柱、墙、门窗、梁、板筋、独基。

转化的基本流程遵循【图纸导入】→【提取】→【识别】→【应用】→【清除 CAD 原始图层】。

10.2　各构件转化流程

10.2.1　导入 CAD 草图（注：学员在练习时请到 www.JNQS.com 网站下载电子版图纸）

鼠标左键点击构件布置栏中的【CAD 草图】按钮，展开命令菜单，如图 10-2-1 所示。

（1）文件的调入

文件的调入如图 10-2-2 所示。

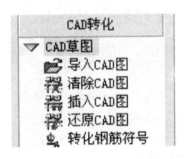

图　10-2-1

图　10-2-2

点击【导入 CAD 图】弹出对话框，如图 10-2-3 所示。

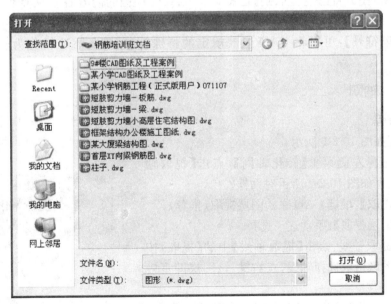

图　10-2-3

选择需要转化的文件,点击【打开】,弹出如图 10-2-4 所示的【原图比例调整】对话框。

这里面的【导入类型】的选择就是要导入的 CAD 电子文档里面模型空间和布局空间的图纸的选择。

【实际长度和标注长度的比例】就是我们 CAD 电子文档的实际绘制的长度和标注长度的比例要在这里输入,这对我们 CAD 转化的转化成功率有很大的影响。

点击【确定】后,就可以调入我们的 CAD 电子文档进行转化了。

(2)清除 CAD 图

作用:对转化完成后的图纸清除多余的 CAD 图层。

点击【清除 CAD 图】弹出对话框,如图 10-2-5 所示。

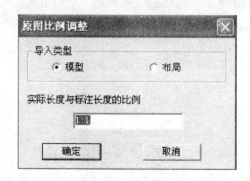

图 10-2-4

图 10-2-5

【清除原始 CAD 图纸】:清除调入的 CAD 图纸。

【清除提取后的 CAD 图纸】:清除转化后,多余的 CAD 图层。

【插入 CAD 图】:可在目前各图层不改变的情况下,直接插入一张新的 CAD 图纸。

【还原 CAD 图】:将已经提取到【已提取的 CAD 图层】的内容各自恢复到 CAD 原始图层内。

【转化钢筋符号】:可以将 CAD 内部规定的特殊符号(如%%1)转化为软件可识别的符号。

10.2.2 轴网

1)基本流程

基本流程如图 10-2-6 所示。

第 1 步:选择左侧菜单【转化轴网】,点击【提取轴网】,弹出对话框如图 10-2-7 所示对话框。

【按图层提取】:根据 CAD 原始图层提取(推荐)。

【按局部图层提取】:手动逐一选择。

第 2 步:提取轴线:点击【提取轴线】中的【提取】按钮,直接在绘图区拾取选择轴线,点右键,该图层即直接进入对话框。

提取轴符:点击【提取轴符】中的【提取】按钮,直接在绘图区内拾取选择轴符,点右键,该图

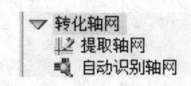

图 10-2-6

288

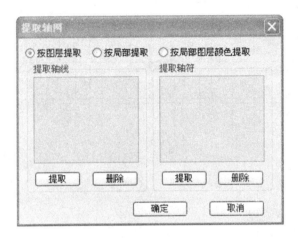

图　10-2-7

层即直接进入对话框。一般图纸的轴符包含圆圈、圈内数字、引出线。

第3步：将这个对话框确定，点击下一个命令【自动识别轴网】，弹出提示，如图10-2-8所示。

选择将次轴网转化成主轴网或是辅助轴网，点击【确定】即完成轴网的转化。

2）技巧

技巧1：提取轴符时，标注数字可以不提取；为保证准确度，建议"圆圈"、"圈内数字"、"引出线"这三个图层都要提取进轴符图层，如图10-2-9所示。

图　10-2-8

图　10-2-9

技巧2：在鲁班钢筋CAD转换平台，选中元素与反选都是直接点击。

技巧3：提取轴符时，有3个图层需要提取：此时可以一起选择好3个图层之后右键确定；也可以选择了某一图层，点右键，直接继续左键选择其他图层后点右键即可，提取对话框将一直浮动，此时的操作可以是"左键、右键、左键、右键……"，以提高操作效率。

技巧4：在提取轴线时，图纸上的一根进深轴线与开间轴线相交但不延伸至对边，软件自动默认将其延伸至对边，以形成软件可识别的轴网类型，如图10-2-10所示。

技巧5：软件支持辅助轴线的识别，如果一条轴线在中间区域与轴网相交（或不相交），这条轴线将识别为鲁班钢筋内的"辅助轴线"以定位准确。

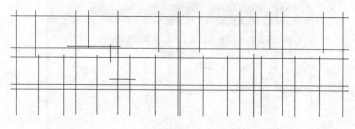

图 10-2-10

10.2.3 柱

1)常规断面转化基本流程

基本流程如图 10-2-11 所示。

第 1 步:选择左侧菜单【转化柱】,点击【提取柱】,弹出对话框如图 10-2-12 所示。

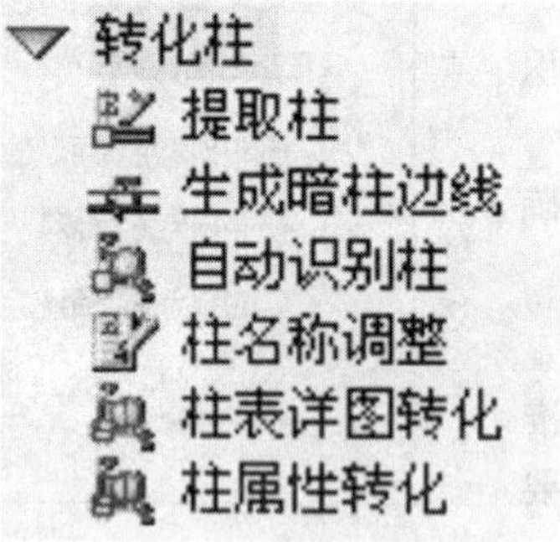

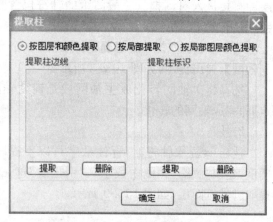

图 10-2-11

图 10-2-12

【按图层和颜色提取】:根据 CAD 原始图层提取(推荐)。

【按局部图层提取】、【按局部图层颜色提取】:手动逐一选择。

第 2 步:提取柱边线:点击【提取柱边线】中的【提取】按钮,直接在绘图区拾取选择柱边线,点右键,该图层即直接进入对话框。

提取柱标识:点击【提取柱标识】中的【提取】按钮,直接在绘图区内拾取选择轴符,点右键,该图层即直接进入对话框。若无柱标识则无需提取。

第 3 步:将这个对话框确定,点击下一个命令【自动识别柱子】,弹出提示,如图 10-2-13 所示。

设定各种柱子在识别时的参照的名称,软件将根据柱子名称不同,将图形上的柱子识别为不同类型。

注意:

(1)识别的优先顺序为从上到下。

(2)多字符识别用"/"划分,如在框架柱后填写"Z/D"表示凡带有"Z"和"D"的都被识别为框架柱。并区分大小写,如框住后填写"Z/a"表示带有"Z"和"a"的都识别为框住。

290

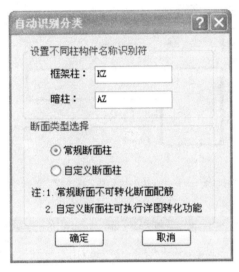

图　10-2-13

（3）识别符前加@表示识别符的是"柱名称的第一个字母"。

（4）柱子不支持"区域识别"。

（5）自定义断面柱可以执行详图转化功能

第4步：识别好柱子之后，将图层切换至【识别后构件图层】，将另外的两个图层关闭，查看一下图中，如果出现如图10-2-14所示的红色的名称和红色的柱边线，就表示这根柱子没有完全转化过来，这个时候我们就用下一个命令【柱名称属性调整】，过程为：点击该命令，框选选择要调整的柱（可批量选择），选好后跳出对话框如图10-2-15所示。

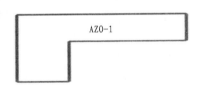

图　10-2-14

填写要调整成为的柱名称以及选择要调整成的柱类型，确定即可。

多次调整时，柱名称调整对话框会默认上一次选择的柱类型。

第5步：前4步完成之后，柱呈现如图10-2-16显示的状态。

白边的柱子表示此时的柱只有名称与截面而无配筋信息，接着执行下一个命令【柱属性转化】，点击

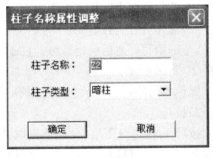

图　10-2-15

该命令,弹出对话框如图 10-2-17 所示。

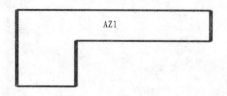

图　10-2-16

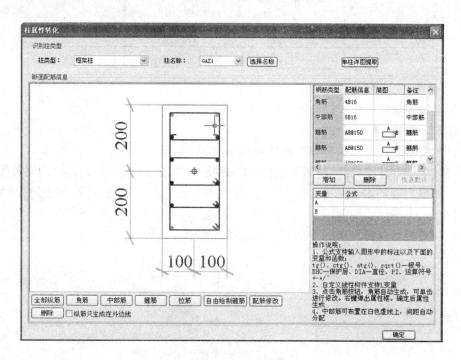

图　10-2-17

(1)直接选择要编辑的柱类型—名称,填写配筋信息(支持主筋、箍筋与拉筋)与修改截面(截面默认为根据所识别柱在 CAD 图中的实际大小,可修改)。

(2)该对话框中的柱类型下拉框,会记忆前次已经识别过的柱类型供选择。

(3)操作流程为:选择某个柱名称,填写配筋信息;再选择其他柱,前一个填写的数据已被记录,全部填写好之后确定即可。柱子即被赋予了准确的截面信息与配筋信息,在绘图区显示如图 10-2-18 所示。

绿色粗边的柱子表示它已经附有了钢筋信息。

2)技巧

技巧 1:柱可分图层、分颜色提取:因为 CAD 图纸经常有同一图层颜色却不相同的情况,所以在提取柱构件时,软件将同一图层的不同颜色的部分分开提取,以提高准确度。如一个图层如果分三种颜色就要提取三遍(应用技巧 3 即可),因此用户提取时要看清提取的线段是否齐备。

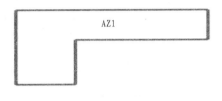

图　10-2-18

技巧 2:墙线删除,补画柱边线:当遇到柱线在墙上分割时,即该图层既是柱又是墙时,如图 10-2-19 所示。可以采用先将墙线删除再提取,如图 10-2-20 所示。

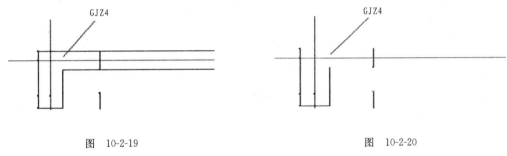

图　10-2-19　　　　　　　　　　　　　　　图　10-2-20

提取后在提取之后的图层上补画柱线的做法,方法是:切换到已提取的图层 ☐ ☑已提取的CAD图层,选择柱边线图层柱边线 ,用增加直线与正交命令绘制直线,如图 10-2-21 所示。

再进行识别,即可得到这根柱,如图 10-2-22 所示。

图　10-2-21　　　　　　　　　　　　　　　图　10-2-22

技巧 3:已识别的柱导入钢筋平台时:被识别成框架柱的 L 形、T 形柱,会变成暗柱;被识别成框支柱或构造柱的矩形柱,会变成框架柱;被识别成框支柱或构造柱的 L 形、T 形柱,会变成暗柱。

技巧 4:在转化暗柱的时候,如果暗柱和墙在同一图层。首先提取暗柱→提取墙体→点选生成暗柱边线→到图形中在暗柱闭合区域中点击鼠标左键,一个个完成暗柱识别→自动识别暗柱。

3)柱表详图转化

柱表详图转化主要针对于有柱平面布置图和柱表这样的图纸类型进行转化,如图10-2-23、图 10-2-24 所示。

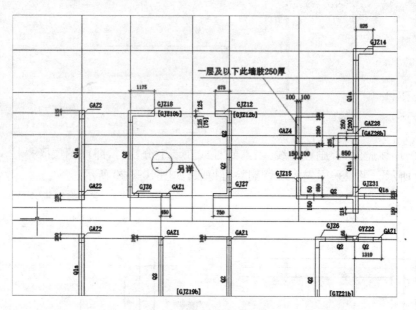

图 10-2-23　暗柱平面布置图

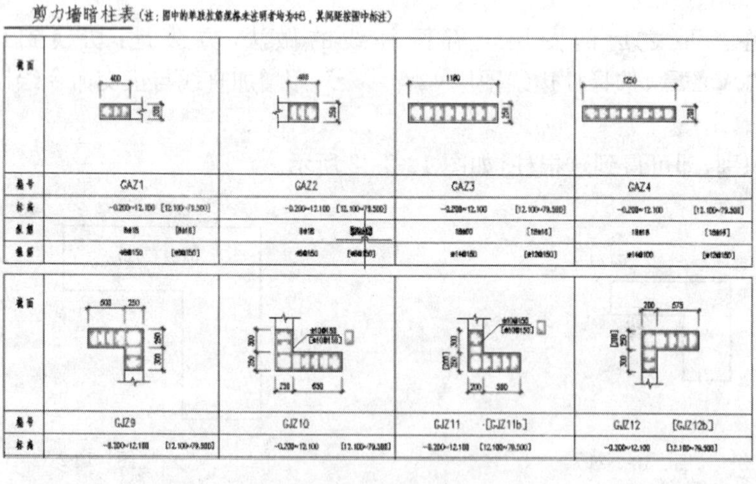

图 10-2-24　柱表详图

操作方法 1:首先需要提取柱边线,在自动识别柱的时候需要选择(自定义断面),目前版本只有选择自定义断面柱可以执行详图转化功能。

操作方法 2:插入暗柱详图表,注意插入的表格需要注意比例,必须与同平面布置的柱是同一比例,可以从 CAD 中量取详图尺寸,如图 10-2-25 所示。

从图 10-2-25 中可以看出 CAD 中的详图尺寸比例是 667:200。在插入 CAD 图纸的时候选择比例为 667：200，如图 10-2-26 所示。

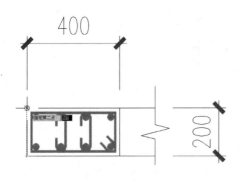

图 10-2-25   图 10-2-26

操作方法 3：点击【柱表详图转化】命令，光标变成小方框，框选住柱表范围，如图 10-2-27
所示。

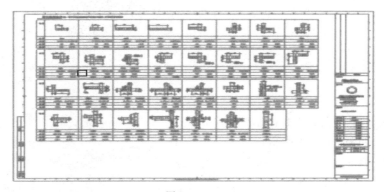

图 10-2-27

提示：整个柱表需要全部选中才能正确转化。

右键【确定】后弹出如图 10-2-28 所示对话框。

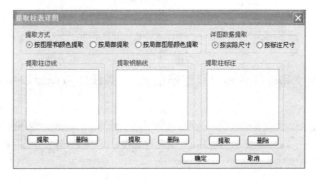

图 10-2-28

提取柱边线，如图 10-2-29 所示。

选择好的线是蓝色高亮显示。

提取钢筋边线，如图 10-2-30 所示。

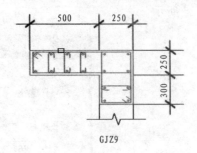

GJZ9

图 10-2-29

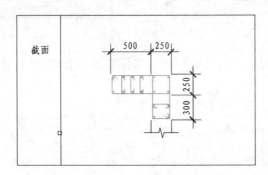

图 10-2-30

钢筋线就是指箍筋形状和主筋的点。

提取标注,如图 10-2-31 所示。

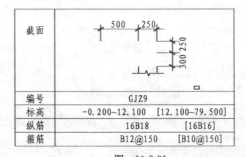

编号	GJZ9	
标高	−0.200~12.100	[12.100~79.500]
纵筋	16B18	[16B16]
箍筋	B12@150	[B10@150]

图 10-2-31

标注指标注的尺寸和构件名称以及配筋信息,选择线图数据提取中的按标注尺寸,如图 10-2-32 所示。

图 10-2-32

提取完成以后点击【确定】软件会提示状态，如图 10-2-33 所示。

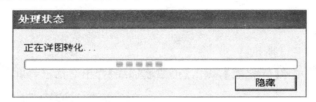

图　10-2-33

　　软件会根据刚才平面布置图中的名称和详图表中的名称进行配置，可以在（柱属性转化）中查找转化后的柱，如图 10-2-34 所示。

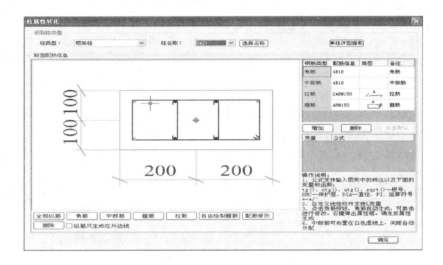

图　10-2-34

　　查看柱属性，可以用柱属性转化界面中的 单柱详图提取 按钮，单个提取柱表信息。

　　点击【单柱详图提取】命令，鼠标呈"□"形，框选单个柱表钢筋信息。操作方法与详图转化的方式一致。这样方便提取不符合软件所需格式的柱表。

　　提示：（柱属性转化）中的配筋也支持修改。

　　操作流程分别是，提取平面布置图上的柱→自动识别→转化详图→转化结果应用。

　　详图比例插入的时候必须和平面的尺寸相对应

　　（柱属性转化）只对自定义断面生效，反之提示如图 10-2-35 所示。

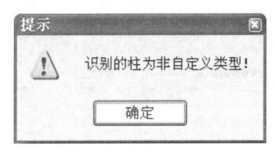

图　10-2-35

10.2.4　墙

1)基本流程

基本流程如图 10-2-36 所示。

第 1 步：选择左侧菜单【转化墙】，点击【提取墙边线】弹出对话框，如图 10-2-37 所示。

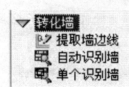

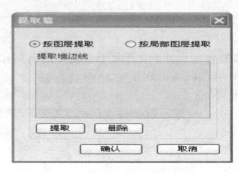

图　10-2-36　　　　　　　　　　　　　　　　　　图　10-2-37

【按图层提取】：根据 CAD 原始图层提取（推荐）。

【按局部图层提取】：手动逐一选择。

第 2 步：提取墙边线。点击【提取】按钮，直接在绘图区拾取选择墙边线，点右键，该图层即直接进入对话框。

第 3 步（推荐）：将这个对话框确定，点击下一个命令【自动识别墙】，弹出提示，如图 10-2-38所示。

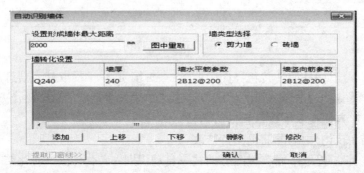

图　10-2-38

可以在这里定义墙体的截面和配筋，对应名称与厚度的墙对应钢筋信息识别，此对话框如图 10-2-39 所示。

图　10-2-39

表示一段墙肢被隔断之后，仍然可以识别为一段墙的条件。

点击对话框中【添加】按钮,弹出对话框,如图 10-2-40 所示。

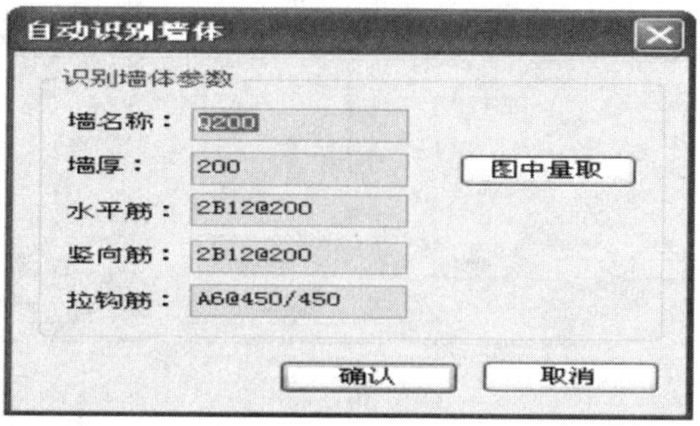

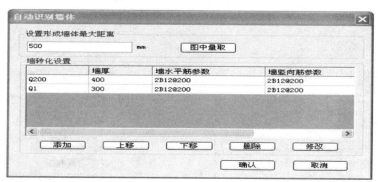

图　10-2-40

添加要识别的墙宽,可以图中量取,也可以在此处直接手动添加一些工程中比较常用的墙厚。

第3步(B):单个识别墙,先选择已提取的墙体边线,右键弹出如下对话框,同"第3步"进行墙体的区域识别,如图 10-2-41 所示。

图　10-2-41

2)技巧

技巧1:识别墙尽量将墙厚添加的比较全,这样才能比较全的实现转化。当识别后发现有的墙因没有添加墙厚度而未识别,可以返回重新添加并识别,两个步骤可以重复循环。

技巧2:图中量取时,可以直接量取墙的厚度,鼠标悬浮在线上时会显示"—"或"N",表示直线或折线,直线之间相当于"对齐量取",会自动量取垂直距离;折线之间相当于"线性量取",需要鼠标比较准确的量取2点。

注:CAD转化砖墙的步骤与CAD转化剪力墙的步骤一致。

3)门窗

基本流程如图 10-2-42 所示。

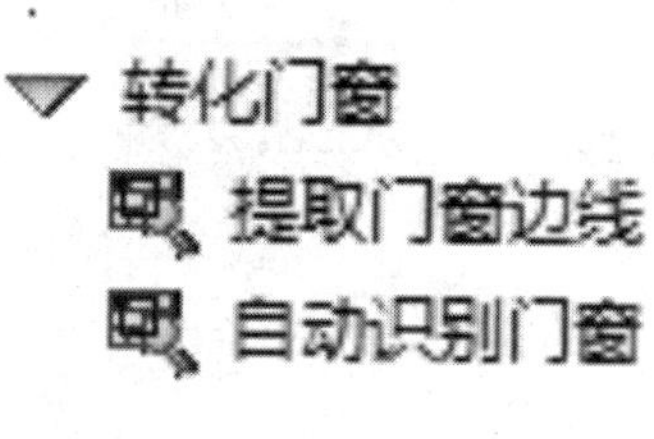

第1步:提取门窗边线,就会弹出提取对话框,如图 10-2-43所示,包括提取门窗边线和门窗标注。

【按图层提取】:根据CAD原始图层提取(推荐)。

【按局部图层提取】:手动逐一选择。

▽ 转化门窗
提取门窗边线
自动识别门窗

图　10-2-42

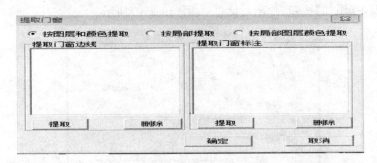

图 10-2-43

第2步:提取门窗边线:点击【提取】按钮,直接在绘图区拾取选择门窗边线,点右键,该图层即直接进入对话框。然后左键点击此界面中的【确定】按钮。

第3步:自动识别门窗表,就会弹出识别符的对话框,如图 10-2-44 所示。

按照实际情况选择是否将未定义属性门窗转化墙洞,如果图纸上有门窗表,那么可以直接将门窗表进行提取,然后点击此界面中的【确定】按钮。

10.2.5 梁

1)基本流程

基本流程如图 10-2-45 所示。

图 10-2-44

图 10-2-45

注:识别梁之前最先转换钢筋符号。

第1步:提取梁,如图 10-2-46 所示,包括提取梁的边线、集中标注和原位标注。

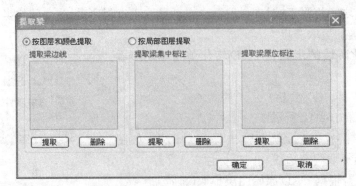

图 10-2-46

注意提取集中标注时一定要同时提取"引线",如图10-2-47所示。

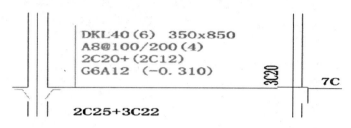

図　10-2-47

第2步:到"已提取的CAD图层"中查看提取出的图元。根据这些提取出的元素进行识别,如图10-2-48所示。

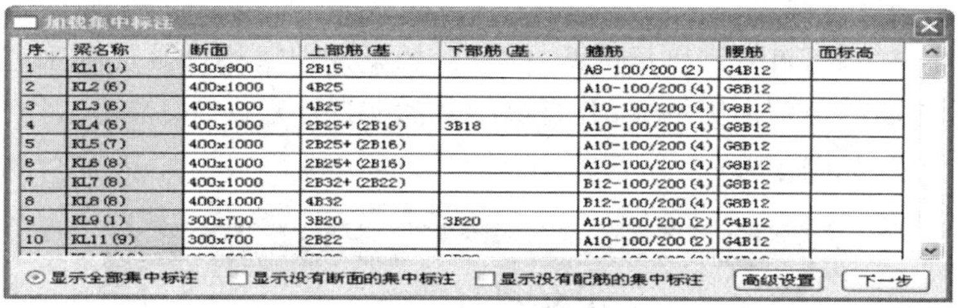

図　10-2-48

注:(1) ⊙显示全部集中标注:显示在转化中没有断面的梁。

(2) □显示没有断面的集中标注:显示在转化中没有配筋的梁。

(3)点 高级设置 按钮弹出如图10-2-49所示对话框。

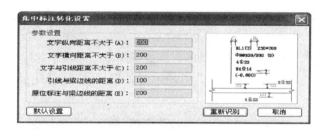

図　10-2-49

注意:当识别的时候,有部分梁没有读取到截面或集中标注,有可能是原CAD图纸中标注距离过大造成,可以按图10-2-49调整距离重新识别达到更好的效果。

点击图10-2-50中的按钮【上一步】。

注:(1)识别的优先顺序为从上到下。

(2)多字符识别用"/"划分,如在框架梁后填写"K/D"表示凡带有"K"和"D"的都被识别为框架梁。并区分大小写,如框住后填写"K/d"表示带有"K"和"d"的都识别为框梁。

(3)识别符前加@表示识别符的是"柱名称的第一个字母"。

(4)设置形成梁合并最大距离:相邻梁之间的支座长度,在设置的范围之内将会被识别为一根梁,如果超出设定值将识别为两根梁。

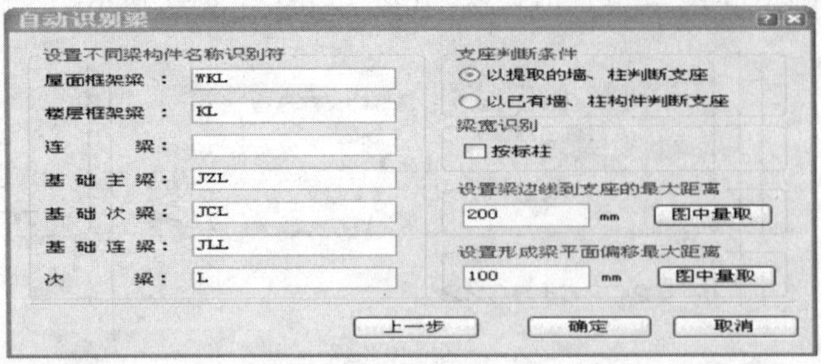

图 10-2-50

（5）<u>设置形成梁平面偏移最大距离</u>：相邻梁之间的偏心，在设置的范围之内将会被识别为一根梁，如果超出设定值将识别为两根梁。

确定识别完成之后，打开识别后的构件图层，如果发现梁构件是如图 10-2-51 所示红色显示的，就表示这根梁的识别出现错误，并且梁的名称会自动默认"NoName，L0"，这时就需要对这根梁重新识别了，如图 10-2-51 所示。

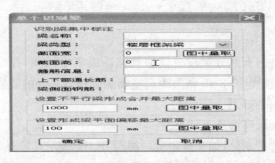

图 10-2-51

注：先选择梁边线，然后在选择梁的集中标注，确实后完成单个梁的识别。

（6）梁宽识别 □按标柱　当勾选按标注时，识别梁的时候是按照集中标注中的梁宽来识别梁的。

（7）在自动识别之后，出现如图 10-2-52 所示对话框，可以用转化梁构件下的 支座编辑 ↓3 编辑此道梁构件的支座。

图 10-2-52

第 3 步：识别梁的原位标注，点击此命令，软件自动识别梁跨，并对应原位标注。识别之后导入钢筋即可。

第 4 步：转化吊筋，如图 10-2-53 所示。

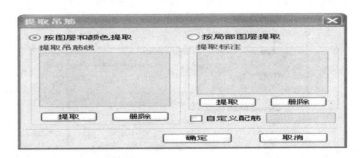

图　10-2-53

相对应地提取吊筋线和吊筋的标注,提取完后进行吊筋的识别(注:识别吊筋的前提是梁构件已经识别完成),最后点击 🏷 自动识别吊筋 完成吊筋的识别。

2)技巧

技巧1:有时集中标注会很密集,为了将集中标注对应正确的梁段,可以采用【剪切】+【粘贴】使集中标注靠近所在的梁段,如图10-2-54所示。

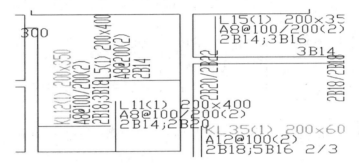

图　10-2-54

可调整为图10-2-55。

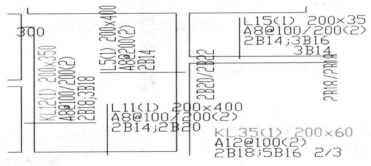

图　10-2-55

技巧2:批量识别梁集中标注时要左对齐才可识别,当遇到少数未左对齐的梁端,可以用单个识别补充识别。先选择梁边线,然后右键弹出如图10-2-56所示的对话框。

在这里可以输入梁名称截面等配筋信息,也可以直接用鼠标左键点击到梁的集中标注上,就可以将集中标注的信息提取到这个对话框中,如图10-2-57所示。

点击【确定】,就可以将梁区域识别过来了。

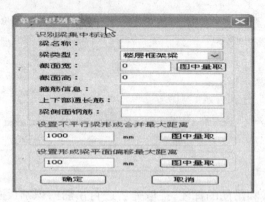

图 10-2-56

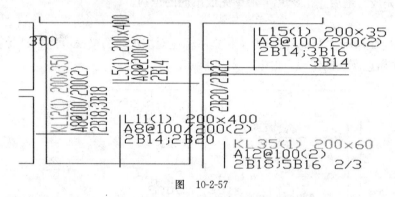

图 10-2-57

技巧 3:识别后的梁标注同原图层不符时,标注以蓝色高亮显示,如图 10-2-58 所示。

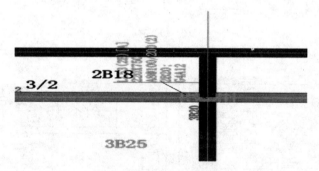

图 10-2-58

如图 10-2-59 所示表示集中标注同原 CAD 中跨数不一致;3B25 表示提示的原位标注未引用;同时也可以可以关闭其他图层只显示未引用的原位标注图层进行检查,如图 10-2-60 所示。

梁原位数据转化提示功能

(1)CAD 转化梁原位数据后,已提取的 CAD 图层和识别后的 CAD 图形数据将自动对比。

(2)支持的数据包括梁的集中标注数据和梁的原位标注数据。

(3)未应用的数据高亮显示。

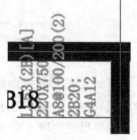

图 10-2-59

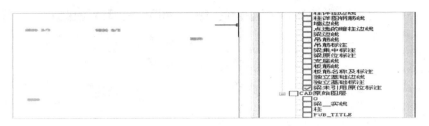

图　10-2-60

（4）还原CAD图，高亮消失。

10.2.6　板筋

基本流程如图10-2-61所示。

提取板之前要最先转换钢筋符号。

板筋转化过程为：提取支座→识别支座→提取板筋→根据支座识别板筋的步骤进行。

第1步：选择左侧菜单【转化板筋】，点击【提取支座】，弹出对话框如图10-2-62所示。

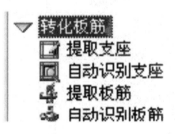

图　10-2-61

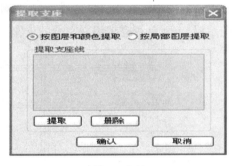

图　10-2-62

【按图层和颜色提取】：根据CAD原始图层提取（推荐）。

【按局部图层提取】：手动逐一选择。

提取对象为形成板的梁或墙边线，选择梁边线如图10-2-63所示，右键确定。

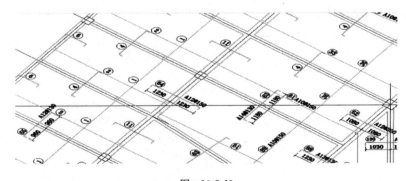

图　10-2-63

梁图层进入板支座线图层，点击【确定】。

第2步：自动识别支座，弹出如图10-2-64所示的对话框。

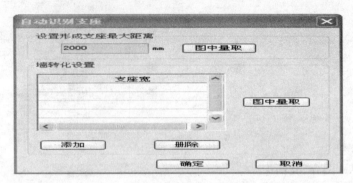

图 10-2-64

（1）提取之后打开【已提取的图层】进行识别。

（2）添加尽可能全的支座宽，如有宽为 200、250、300、350、400、450 的梁宽均作为板筋支座，则将这些数值添进支座宽内。

（3）也可以图中量取，方法是：先选中【支座宽】某一个空格，点击【图中量取】，在图形上直接量取长度。

确定支座宽度齐全之后按确定，则软件将各梁的中线，自动识别成板的支座线，打开【已识别的图层】查看是否有未识别完全的支座，如图 10-2-65 所示。

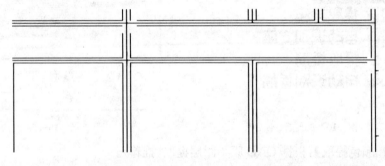

图 10-2-65

如发现问题，可以循环上一步重新提取。

第 3 步：提取板筋，弹出如图 10-2-66 所示的对话框。

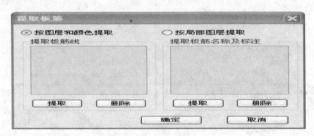

图 10-2-66

可以提取板筋线以及板名称与标注。

第 4 步：自动识别板筋，弹出如图 10-2-67 所示的对话框。

到提取后的图层提取板筋，并一同设置弯勾类型。

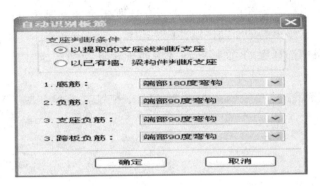

图　10-2-67

10.2.7　筋的布筋区域匹配

　　支座钢筋可以通过 布筋区域选择 是单个将板筋区域进行选择，可以用板筋的布筋区域匹配进行批量选择支座钢筋的区域。在转化结果应用板筋之后，点击 布筋区域匹配 出现如图 10-2-68 所示对话框。

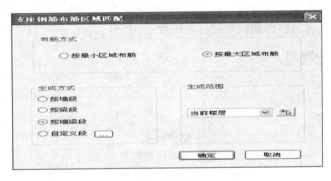

图　10-2-68

　　(1)可以选择支座钢筋布筋的区域，按照转化结果应用之后支座钢筋线的最小段或者最大段。

　　(2)生成方式里面可以选择可以选择按照墙段、梁段、墙梁段或者在自定义段点击【设置段】里面设置，如图 10-2-69 所示。设置好，点击【OK】之后，即可按照设定的自定义段生成支座钢筋。

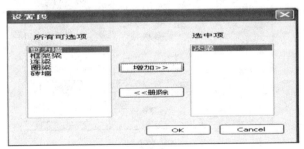

图　10-2-69

(3)生成范围可以选择当前层,或者点击 框选所要生成支座钢筋的范围。设定好之后,点【确定】,即可完成支座钢筋的布筋区域匹配。

(4)在下拉菜单中选择底筋、面筋布筋区域匹配板筋布筋区域,匹配的界面如图 10-2-70 所示。

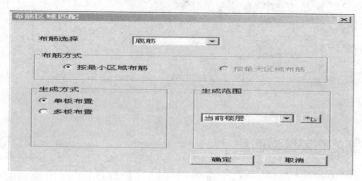

图 10-2-70

(5)生成方式可选择单板布置,多板布置。

(6)生成范围可以选择当前层,或者点击 框选所要生成支座钢筋的范围。设定好之后,点【确定】,即可完成底筋和面筋的布筋区域匹配。

10.2.8 转化独基

转化基础如图 10-2-71 所示。

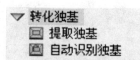

图 10-2-71

点击 提取独基 弹出如图 10-2-72 所示的对话框。

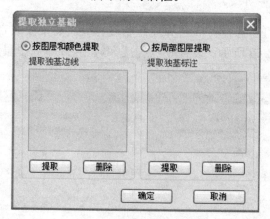

图 10-2-72

提出完成【确认】后进入下一步,点击 自动识别独基 完成独基的转化。

10.3　转化后的应用

对于已经转化好的文件,需要应用到图形法中才可以完成计算。点击 **转化结果应用** 弹出如图 10-3-1 所示的对话框。

图　10-3-1

(1)在选择需要生成的构件,可以选择要运用那些构件到图形法中去。

(2)勾选 图形: 删除已有构件 则在运用时,把原有图形中的构件删除。

10.4　转化楼层表

如图 10-4-1 所示,打开工程设置中的楼层设置,导入一张楼层结构标高表。

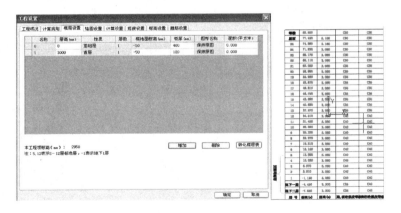

图　10-4-1

点击转化楼层表,框选这张楼层表,右键。这样能够将这张楼层表提取到软件中的信息中,如图 10-4-2 所示。

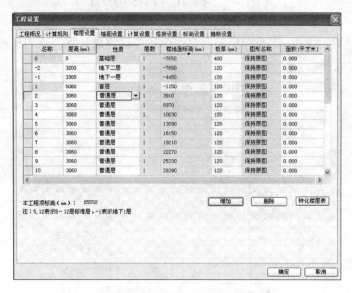

名称	层高(mm)	性质	层数	框地面标高(mm)	板厚(mm)	图形名称	面积(平方米)
0	0	基础层	1	-7650	400	保持原图	0.000
-2	3200	地下二层	1	-7650	120	保持原图	0.000
-1	3300	地下一层	1	-4450	120	保持原图	0.000
1	5060	首层	1	-1150	120	保持原图	0.000
2	3060	普通层	1	3910	120	保持原图	0.000
3	3060	普通层	1	6970	120	保持原图	0.000
4	3060	普通层	1	10030	120	保持原图	0.000
5	3060	普通层	1	13090	120	保持原图	0.000
6	3060	普通层	1	16150	120	保持原图	0.000
7	3060	普通层	1	19210	120	保持原图	0.000
8	3060	普通层	1	22270	120	保持原图	0.000
9	3060	普通层	1	25330	120	保持原图	0.000
10	3060	普通层	1	28390	120	保持原图	0.000

本工程顶标高(mm): 85550
注:5,12表示5-12层标准层,-1表示地下1层

图 10-4-2

第 11 章　钢筋三维显示简介

11.1　简　　介

　　鲁班钢筋三维显示采用当今世界上领先的 3D 应用程序提供核心的图形架构和图形功能 HOOPS 3D Application Framework（HOOPS/3dAF）作为三维显示的平台基础，将建模过程中的图元即时三维显示构件与其对应的钢筋。

　　鲁班钢筋三维界面由图形法主界面常用工具栏 进入，如图 11-1-1 所示。

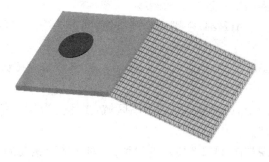

图　11-1-1

11.2　常用工具栏介绍

　　 构件钢筋显示：在三维状态下点击实体及显示该实体的钢筋，如图 11-2-1、图 11-2-2 所示。

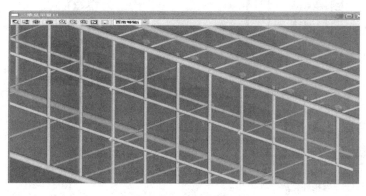

图 11-2-1　梁构件显示

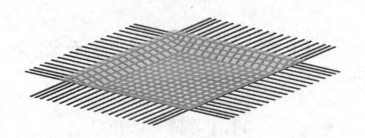

图 11-2-2　放坡承台钢筋三维

显示平移：当图形整体放大后超出了当前屏幕时，使用窗口平移的命令来进行屏幕内容的移动，相当于按住鼠标中间滚轮，左右移动。

自由缩放：点中命令后用按住鼠标左键上下移动实时缩放。

构件旋转：可以使用此命令，来完成图形的旋转。

绕轴转动：图形中界面中心进行平面翻转。

放大：当图形太小无法看清楚时，左键点击此按钮，图形会按比例逐渐放大，相当于鼠标中间滚轮向上滚动。

缩小：屏幕资源总是有限的，当需要缩小图形时，左键点击此按钮，图形会按比例逐渐缩小，相当于鼠标中间滚轮向下滚动。

框选放大：执行该命令后，将鼠标移到绘图区域，光标变为"十"字形，按住鼠标左键拖拉画矩形，以框选的方式来放大选中的区域。

显示控制：点击出现如图 11-2-3 所示的对话框，对实体及钢筋的显示控制。

提示：不需要显示的构件不勾选。

三维视图选择，如图 11-2-4 所示。

俯视 (T)
主视 (F)
后视 (K)
左视 (L)
右视 (R)
西南等轴测 (W
东南等轴测 (E
东北等轴测 (N
西北等轴测 (I

图 11-2-3　三维构件显示控制　　　　　　　　图　11-2-4

提示:可以选择不同楼层显示类型。

构件属性显示:点击命令后,左键选择构件弹出如图 11-2-5 所示对话框。图 11-2-5 中可以查看当前选择的构件的属性,属性为图形法构件属性定义中的参数。

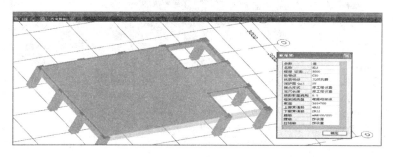

图 11-2-5

11.3 三维显示支持构件

(1)所有构件支持实体三维显示。

(2)支持钢筋三维显示:剪力墙(除墙洞)、板筋、弧形板筋、圆形板筋、框架梁、次梁、基础梁、基础次梁、板、板带、筏板筋、独立基础、承台,如图 11-3-1~图 11-3-8 所示。

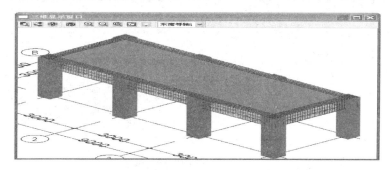

图 11-3-1 梁钢筋显示

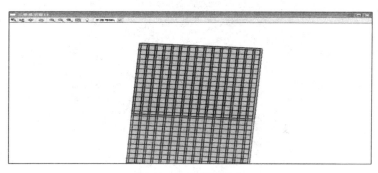

图 11-3-2 墙钢筋显示

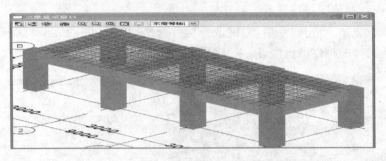

图 11-3-3　板筋三维显示

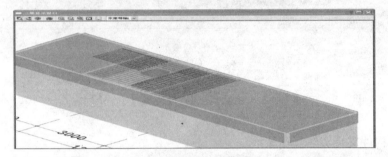

图 11-3-4　板洞钢筋三维显示

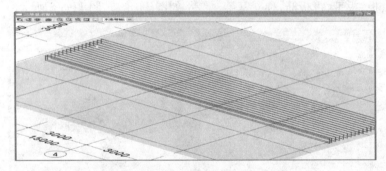

图 11-3-5　板带钢筋三维

提示：板带包括基础板带和楼层板带。

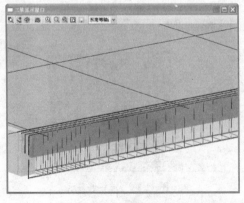

图 11-3-6　基础梁钢筋三维

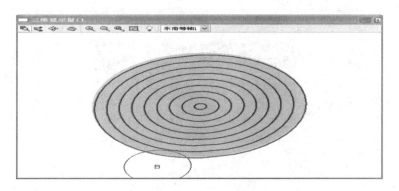

图 11-3-7 圆形板筋三维

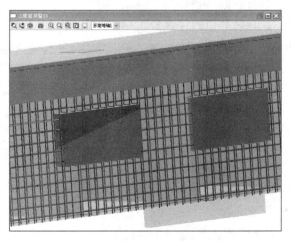

图 11-3-8 墙洞三维

11.4 单个构件三维显示

点击命令 ![icon]，左键单击构件，弹出如图 11-4-1 所示对话框。

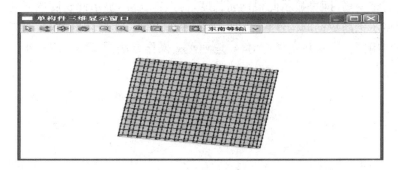

图 11-4-1

选择命令 ![icon]，点击钢筋弹出如图 11-4-2 所示对话框。

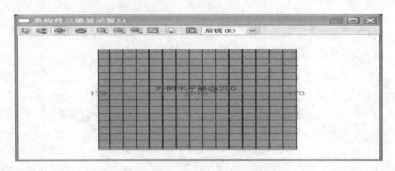

图 11-4-2

图 11-4-2 中会提示当前选中的钢筋名称(外侧水平筋@200)每一段的钢筋长度,以及和它相关联的构件。相关联的构件以透明形式只显示实体。

再次点击长度,显示此长度数值的计算公式,如图 11-4-3 所示。

图 11-4-3

计算公式以数值和中文描述表示,每一个数值对应一个中文描述。

提示:

(1)支持单个构件的三维显示。支持的构件包括:剪力墙、框架梁、次梁、底筋、负筋、双层双向钢筋、跨板负筋、支座钢筋、温度筋、跨中板带、柱上板带、独立基础、筏板底筋、筏板面筋、筏板中层筋、筏板支座钢筋、基础跨中板带、柱下板带、基础主次梁。

(2)当构件与其他构件发生关联时,相关联的构件以透明的方式显示。

(3)点击三维钢筋,即可显示此根钢筋长度,再点击长度,显示此长度数值的计算公式。

(4)支持显示钢筋数据的构件包括:剪力墙、底筋、负筋、跨板负筋、双层双向钢筋、温度筋。

(5)其他快捷图标 操作方法同实体三维操作。

第12章 BIM 扩 展

12.1 BIM 进度计划

点击下拉菜单【BIM 扩展】→【BIM 进度计划】，软件自动弹出【BIM 进度计划】对话框，如图 12-1-1 所示。

图 12-1-1

左键点击【增加】，在任务栏输入柱、梁等常用构件，在楼层和施工段的下拉菜单中选择构件所在的楼层和所属施工段，如图 12-1-2 所示。

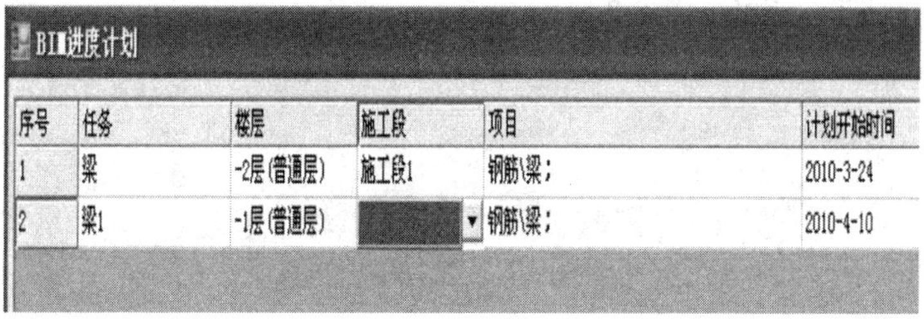

序号	任务	楼层	施工段	项目	计划开始时间
1	梁	-2层(普通层)	施工段1	钢筋\梁;	2010-3-24
2	梁1	-1层(普通层)	▼	钢筋\梁;	2010-4-10

图 12-1-2

左键点击【项目】栏，软件自动弹出【计算项目】对话框，如图 12-1-3 所示。

图 12-1-3

定义好计划的开始和结束时间,点击【确定】即可,软件会自动汇总计划工期。

提示:BIM进度计划是以施工段或整个工程为界限,定义区域范围内构件的计划开始时间和计划完成时间。

12.2 BIM 时间定义

点击下拉菜单【BIM扩展】→【BIM时间定义】,在平面显示中点选或框选构件,软件自动弹出【BIM时间定义】对话框,如图12-2-1所示。

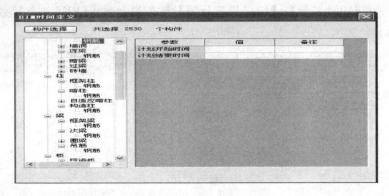

图 12-2-1

选择需另外调整计划开始和结束时间的构件,点击【计划开始时间】右边带三点的方框,软件自动弹出【日期】对话框,如图12-2-2所示。

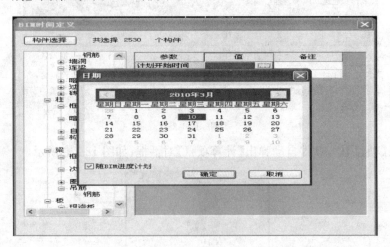

图 12-2-2

去掉【随BIM进度计划】前面的对号,调整计划开始和计划结束时间,点击【确定】即可。

提示:(1)BIM时间定义以构件实体为单位,不受施工段等范围的制约。

(2)可以在BIM时间定义对话框填写备注,记录构件施工信息。

(3)BIM时间定义只能定义的是某一层的构件单位时间的钢筋量。

12.3 BIM 扩展定义

点击下拉菜单【BIM 扩展】→【BIM 扩展定义】,在平面显示中点选或框选构件,软件自动弹出【BIM 扩展定义】对话框,输入施工班组、材料等级等工程信息,存在工程变更如图 12-3-1 所示。

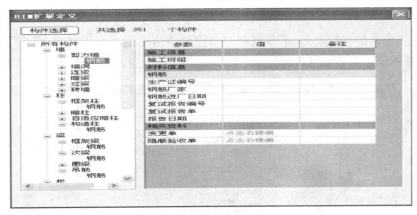

图 12-3-1

如果遇到工程变更,右键点击图 12-3-1 中变更单值,选择【编辑文件】超链接或【删除文件】超链接。若选择【编辑文件】超链接,软件弹出【打开】对话框,选择变更的文件即可,如图 12-3-2 所示。

图 12-3-2

提示:".BIM"扩展定义是针对构件实体本身定义的,不受施工段等范围的制约,但只能定义本层的构件。

12.4 BIM 扩展维护

点击下拉菜单【BIM 扩展】→【BIM 扩展维护】,可以对其他不能通过 BIM 进度计划设置的工程信息进行添加设置,如图 12-4-1 所示。

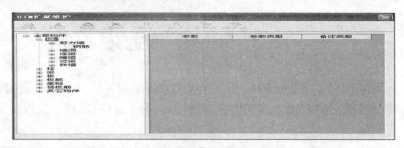

图 12-4-1

点击施工信息的参数类型,子节点和叶节点处于启动的可编辑状态,点击子节点或叶节点,设置需要的施工参数信息,如图 12-4-2 所示,。

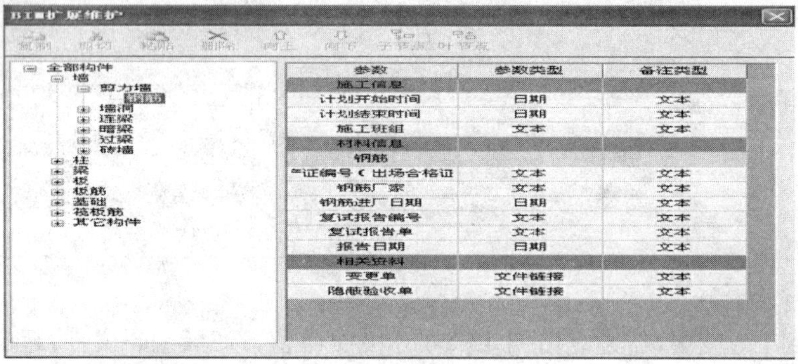

图 12-4-2

提示:". BIM"扩展维护是针对构件实体定义的,不受施工段等区域范围的制约,但只能定义本层的构进度。

12.5 施工段刷新

点击下拉菜单【BIM 扩展】→【施工段刷新】,软件会自动刷新施工段,重新生成模型。

提示:施工段刷新时 BIM 是各个命令相互联系的枢纽,完成 BIM 扩展后一定要点击施工段刷新,各个阶段才能互相识别。

第13章 云 应 用

13.1 云 构 件 库

云构件是上海鲁班软件有限公司推出的一项云应用服务。用户可通过连接到 Internet 的客户端,访问到云端服务器上的云构件库,从云构件库中选择所需的云构件,并可以将其应用到工程文件中。用户可通过云构件库享受到实时更新的云构件,而不需要通过更新软件版本的方式来获取新构件,具体如下:

点击软件界面菜单栏中的【云应用】,下拉选择【云构件库】,然后弹出在线【云构件库】窗口,如图 13-1-1 所示。

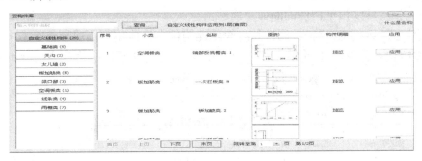

图 13-1-1

在图 13-1-1 中,有【预览】字样,那么点击【预览】字样,就会弹出云构件库窗口预览图形,可以看到断面的详细配筋信息,如图 13-1-2 所示。

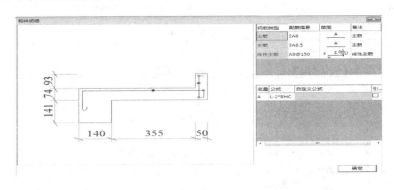

图 13-1-2

如果此断面及配筋跟实际工程所需的类似,需要应用此断面的话,那么就直接点击 应用 按钮,那么此断面就会下载到工程属性当中了,此时点击【查看属性】,会直接打开当前工程的构件属性栏内,显示之前已应用的那个构件,如图 13-1-3 所示。

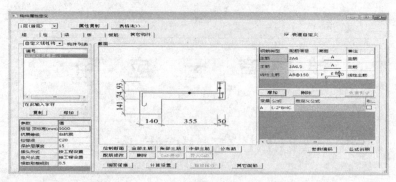

图 13-1-3

注:(1)云构件库包含了天沟、女儿墙、板加筋、梁口部、空调板、线条类、雨棚类。

(2)V19.3.0版本内暂时支持线性构件的断面。

(3)搜索:输入构件名称的关键字,点击【查询】,软件就会按照构件名称来搜索库里的匹配名称的构件。

(4)图形:图形简图预览,鼠标移动到简图上,会及时浮动出相应放大图片。

(5)构件明细:可以预览构件的断面及属性信息。

(6)应用:当按钮状态为【查看属性】时,表示此构件允许应用到当前软件版本中。

(7)当按钮状态为 V20.0.0 以上时,这种格式表示此构件不能应用到当前版本软件中,软件需要升级到 V20.0.0 以上版本(包含 20.0.0)才能使用。

13.2 在线自动套清单定额

(1)云端服务器提供各地定额清单模板,给用户在线使用

(2)本地可以在云模板上编辑自定义定额清单项目,且自由定义统计条件,选择相对应需要统计的具体构件根据条件自动统计到该清单或定额条目下。

(3)兼作自定义类汇总的功能。构件法树结果是加载到右侧的那个树,用户可以任意选择树上的任意构件,统计到任意自定义的清单或定额条目下。

具体操作如下:

点击菜单栏中的【云应用】,下拉选择【在线自动套】,之后进入了模式选择,如图 13-2-1 所示。

图 13-2-1

选择好相对应的清单及定额后,点击 下一步 ,进入具体模板及可编辑状态,如图 13-2-2 所示。

图 13-2-2

在图 13-2-2 中,我们可以对其统计的条件进行设置,如图 13-2-3 所示。

图 13-2-3

条件设置好之后,可以点击 保存 ,作为之后的历史模板重复使用,也可以点击 进入报表 ,然后弹出钢筋报表的界面,如图 13-2-4 所示。

图 13-2-4

最后选择相对应的报表进行量的统计,导出及打印报表。

323

第14章　案例工程操作

14.1　新建工程、新建楼层

1)准备工作

查看结施《结构设计总说明》见附图。作用:新建工程。

查看着重点:

(1)工程概况:本工程为某公司一期厂房,类型为框架结构,抗震等级为三级;图集选用情况:本说明未尽事宜按03G101-1规范要求进行施工。

(2)材料——混凝土:

①混凝土强度等级:

承台、电梯基坑垫层:C15;基础顶~三层楼面标高范围内柱:C30;电梯基坑:C30(抗渗等级P6);承台、梁、板、三层楼面以上柱、楼梯:C30;其余主体结构构件:C30;次要构件(如圆梁、过梁、构造柱等):C20。

②混凝土结构环境类别:

一类环境:二 a 类环境以外的部分。

二 a 类环境:地下室、基础底板、外墙、水池、有覆土地下室顶板,雨篷、露天构架以及其他处于潮湿环境的部位。

③钢筋净保护层(地下室部分详见地下室部分图纸):

板 15mm(20mm)、梁 25mm(30mm)、柱 30mm(括号内为二 a 类环境下的保护层厚度)。

2)进入软件

在桌面上有，鼠标左键双击快捷图标,出现如图 14-1-1 所示界面。

图　14-1-1

即可打开鲁班钢筋软件预算版,如图 14-1-2 所示。

图　14-1-2

3)开始新建

(1)鼠标左键点击欢迎界面上的【新建工程】,进入新建工程界面,如图 14-1-3 所示。

图　14-1-3

(2)第 1 步:输入工程名称及工程的相关工程概况,如图 14-1-4 所示。

(3)第 2 步:鼠标左键点击图 14-1-4 中的【下一步】,进入【计算规则】设定,如图 14-1-5 所示。

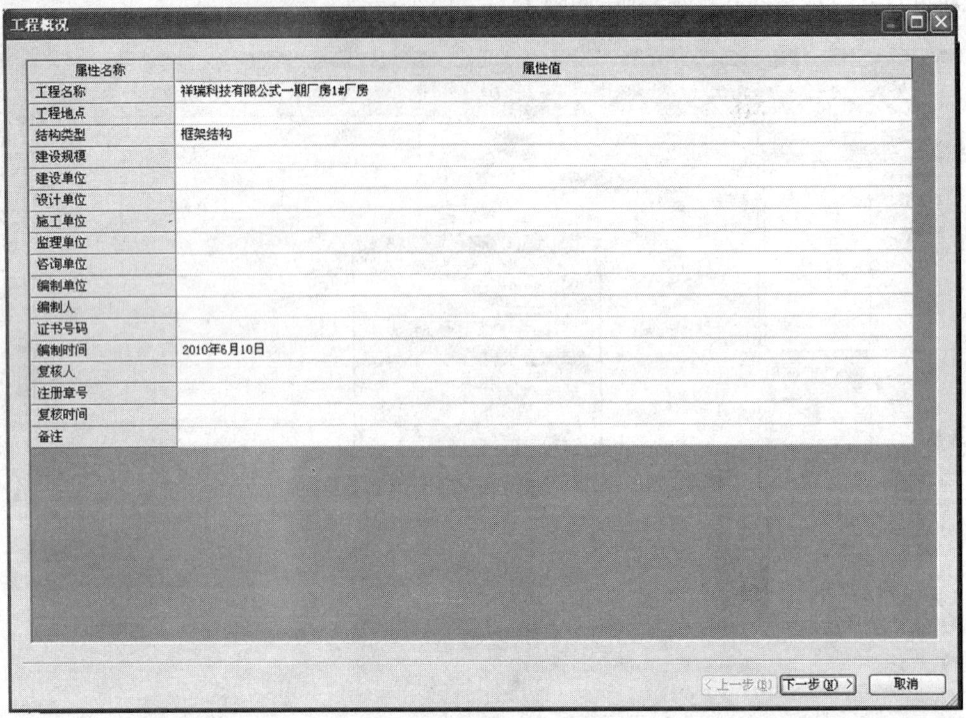
工程概况
属性名称
属性值
工程名称
祥瑞科技有限公式一期厂房1#厂房
工程地点
结构类型
框架结构
建设规模
建设单位
设计单位
施工单位
监理单位
咨询单位
编制单位
编制人
证书号码
编制时间
2010年6月10日
复核人
注册章号
复核时间
备注
< 上一步(B)
下一步(N) >
取消

图　14-1-4

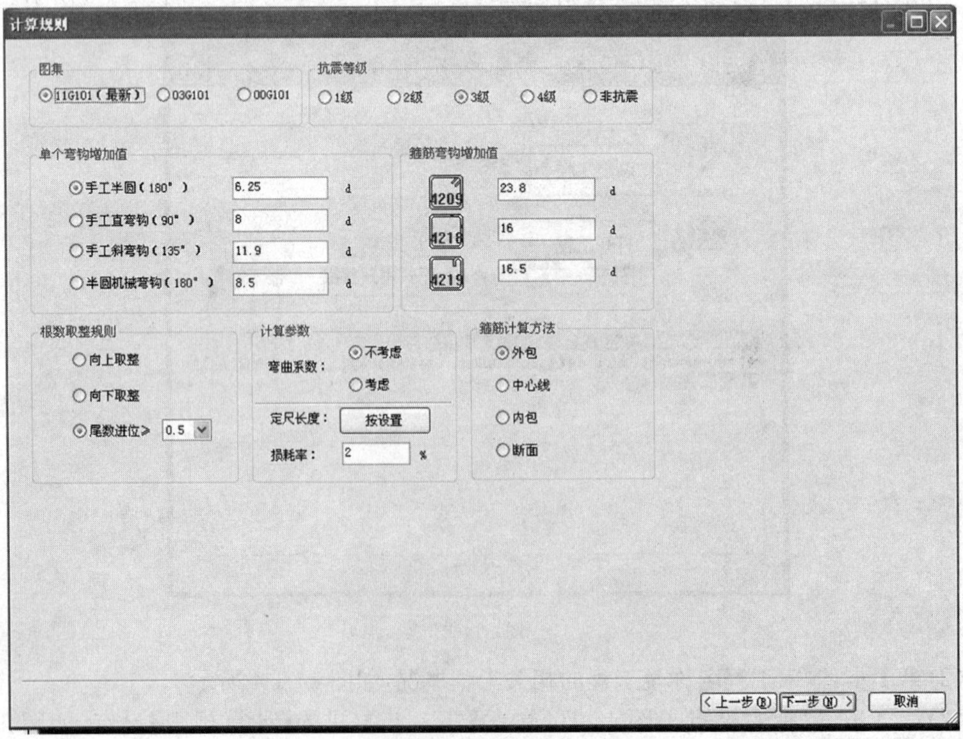
计算规则
图集
11G101（最新）
03G101
00G101
抗震等级
1级
2级
3级
4级
非抗震
单个弯钩增加值
手工半圆（180°）
6.25
d
手工直弯钩（90°）
8
d
手工斜弯钩（135°）
11.9
d
半圆机械弯钩（180°）
8.5
d
箍筋弯钩增加值
4209
23.8
d
4218
16
d
4219
16.5
d
根数取整规则
向上取整
向下取整
尾数进位≥
0.5
计算参数
弯曲系数：
不考虑
考虑
定尺长度：
按设置
损耗率：
2
%
箍筋计算方法
外包
中心线
内包
断面
< 上一步(B)
下一步(N) >
取消

图　14-1-5

提示：本步骤可以设定：选择图集；抗震等级；单个弯钩增加值；箍筋弯钩增加值；根数取整规则；计算参数；箍筋计算方法。

(4)第3步：鼠标左键点击图14-1-5中的【下一步】，进入【楼层设置】对话框，如图14-1-6所示

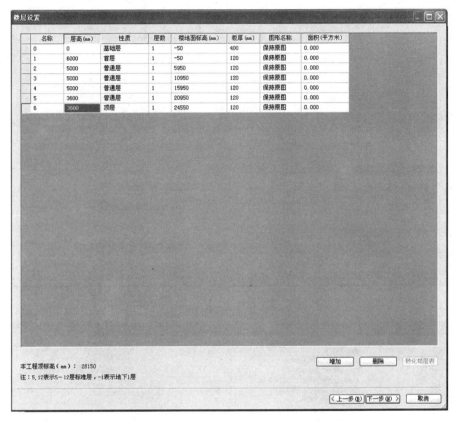

图 14-1-6

提示：

①可以设置楼层为：地下室、标准层。

地下室：在名称内输入"－1"表示为地下室一层。

标准层：在名称内输入"3,8"表示为3～8层为标准层。

②楼地面标高：只需要设置0层的楼地面标高。

③0层的层高默认为0即可。

(5)第4步：鼠标左键点击图14-1-6中的【下一步】，进入【锚固设置】设定，如图14-1-7所示。

提示：

①可以设定混凝土强度等级和抗震等级。

②可以自由设定锚固值。

(6)第5步：鼠标左键点击图14-1-7中的【下一步】，进入【计算设置】设定，如图14-1-8所示。

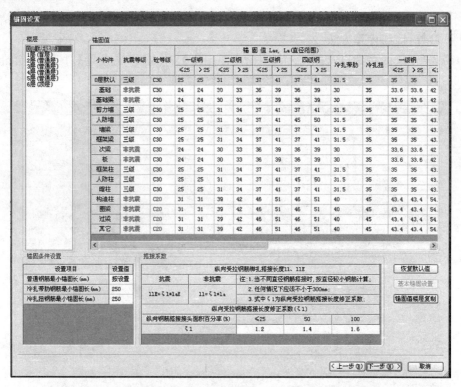

图　14-1-7

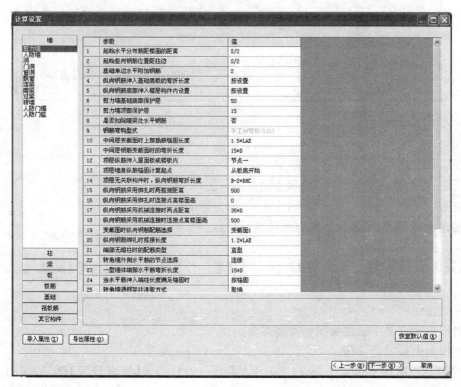

图　14-1-8

提示：

①此步骤是对各个构件的规范的设定，是按各规范要求已设定好。

②此布置一般不作修改，除非图纸没有按规范设计。

(7)第6步：鼠标左键点击图14-1-8中的【下一步】，进入【搭接设置】设定，如图14-1-9所示。

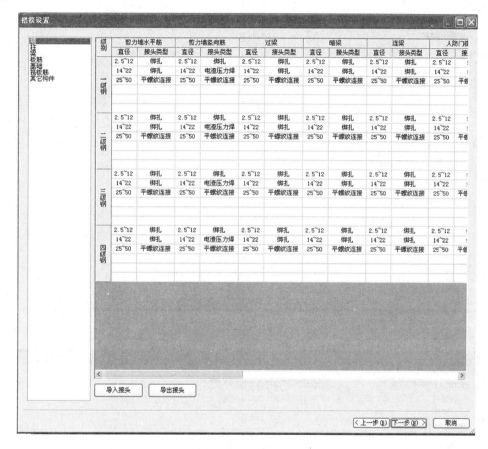

图 14-1-9

提示：

①此步可以设定各构件钢筋在不同范围内采用不同的连接方式。

②可以设定钢筋的接头率。

(8)第7步：鼠标左键点击图14-1-9中的【下一步】，进入【标高设置】设定，如图14-1-10所示。

提示：此步是对构件设定按工程标高设定还是楼层标高设定。

(9)第8步：鼠标左键点击图14-1-10中的【下一步】，进入【箍筋设置】设定，如图14-1-11所示。

提示：

①此步可以多柱、梁箍筋的复合箍筋的内部形式设定。

②此步要看工程是否需要方可设定。

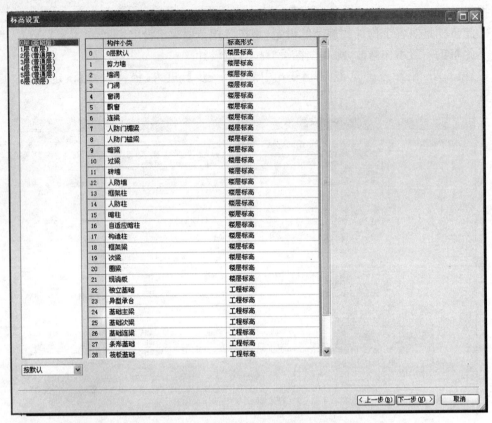

图 14-1-10

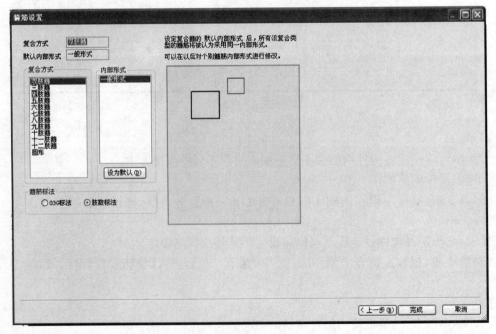

图 14-1-11

14.2　建　立　轴　网

14.2.1　准备工作

查看结施祥瑞科技有限公司一期厂房《基础层～标高 5.950 柱平法施工图》(注:请学员到 www. JNQS. com 网站下载该电子图)。作用:了解轴网的构造以便更好地建立轴网。

14.2.2　开始新建轴网

练习目的:学习如何建立直线轴网。

(1)鼠标左键点击左侧的构件布置栏中的 ‖直线轴网→0 按钮,按钮根据祥瑞科技有限公司一期厂房图纸要求,先进行轴网的定义,弹出如图 14-2-1 所示对话框。

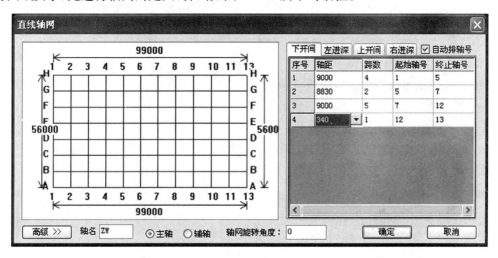

图　14-2-1

(2)鼠标左键选择图 14-2-1 中的 下开间 左进深 上开间 右进深 选项,按照祥瑞科技有限公司一期厂房图纸要求,分别对其轴距、跨数、起始轴号、终止轴号的数据输入,图 14-2-2 为绘制好的轴网图。

14.2.3　绘制柱构件

1)准备工作

查看结施祥瑞科技有限公司一期厂房《基础层～标高 5.950 柱平法施工图》。重点为以下两方面:

(1)柱的分类:大类分为框架柱、暗柱、构造柱。

框架柱按形状分:矩形、圆形。

暗柱按形状分:一字型、L 形、十字形、T 字形。

构造柱按形状分:矩形。

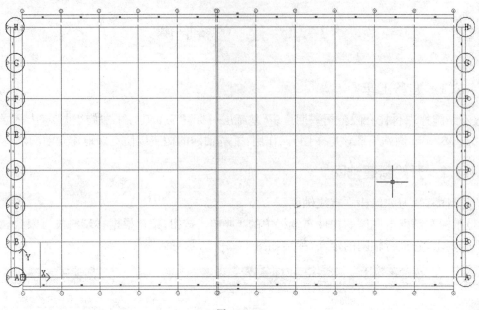

图 14-2-2

（2）步骤：定义属性→布置→定位。

2）框架柱的布置

（1）属性定义

按图纸实际情况，对 KZ1、KZ2、KZ3…KZ24 进行属性定义。鼠标左键双击属性定义栏的构件弹出【构件属性定义】对话框，分别对 KZ1、KZ2…KZ24 进行属性定义，如图 14-2-3 所示。

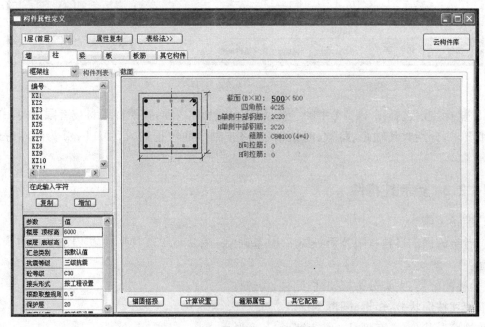

图 14-2-3

（2）布置

布置方法分为：点击布柱、智能布柱两种。

①点击布柱：鼠标左键点击左侧构件布置栏中的 点击布柱 →0 按钮，然后在左侧的属性定义栏中，对构件的类型和名称进行选择。

根据祥瑞科技有限公司一期厂房图纸要求，先对柱构件进行属性定义，然后在轴网上点击柱，即可绘制好柱，如图14-2-4所示。

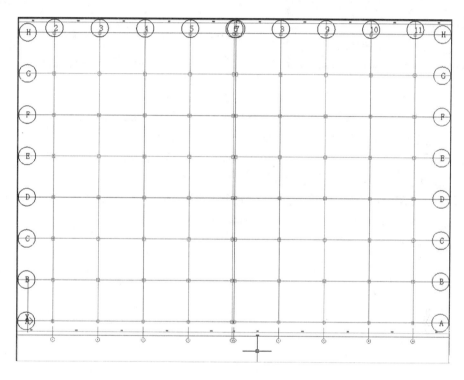

图 14-2-4

练习要求：用点击布柱命令完成轴网上框架柱的布置

②智能布柱：

鼠标左键点击左侧构件布置栏中的 智能布柱 ←1 按钮，然后在左侧的属性定义栏中，对构件类型和构件名称进行选择，然后框选轴网交点即可布置好柱，最后双击KZ名称进行名称属性替换即可。

练习要求：用智能布柱命令完成轴网—上框架柱的布置。

（3）定位

定位方法分为：偏心设置、偏移对齐命令两种方法。

①偏心设置：

鼠标左键点击左侧的构件布置栏中的 偏心设置(Z) PX 按钮，在图形布置区域的右下角弹出输入偏心角的对话框，如图14-2-5所示。

按照布置中的实际偏心值，在图14-2-5中填写偏心值，如图14-2-6所示。

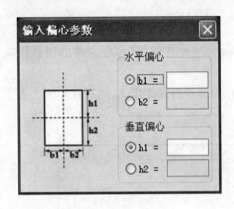

图 14-2-5

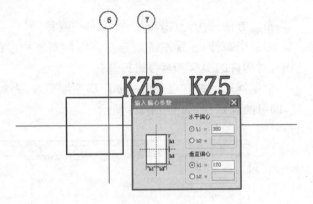

图 14-2-6

填写好偏心值后,鼠标左键选择该柱,然后鼠标右键确认完成偏心。

练习要求:对7/A、6/E、7/B轴交点的3个柱采用偏心设置。

②偏移对齐命令:鼠标左键点击右侧的【编辑工具栏】中的▦偏移对齐按钮,光标会变成"□"形,然后选择参照基线会变成红色,如图14-2-7所示。

选择好参照基线后,鼠标左键选择【实时控制栏】中的▦按钮,然后选择与基线平行的柱边线,然后再选择需要对其的柱边,单击即可与基准线对齐,如图14-2-8所示。

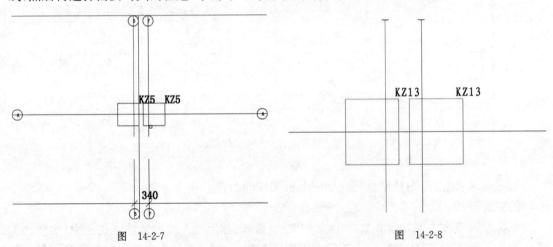

图 14-2-7

图 14-2-8

3)暗柱的布置

(1)属性定义

暗柱类型的选择:在属性定义栏中点击【属性】弹出【类型选择】对话框,如图14-2-9所示。

(2)布置

布置方法为:点击布柱。方法同框架柱。

(3)定位的一些特殊处理

2/G轴交点的AZ的定位。

在点击布柱时,选择【工具栏】中的 ☑放置后旋转 按钮,在光标栏输入旋转角度即可,如图14-2-10所示。

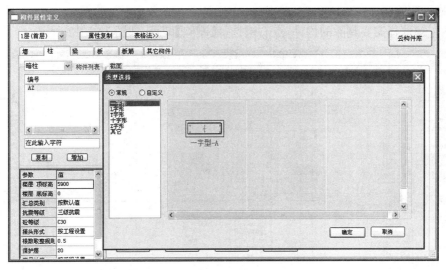

图 14-2-9

4）构造柱的布置

方法同框架柱和暗柱的布置方法。

5）其他楼层的柱

方法：进行楼层复制将其他层多余的柱删除即可。

（1）楼层复制的方法

鼠标左键点击【工具栏】中的 楼层复制命令，并选择复制的楼层及构件即可，如图 14-2-11 所示。

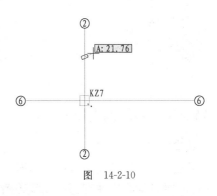

图 14-2-10

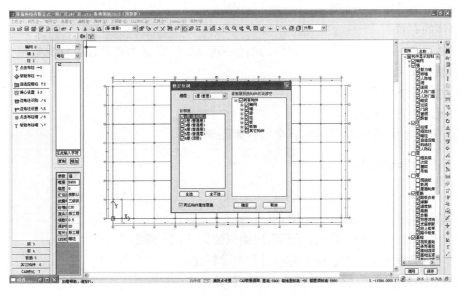

图 14-2-11

（2）构件删除的方法

鼠标左键选择需要删除的构件，点右键选择【删除】即可，如图 14-2-12 所示。

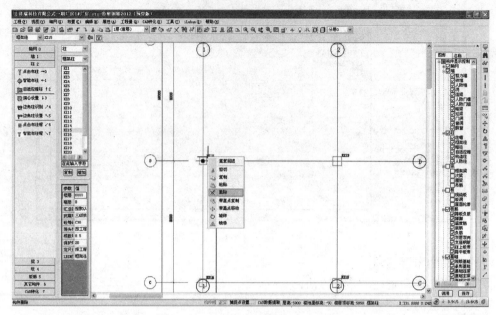

图　14-2-12

14.2.4　绘制剪力墙构件

1）准备工作

查看建施《一层平面图》，重点为以下两点：

（1）需要布置的构件有：剪力墙、砖墙、暗梁、墙洞。

（2）步骤：属性定义→布置墙。

2）墙体的布置

主要是在鲁班土建软件中进行相应的绘制和转化，这里就不在赘述。详见鲁班土建软件中墙的绘制和转化。

3）其他楼层的墙类构件布置

楼层复制与柱子相同。

方法：进行楼层复制，将其他层多余的柱删除即可。

14.2.5　绘梁构件

1）准备工作

查看结施《二层梁平法施工图》图，重点为以下 3 点；

（1）需要布置的构件有：楼层框架梁、屋面框架梁、次梁、弧形梁。

（2）步骤：属性定义→布置梁→对梁进行原位标注。

（3）布置梁的形式：直形梁、弧形梁、悬挑梁。

2）楼层框架梁、屋面框架梁、次梁的布置

（1）属性定义

鼠标左键双击属性定义栏中的构件弹出【构件属性定义】对话框，对框架梁进行属性定义，如图 14-2-13 所示。

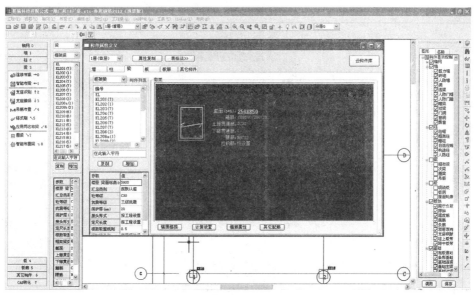

图　14-2-13

屋面框架梁和楼层框架梁的属性转换，在属性定义左下角的属性描述中【框架梁类型】里选择，如图 14-2-14 所示。

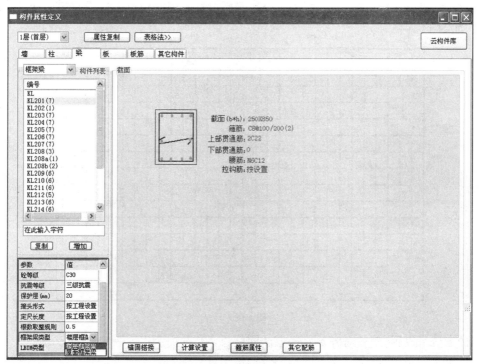

图　14-2-14

（2）框架梁的布置

①直形梁的布置：鼠标左键点击左侧的构件布置栏中的 ![连续布梁 →0] 按钮，然后在左侧的属性定义栏中，对构件的类型进行选择和构件名称的选择，如图 14-2-15 所示。

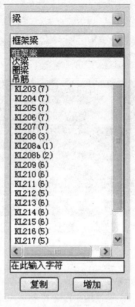

图 14-2-15

根据祥瑞科技有限公司一期厂房图纸要求，先对梁构件进行属性定义，然后点击【连续布梁】命令按钮，光标在图形截面变成"十"字形，然后鼠标左键分别点击连梁的起止点，完成连梁的布置，如图 14-2-16 所示。

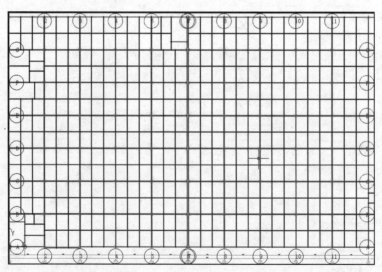

图 14-2-16

梁的定位可以用【偏移对齐】命令，方法同柱。

②弧形梁的布置：鼠标左键点击左侧的构件布置栏中的 ![连续布梁 →0] 按钮，然后在左侧的属性

定义栏中,对构件的类型进行选择和构件名称的选择。

在【活动布置】内选择绘制弧形梁的方式,然后按照生成方式绘制出弧形梁,如图 14-2-17
所示。

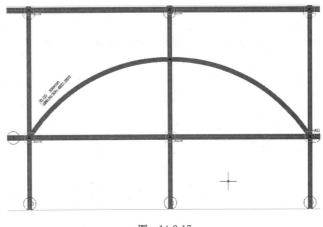

图 14-2-17

③悬挑梁的布置:鼠标左键点击左侧的构件布置栏中的 连线布梁 →0 按钮,然后在左侧的属性
定义栏中,对构件的类型进行选择和构件名称的选择。

光标在图形截面变成"十"字形,然后鼠标左键点击非悬挑端为梁的起点,在悬挑已存在的
某点为参照点,按住键盘上的"Shift"键点击鼠标左键弹出【相对坐标绘制】对话框,如图
14-2-18所示。

图 14-2-18

在弹出的【相对坐标绘制】对话框中按实际绘制情况输入数值即可完成梁的绘制。

3)折形梁的形成

折形梁的形成方式主要是将两条或多条不在一条直线上的直形梁或弧形梁变为一根梁。

主要方法:是将两条或多条已经布置好的梁进行合并即可。

    合并的方法：鼠标左键点击左侧工具栏的 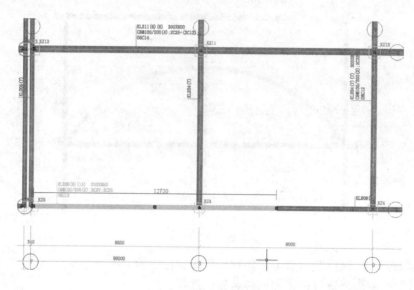 合并构件按钮，鼠标变成"□"形，鼠标左键选两根或两根以上的梁然后鼠标右键确定即可完成梁的合并，合并前如图 14-2-19 所示，合并后如图 14-2-20 所示。

图 14-2-19　合并前

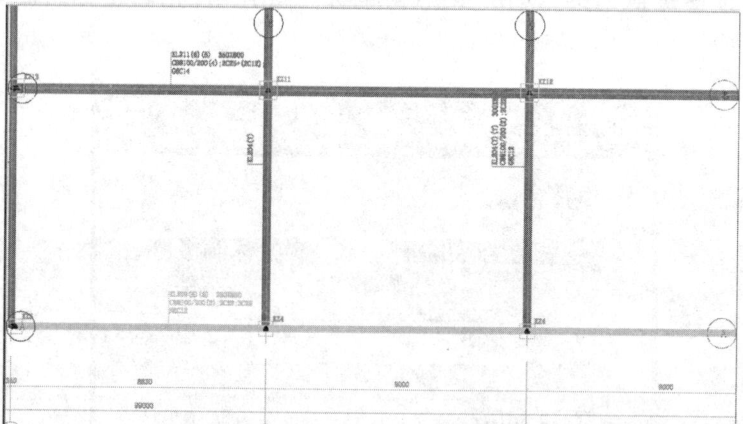

图 14-2-20　合并后

    4）对框架梁、次梁进行原位标注

    鼠标左键点击上侧工具栏中的 对构件进行平法标注按钮，光标变成"□"形，鼠标左键点击未识别的梁构件，即可完成梁的支座识别和对梁进行平法标注，如图 14-2-21 所示。

    5）对梁进行应用同名称命令

    当同一层的编号有相同及原位标注是相同的就需要对梁进行运用同名称命令。

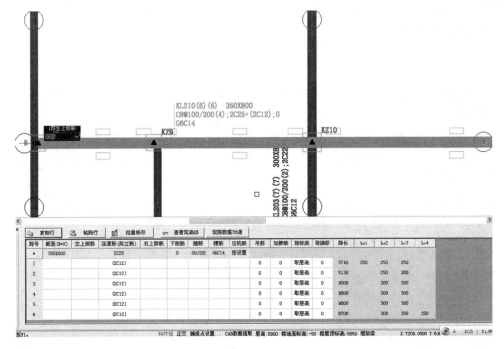

图　14-2-21

方法：

（1）鼠标左键点击左侧布置栏中的 ![应用同名称梁] 按钮，光标在绘图区域变成"□"形，然后弹出【应用同名称梁】对话框，如图 14-2-22 所示。

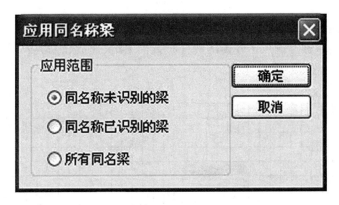

图　14-2-22

（2）在【应用同名称梁】对话框中选择【所有同名称梁】，点击【确定】，完成同名称梁应用。

14.2.6　绘制板

1）准备工作

查看结施祥瑞科技有限公司一期厂房《二层板结构》图，重点为以下 3 点：

（1）需要布置的构件有：楼层板、斜屋面板。

（2）步骤：定义板厚→布置板。

（3）布置梁的形式。

2）智能布置、自由绘制

（1）定义板厚

鼠标左键双击属性定义栏中的构件弹出【构件属性定义】对话框，对板厚进行设置，如图14-2-23 所示。

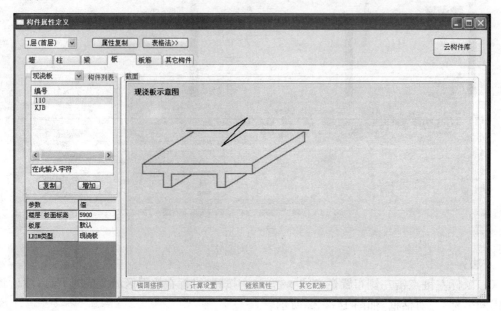

图　14-2-23

（2）平板的绘制

①智能布置板：鼠标左键点击左侧的构件布置栏中【快速成板】命令，软件自动弹出【自动成板选项】对话框，如图 14-2-24 所示。

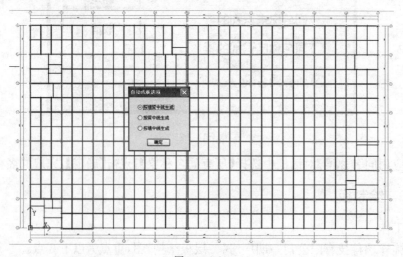

图　14-2-24

点击【自动成板选项】中的【确定】完成板的生成,如图 14-2-25 所示。

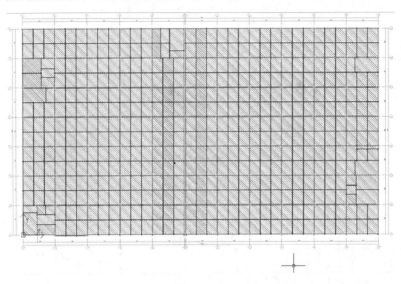

图　14-2-25

根据祥瑞科技有限公司一期厂房图纸要求,先进行板的属性定义,然后对照图纸双击需要修改的板的名称,进行板的属性替换即可,如图 14-2-26 所示。

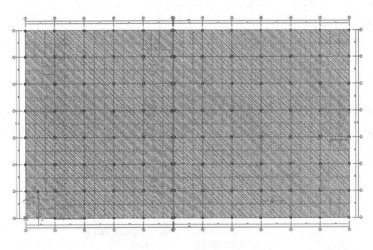

图　14-2-26

②自由绘制:鼠标左键点击左侧的构件布置栏中的 □自由绘板 ←┘ 按钮,然后在活动布置中选择自由绘制的方法,绘制区域形成封闭区域即可形成一块板,如图 14-2-27 所示。

(3)坡屋面板绘制

①自动形成:鼠标左键点击左侧的构件布置栏中 △ 形成轮廓线 按钮,光标在绘图区域内变成"□"形,然后框选需要形成坡屋面的区域,鼠标右键确认弹出【向外偏移值】对话框,如图14-2-28所示。

在【向外偏移值】对话框中输入相应的数值,点击【确定】即可形成轮廓线。

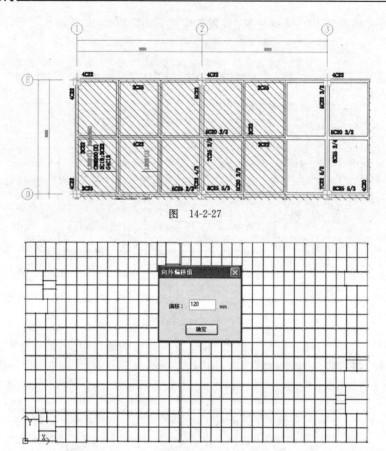

图　14-2-27

图　14-2-28

　　鼠标左键点击左侧的构件布置栏中 多坡屋面板按钮,光标在绘图区域变成"□"形,然后鼠标左键选择已经形成的轮廓线,即可弹出【坡屋面板线设置】对话框,如图 14-2-29 所示。

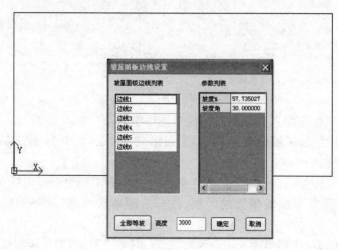

图　14-2-29

分别设置各边线的坡度或坡度角,设置完成后点击【确定】即可完成坡屋面,如图 14-2-30 所示。

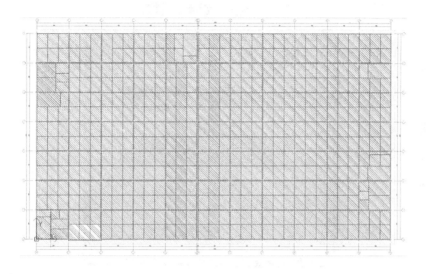

图 14-2-30

②自由绘制:先按实际情况把斜板先用平板绘制出来,如图 14-2-31 所示。

分别对板进行变斜调整,鼠标左键选择 ✎ 按钮,鼠标选择一块板,鼠标右键【确定】即可弹出【选择变斜方式】对话框,如图 14-2-32 所示。

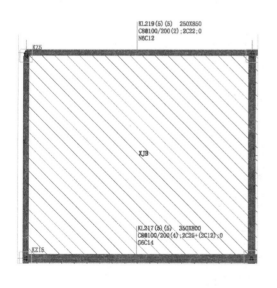

图 14-2-31

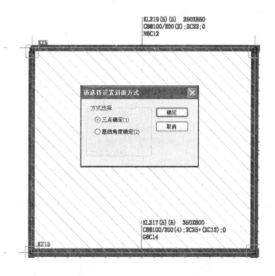

图 14-2-32

方式选择【三点确定】点击【确定】,然后鼠标选择第一点弹出输入本点的标高,如图 14-2-33所示。

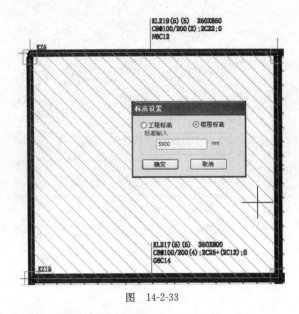

图 14-2-33

依次完成三个点的标高输入,即可完成板的变斜。

3)对其他构件顶标高随板调整

鼠标左键点击工具栏上的 图标 对构件顶标高随板调整按钮,然后鼠标框选需要调整区域,如图 14-2-34 所示。

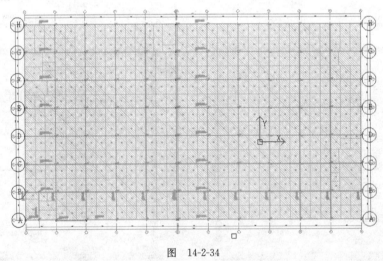

图 14-2-34

区域选择以后,鼠标右键【确定】即可完成调整,如图 14-2-35 所示。

14.2.7 绘制板筋

1)准备工作

查看结施《二层板结构图》图,重点为以下两点:

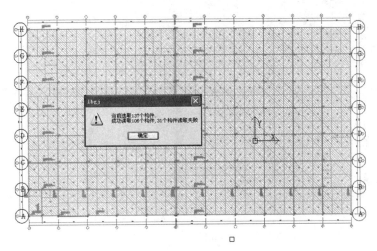

图 14-2-35

（1）需要布置的构件有：受力钢筋、支座钢筋、放射钢筋。

（2）步骤：布置钢筋→对钢筋平法标注。

2）布置受力钢筋和支座钢筋

（1）鼠标左键点击左侧的构件布置栏中 布受力筋 →0 按钮，在属性定义栏中选择钢筋的类型，然后在活动布置栏中选择布置板筋的方向，光标移动到图形界面鼠标变成"□"形，如图14-2-36所示。

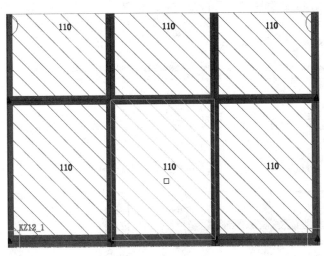

图 14-2-36

鼠标选择完，点击鼠标左键即可完成受力钢筋的布置。

（2）布置受力钢筋的方向选择 横向布置 纵向布置 XY向布置 平行板边布置 分别代表横向布置、纵向布置、平行板边布置。

（3）受力钢筋的多板布置：在布置受力钢筋时，按住键盘上的"Shift"键不放，鼠标移动到板上选择连续的板，如图 14-2-37 所示。

多板选择好以后，松开"Shift"键，点击被选择的板，即可完成在多板上的受力钢筋。

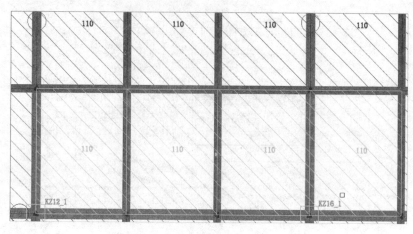

图 14-2-37

3)布置支座钢筋

(1)鼠标左键点击左侧的构件布置栏中 [图布支座筋 ←] 按钮,光标变成"十"字形,如图 14-2-38 所示。

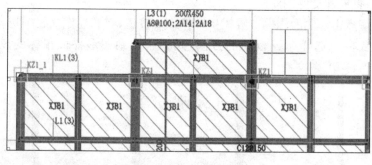

图 14-2-38

(2)鼠标左键选择布支座的起止点即可完成支座的布置,如图 14-2-39 所示。

(3)支座钢筋的尺寸标注:鼠标左键选择已经布置好的支座钢筋,然后点击数值,把弹出的数值修改为祥瑞科技有限公司一期厂房图纸中实际尺寸即可,如图 14-2-40 所示。

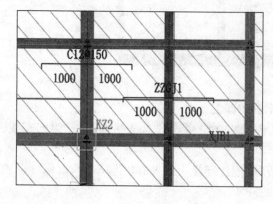

图 14-2-39

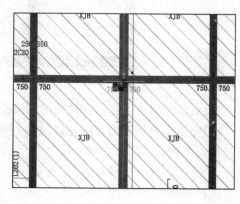

图 14-2-40

4)放射钢筋布置

鼠标左键点击左侧的构件布置栏中 放射筋 ↑2按钮,然后鼠标左键点击弧形板即可完成放射钢筋的布置,如图 14-2-41 所示。

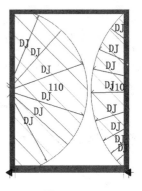

根据祥瑞科技有限公司一期厂房图纸要求,先进行板筋的属性定义,然后再用鼠标左键点击左侧的构件布置栏中 布受力筋 →0、布支座筋 ←1按钮;在属性定义栏中选择钢筋的类型,然后在活动布置栏中选择布置板筋的方向,光标移动到图形界面后光标变成"□"形。

鼠标选择板,点击鼠标左键即可完成受力钢筋、支座筋等的布置,如图 14-2-42 所示。

图 14-2-41

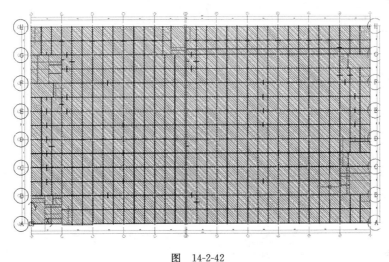

图 14-2-42

5)对板筋进行平法标注

方法基本同梁平法标注。

14.2.8 绘制基础构件

1)准备工作

查看结施《基础平面布置图》、《基础详图》,重点为以下 2 点:

①需要布置的构件有:独立基础、基础梁、条形基础、筏板基础。

②步骤:定义属性→布置构件。

2)独立基础

(1)定义属性

鼠标左键双击【属性定义栏】的构件弹出属性定义栏,对独立基础进行属性定义,如图 14-2-43所示,基础的属性设置只存在于 0 层(基础层),其他楼层不存在基础的构件属性定义。

单击【钢筋图例】对话框除数字以外的任何区域,弹出【基础类型】选择框,选择相应的独立基础形状,如图 14-2-44 所示。

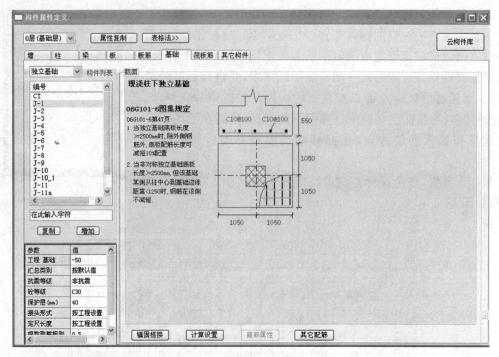

图　14-2-43

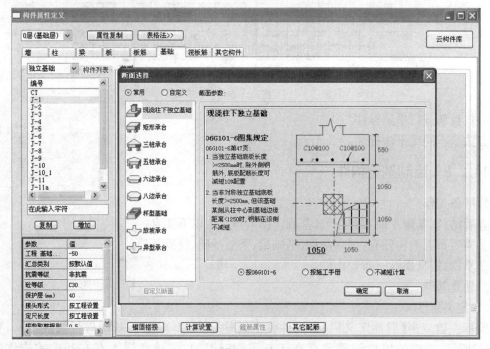

图　14-2-44

（2）独立基础布置

鼠标左键点击 布支座筋 ←，然后在左侧的【属性定义栏】中，对构件名称的选择。按照图纸，在轴网上点击独立基础,即可绘制好独立基础,如图 14-2-45 所示。

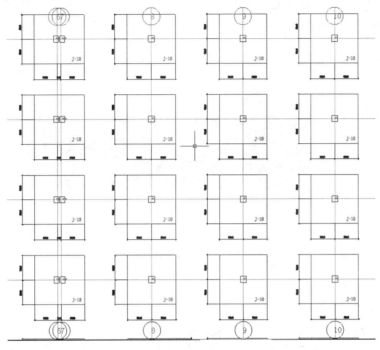

图　14-2-45

3)条形基础

(1)属性定义栏

鼠标左键双击属性定义栏的构件,弹出属性定义栏,对独立基础进行属性定义,如图 14-2-46 所示。

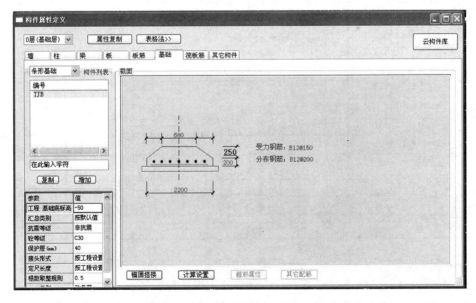

图　14-2-46

(2)布置

鼠标左键点击左侧的构件布置栏中 ⌒独立基础 →0，然后在左侧的属性定义栏中，对构件的类型进行选择和构件名称的选择，如图 14-2-47 所示。

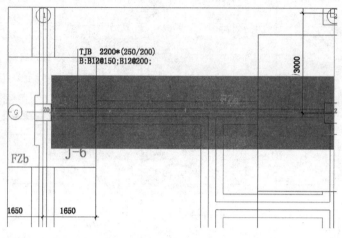

图 14-2-47

4)基础梁、筏板基础

基础梁、筏板基础的布置方式同框架梁和楼板。

对构件底标高自动调整：鼠标左键点击工具栏上的 🔲（对构件底标高自动调整），弹出竖向底标高设置对话框，如图 14-2-48 所示。

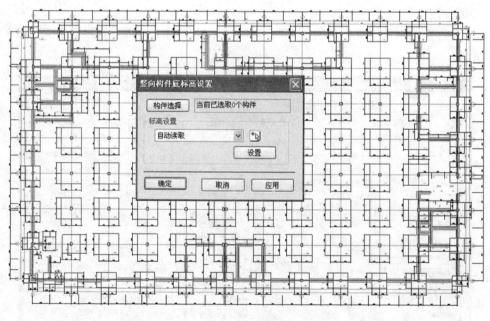

图 14-2-48

鼠标左键选择【竖向底标高设置】对话框中的【构件选择】，光标变成【构件选择】，鼠标变成"□"字形，然后鼠标左键选择要调整标高的构件，鼠标右击确定，如图 14-2-49 所示。

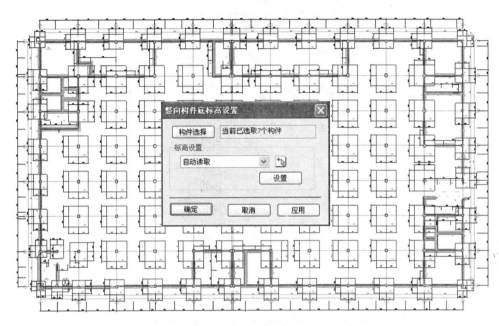

图　14-2-49

点击图 14-2-49 中的【确定】，完成构件的底标高调整。

5）绘制

根据祥瑞科技有限公司一期厂房图纸要求，先进行基础构件的属性定义，然后再选择 ⌐⌐独立基础 →0 命令按钮，进行点选布置独立基础即可，如图 14-2-50 所示。

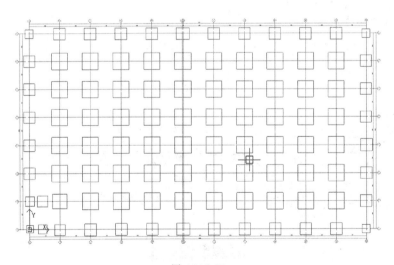

图　14-2-50

14.2.9　计算钢筋工程量及查看报表

1）计算钢筋用量

鼠标左键选择 ⌐ 弹出选择对话框，如图 14-2-51 所示。

图 14-2-51

左键点击【计算】，软件即可自动计算，计算完闭后给出提示，如图 14-2-52 所示。

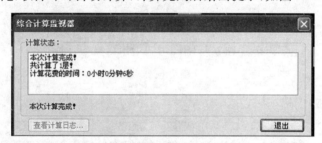

图 14-2-52

2）查看报表

鼠标左键选择进入报表系统，弹出【进入报表确认】对话框，如图 14-2-53 所示。

图 14-2-53

点击【确定】即可查看报表，如图 14-2-54 所示。

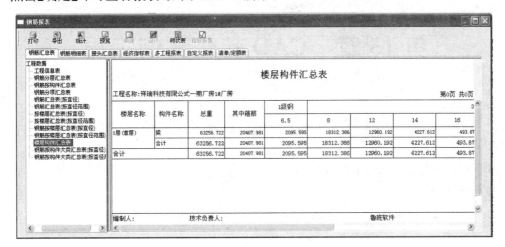

图　14-2-54

第 15 章 CAD 转化实例工程

15.1 CAD 电子文档转化

本节应掌握内容:CAD 分图、导入 CAD 图、清除 CAD 图、插入 CAD 图、还原 CAD 图、转换钢筋符号。

15.1.1 CAD 电子文档转化

(1)转化工作原理

通过将 CAD 图调入软件,调入软件以后的 CAD 图,是以多段线和标注以及多个图层存在的(分构件的图形边线图层,构件标注图层如柱边线、柱标注等)。

需要在导入 CAD 图后,通过手工分类,来判断选中的线是什么线或者标注(提取信息),如图 15-1-1、图 15-1-2 所示,软件自动提取相关信息后,需要再进行自动识别,最后转化结果应用。

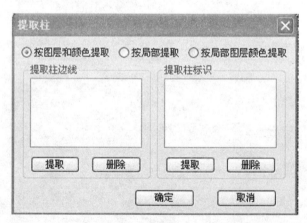

图 15-1-1

CAD 转化需要对导入的各种线、标注进行信息分类,再通过软件自动识别,最后应用成为软件可以计算的图层数据。所以 CAD 转化构件的必做流程是:提取信息——→自动识别——→转化结果应用。

(2)CAD 电子文档转化流程

使用 CAD 电子文档转化应先转化什么构件?下面给大家介绍一种比较快的操作方法。与手工建模流程一样,根据构件之间关联性和层次性进行。

①层次性:基础→柱、墙→梁→板,均为完整的子系统。

②关联性。

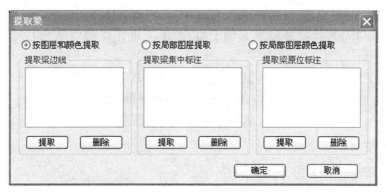

图 15-1-2

③柱、墙以基础为支座——柱、墙与基础关联。

④梁以柱、墙、梁为支座——梁与柱、墙、梁关联。

⑤板以梁、墙为支座梁——板与梁、墙关联。

以梁转化为例,软件是以支座的宽度、支座的个数、支座之间的距离来判断跨长和跨数的,所以要知道柱的信息,一般是先转化竖向构件(墙柱),再转化梁,最后是板。这样就可以减少重复提取支座信息的操作(可以选择以已有的构件来判断支座),从而提高效率。

15.1.2 导入 CAD 图纸

导入 CAD 图:执行下拉菜单【CAD 草图】→【导入 CAD 图】命令,或点击构件布置栏下的【CAD 草图】→【导入 CAD 图】命令,打开需转换的 dwg 文件,调入结构图,用户根据实际情况自行选择不同楼层或不同构件的图纸,如图 15-1-3 所示,点击【打开】按钮。

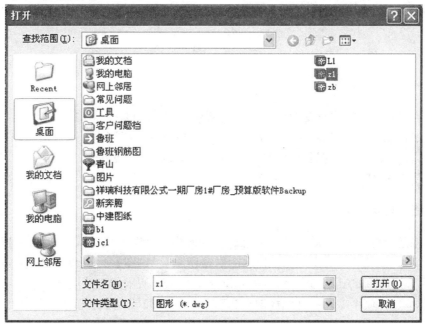

图 15-1-3

选择需要转化的文件,点击打开,弹出如图 15-1-4 所示的【原图比例调整】对话框。

①【导入类型】的选择就是要导入的 CAD 的电子里面模型空间和布局空间的图纸的选择。

②【实际长度与标注长度的比例】就是指我们 CAD 电子文档的实际绘制的长度和标注长度的比例要在这里输入,这对我们 CAD 转化的成功率有很大影响。

方法:在 CAD 截面下,执行"di"命令量取图纸上长度与实际标注长度,来确定【实际长度与标注长度的比例】。

15.1.3　清除 CAD 图

作用:

(1)【清除原始 CAD 图纸】:清除调入的 CAD 图纸。

(2)【清除提取后的 CAD 图纸】:清除转化后多余的 CAD 图层。

清除 CAD 图:执行下拉菜单【CAD 草图】→【清除 CAD 图】命令,或点击构件布置栏下的【CAD 草图】→【清除 CAD 图】命令,点击弹出如图 15-1-5 所示对话框。

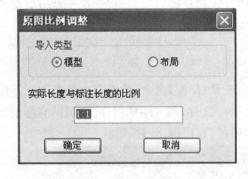

图　15-1-4

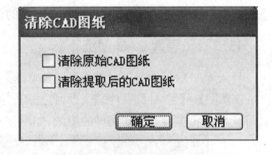

图　15-1-5

15.1.4　插入 CAD 图

作用:可在目前各图层不变的情况下,直接插入一张新的 CAD 图纸

插入 CAD 图:执行下拉菜单【CAD 草图】→【插入 CAD 图】命令,或点击构件布置栏下的【CAD 草图】→【插入 CAD 图】命令,弹出如图 15-1-6 所示的对话框。

注意:其步骤同【导入 CAD 图】命令一致。

15.1.5　还原 CAD 图

作用:将已经提取到【已提取的 CAD 图层】的内容各自恢复到 CAD 原始图层内。

还原 CAD 图:执行下拉菜单【CAD 草图】→【还原 CAD 图】命令,或点击构件布置栏下的【CAD 草图】→【还原 CAD 图】命令,点击弹出如图 15-1-7 所示的对话框。

在下拉框选择项中需要将已经提取到【已提取的 CAD 图层】的内容各自恢复到 CAD 原始图层内。

图　15-1-6

15.1.6　转化钢筋符号

作用：可以将 CAD 内部规定的特殊符号（如％％1）转化为软件可识别的符号。

转化钢筋符号：执行下拉菜单【CAD 草图】→【转化钢筋符号】命令，或点击构件布置栏的下拉框下的【CAD 草图】→【转化钢筋符号】命令，弹出如图 15-1-8 所示的对话框。

图　15-1-7

图　15-1-8

方法：

①鼠标左键直接点击导入到钢筋界面中 CAD 钢筋原始符号，软件直接将其提取进来。

②在【CAD 原始符号】栏直接以键盘方式输入 CAD 原始符号，在【钢筋软件符号】栏的下拉框选择转化为的钢筋级别。

15.2　电子文档转化——轴网

(1)提取轴线

点击【提取轴线】,软件弹出如图 15-2-1 所示的对话框。

【提取轴线】:点击图 15-2-1 对话框下部的【提取】选择轴线,然后点击鼠标右键确定,会弹出如图 15-2-2 所示的对话框,所选轴见图 15-2-3。

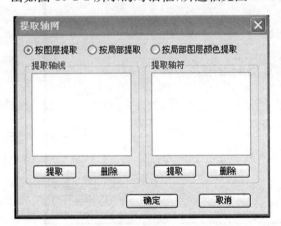

图　15-2-1

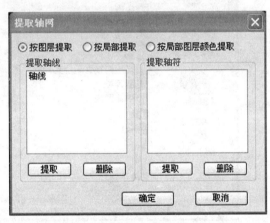

图　15-2-2

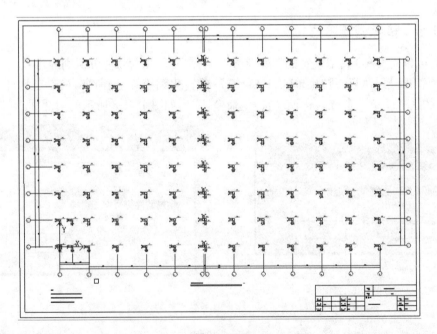

图　15-2-3

【提取轴符】:点击图 15-2-1 对话框下部的【提取】,然后选择轴符,然后点击鼠标右键确定,会弹出如图 15-2-4 所示的对话框,所选轴符见图 15-2-5。

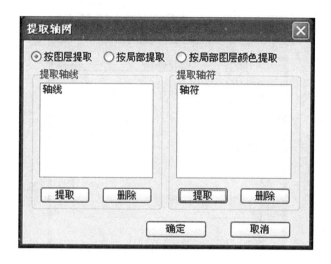

图 15-2-4

说明：执行提取轴符时要把标注、轴号等全提到。

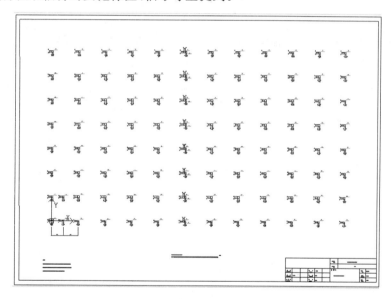

图 15-2-5

最后点击【确定】，完成【提取轴网】命令。

（2）自动识别轴网

点击【自动识别轴网】命令，出现如图 15-2-6 所示的对话框，表示完成此命令。

（3）转化结果应用

点击【转化结果应用】，在弹出的对话框中选择【轴网】，如图 15-2-7所示。

注意：

图 15-2-6

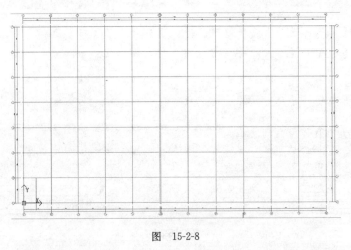

图 15-2-7

【删除已有构件】:第二次转化时如不勾上,那么同一位置会有重叠构件。

转化好的轴网如图 15-2-8 所示。

图 15-2-8

15.3 电子文档转化——基础

基础平面布置图如图 15-3-1 所示。

(1)转化独立基础

根据承台结构平面图,将 CAD 中的数据转化为鲁班钢筋软件的数据。

导入 CAD 图纸:点击下拉菜单【CAD 转化】→【CAD 草图】→【导入 CAD 图】命令,此命令可以将 CAD 文件直接在钢筋软件里打开(图 15-3-2)。

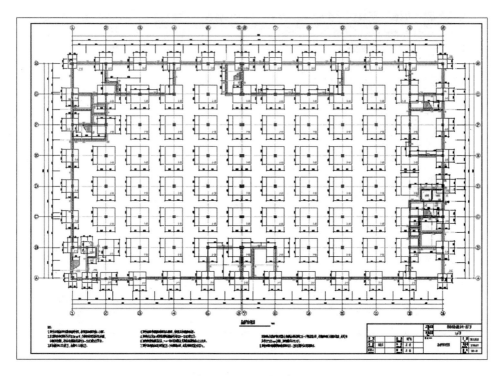

图 15-3-1　基础平面布置图

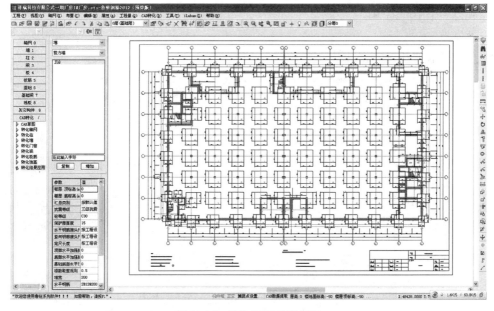

图 15-3-2　软件中导入好的图纸

步骤：

①选择需要导入的 CAD 文件，如图 15-3-3 所示。

②点击【打开】，就可以将 CAD 图纸调入到钢筋软件中了。

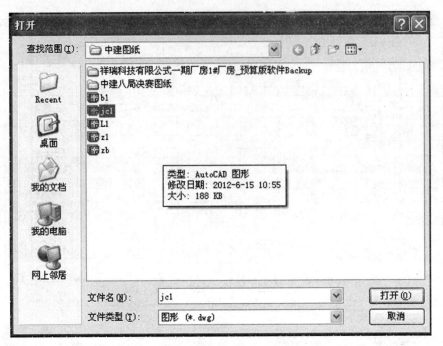

图 15-3-3

（2）提取独立基础

点击下拉菜单【CAD 转化】→【转化独基】→【提取独基】命令，此命令可以将调入的 CAD 图层提取为一个中间的图层。

步骤：

①点击提取独基，弹出对话框，如图 15-3-4 所示。

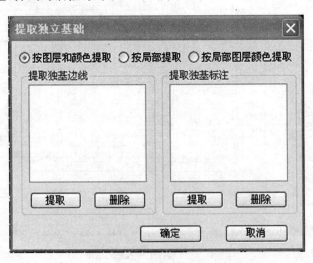

图 15-3-4

②点击 ▣转化独基(S) 下面的 ▣提取独基(A) ，然后点击图形中的独立基础边线，选择好之后点击右键，弹出对话框，如图 15-3-5 所示，点击 ▣确定 。

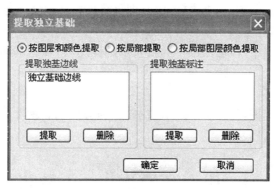

图　15-3-5

（3）识别独立基础

点击下拉菜单【CAD转化】→【转化独基】→【自动识别独基】命令，此命令可以将提取的CAD图层转化为独立基础构件。

步骤：点击自动识别独基，弹出对话框，识别完成，如图15-3-6所示。

图　15-3-6

（4）转化结果应用

点击下拉菜单【CAD转化】→【转化结果应用】命令，此命令可以将识别独立基础构件应用到钢筋软件可以计算的构件。

步骤：

①点击【转化结果】应用，弹出如图15-3-7所示对话框。

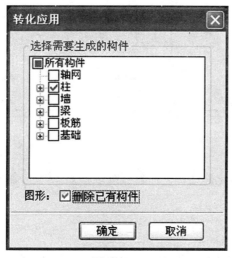

图　15-3-7

②将独立基础前面的勾点上,点击【确定】,即可将独立基础应用为图形法独立基础构件。

(5)修改独立基础属性定义

直接在构件属性定义中,根据图纸中的独立基础详图,将独立基础的属性定义修改好,具体修改方法详见第二章。

(6)转化基础梁

根据基础梁结构平面图,将 CAD 中的数据转化为鲁班钢筋软件的数据,具体操作方式同框架梁的转化。

15.4 电子文档转化——转化柱

根据承台结构平面图,将 CAD 中的数据转化为鲁班钢筋软件的数据。

(1)导入 CAD 图纸

操作方法和步骤同前面的转化独立基础章节,见图 15-4-1。

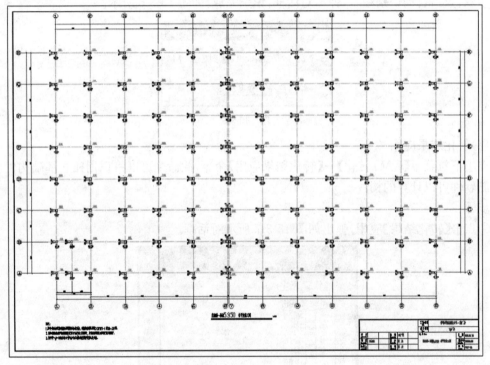

图 15-4-1 柱结构平面图

(2)提取柱

点击下拉菜单【CAD 转化】→【转化柱】→【提取柱】命令,此命令可以将调入的 CAD 图层提取为一个中间的图层。

步骤:

①点击【提取柱】,弹出对话框,如图 15-4-2 所示。

②点击 提取柱边线 下面的 提取 ,然后点击图形中的柱边线,选择好之后点击右键,弹出如图

15-4-3 所示对话框。

图　15-4-2　　　　　　　　　　图　15-4-3

③点击 提取柱边线 下面的 提取 ,然后在图形中选择柱的标注,选择好之后点右键,弹出对话框后,点击 确定 。

(3)自动识别柱

点击下拉菜单【CAD 转化】→【转化柱】→【自动识别柱】命令,此命令可以将提取的 CAD 图层转化为独立基础构件。

步骤:点击自动识别柱,弹出对话框,在这里面输入相应的名称后点击确定,弹出识别完成对话框,如图 15-4-4 所示,点击【确定】,柱识别完成,如图 15-4-5 所示。

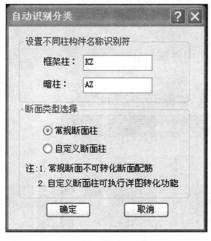

图　15-4-4　　　　　　　　　　图　15-4-5

(4)转化结果应用

点击下拉菜单【CAD 转化】→【转化结果应用】命令,此命令可以将识别的柱构件应用到钢筋软件可以计算的柱。

步骤:

①点击转化结果应用,弹出如下对话框。

②将框架柱前面的勾点上，点击【确定】，即可将框架柱应用为图形法柱构件，如图 15-4-6 所示。

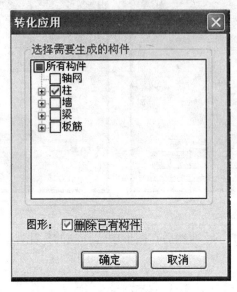

图　15-4-6

(5)修改独立基础属性定义

直接在构件属性定义中，根据图纸中的独立基础详图，将独立基础的属性定义修改好，具体修改方法详见第二章。

注意：提取柱标识时，需要将引注线一起提取，否则会影响转化效果。

(6)转化柱表

根据图纸中的柱表，将柱表中的钢筋信息转化为柱构件属性。

步骤：

①点击下拉菜单【属性】→【柱表】命令，弹出对话框，如图 15-4-7 所示。

图　15-4-7

②点击 ⬚CAD转化 ,在图形中框选柱表,如图 15-4-8 所示,点击右键,弹出对话框,如图 15-4-9 所示。

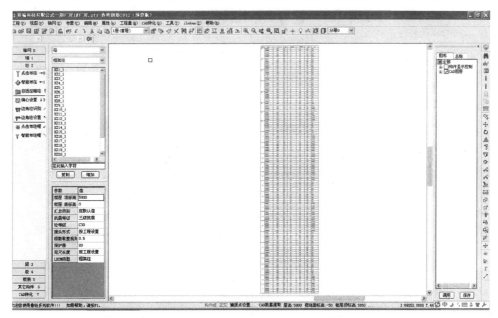

图 15-4-8

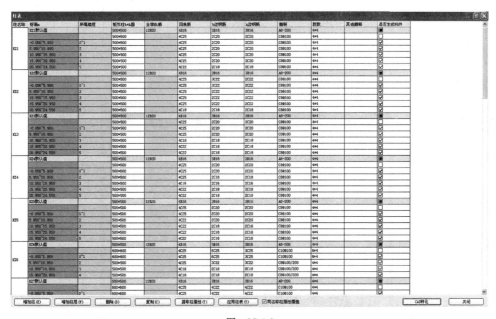

图 15-4-9

③在柱表里面将标高修改好,点击应用柱表,即可以将柱表中的数据应用到属性中。

注意:CAD图纸中的标高输入为汉字时,不能识别,此时需要将汉字修改为数字即可。

【思考与练习】

①柱表如何转化? 标高不能识别如何修改?

②转化结果应用时,在什么情况下要勾选删除已有构件?

15.5 电子文档转化——墙

本节应掌握内容：分图、导入 CAD 图纸、提取墙边线。

（1）提取墙边线

点击【提取墙边线】软件，弹出如图 15-5-1 所示对话框。

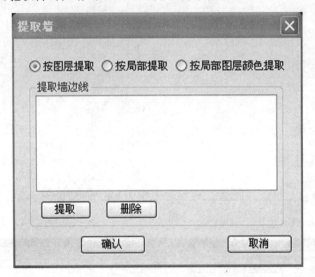

图 15-5-1

操作方法同【提取轴线】，提取好墙线后的对话框如图 15-5-2 所示。

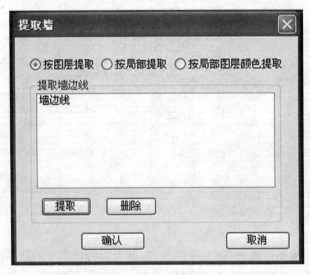

图 15-5-2

最后点击【确定】，完成提取墙边线。

提示：提取的墙边线为 CAD 图纸中蓝色的墙实线。

（2）自动识别墙

点击【自动识别墙】，软件弹出如图15-5-3所示对话框。

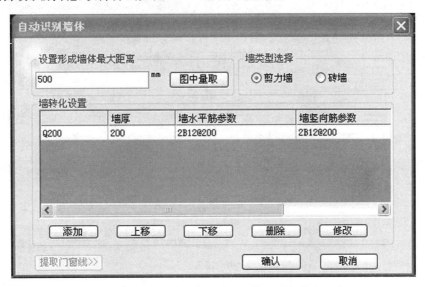

图 15-5-3

【设置形成墙体最大距离】：相邻墙之间的长度，在设置的范围之内将会被识别为一堵墙，如果超出设定值将识别为两堵墙。

【墙转化设置】：鼠标双击【墙的名称】、【墙厚】、【墙水平筋参数】、【墙竖向筋参数】等任意一个，软件弹出如图15-5-4所示的对话框。

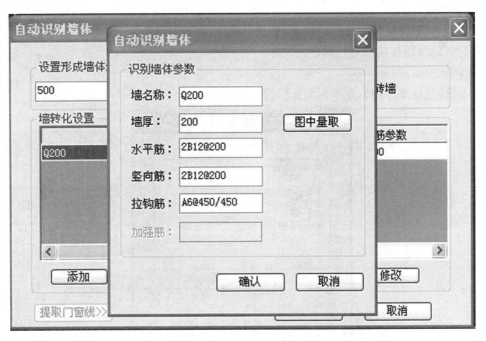

图 15-5-4

设置完成的墙属性如图 15-5-5 所示。

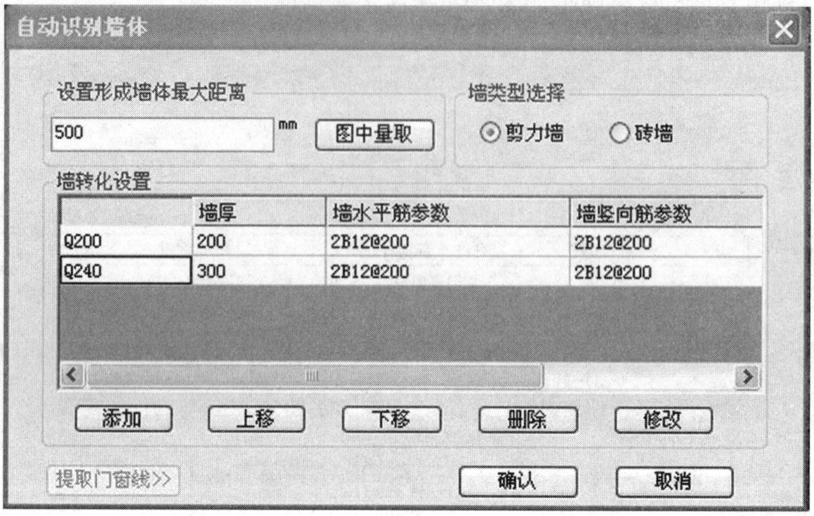

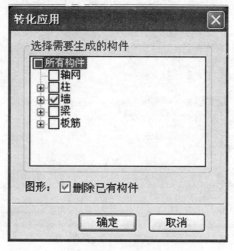

图 15-5-5

根据图纸要求填写墙的参数,点击【确定】完成。

提示:

①如果图中有不同厚度的墙,要全部定义好。

②定义属性的时候,墙的名称不可以重复。

③如果图纸存在同一名称的梁有不同的配筋、不同厚度,那么需要转化好以后再用【名称更换】命令替换。

提示:识别后的墙体会有白色填充,如果屏幕上没有出现墙体白色的填充,可能是【构件显示控制】里 CAD 图层前没有打钩。

(3)转化结果应用

点击【转化结果应用】,在里面勾选【墙】,如图 15-5-6 所示。

图 15-5-6

15.6　电子文档转化——梁

本节应掌握内容:转化钢筋符号提取梁、自动识别梁、单个识别梁、自动识别梁原位标注、提取吊筋、自动识别吊筋。

提示:先转化钢筋符号。

(1)点击【转化钢筋符号】命令,软件出现如图 15-6-1 所示对话框。

(2)点击图纸上的钢筋符号,例如"‰‰132",弹出对话框如图 15-6-2 所示。

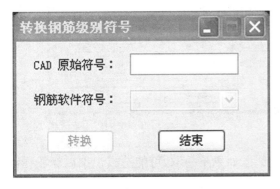

图　15-6-1

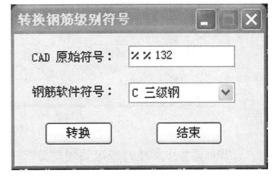

图　15-6-2

(3)点击【转换】,弹出如图 15-6-3 所示对话框。

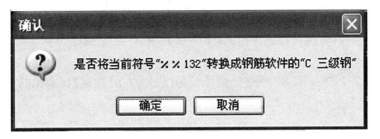

图　15-6-3

(4)点击【确定】即可,最后点击【结束】。

提示:要把图纸中的所有钢筋符号都转化完成。

15.6.1　提取梁

(1)选择祥瑞科技有限公司一期厂房"二层梁平法施工图"图纸,导入到软件图形法界面。

(2)用【带基点移动】命令将导入的梁图进行定位与柱形成位置统一。

(3)提取梁。执行下拉菜单【转化梁】→【提取梁】命令,或点击构件布置栏下的【转化梁】→【提取梁】命令,弹出如图 15-6-4 所示的对话框。

注意:执行【提取梁】的前提条件是提取梁之前需要转换钢筋符号。

提示:

①按图 15-6-4 分别提取梁边线、梁集中标注、梁原位标注。

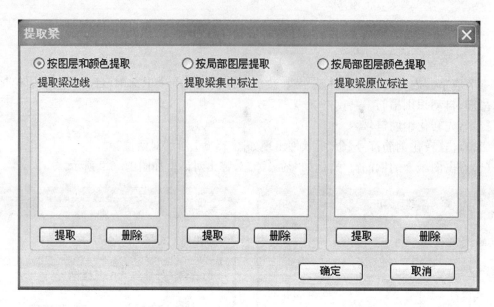

图　15-6-4

②提取梁集中标注时一定要同时提取"引注线",如果不提取,可能造成识别后标注错乱现象。

③提取梁原位标注时,集中标注与原位标注在同一图层的处理方法有二种:方法一,在CAD界面中将集中标注与原位标注图层分开;方法二,在软件中提取集中标注后,因为原位和集中标注在同一图层,原位标注将被提取到集中标注栏,原位标注没有信息可以提,此时可以不需要提取原位标注,直接可以确定进入【下一步】。软件在识别原位标注时会自动将集中标注和原位标注分开。

④分别提取完梁边线、梁集中标注、梁原位标注后,点击【确定】完成梁的提取,进行下一步操作【自动识别梁】。

15.6.2　自动识别梁

(1)执行下拉菜单【转化梁】→【自动识别梁】命令,或点击构件布置栏下的【转化梁】→【自动识别梁】命令,弹出如图 15-6-5 所示对话框。

⊙显示全部集中标注:显示在转化中读取到的信息。

□显示没有断面的集中标注:显示在转化中没有断面的梁。

□显示没有配筋的集中标注:显示在转化中没有配筋的梁。

(2)如果选择【显示没有断面的集中标注】或【显示没有配筋的集中标注】时有加载的信息,转到下一步

(3)执行(2)步骤,出现这种情况时,需要执行高级设置提高识别率,点击 高级设置 弹出如图 15-6-6 所示对话框。

当识别的时候,有部分梁没有读取到截面或集中标注,有可能是原 CAD 图纸中标注距离过大造成,可以按图 15-6-6 调整距离重新识别,以达到更好的效果。

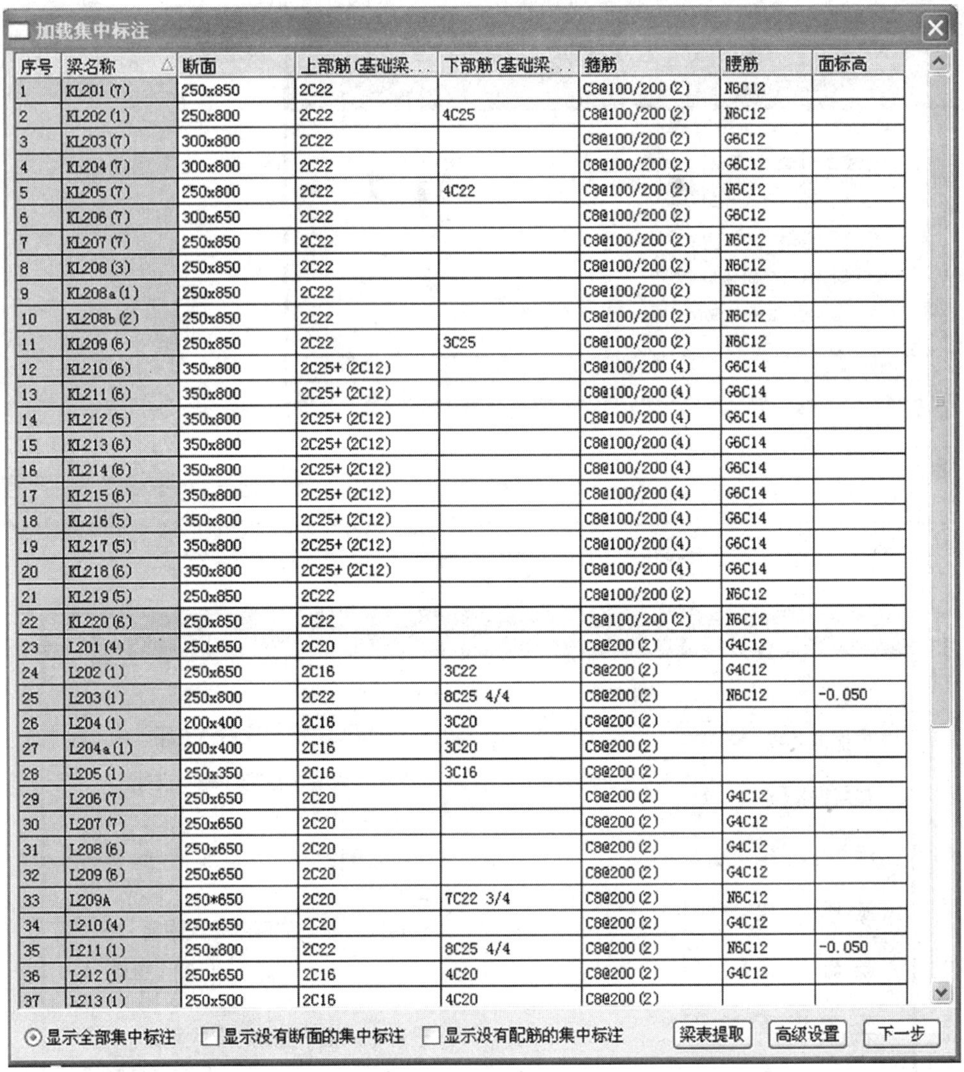

加载集中标注

序号	梁名称	断面	上部筋(基础梁)	下部筋(基础梁)	箍筋	腰筋	面标高
1	KL201 (7)	250×850	2C22		C8@100/200 (2)	N6C12	
2	KL202 (1)	250×800	2C22	4C25	C8@100/200 (2)	N6C12	
3	KL203 (7)	300×800	2C22		C8@100/200 (2)	G6C12	
4	KL204 (7)	300×800	2C22		C8@100/200 (2)	G6C12	
5	KL205 (7)	250×800	2C22	4C22	C8@100/200 (2)	G6C12	
6	KL206 (7)	300×650	2C22		C8@100/200 (2)	G6C12	
7	KL207 (7)	250×850	2C22		C8@100/200 (2)	N6C12	
8	KL208 (3)	250×850	2C22		C8@100/200 (2)	N6C12	
9	KL208a (1)	250×850	2C22		C8@100/200 (2)	N6C12	
10	KL208b (2)	250×850	2C22		C8@100/200 (2)	N6C12	
11	KL209 (6)	250×850	2C22	3C25	C8@100/200 (2)	N6C12	
12	KL210 (6)	350×800	2C25+ (2C12)		C8@100/200 (4)	G6C14	
13	KL211 (6)	350×800	2C25+ (2C12)		C8@100/200 (4)	G6C14	
14	KL212 (5)	350×800	2C25+ (2C12)		C8@100/200 (4)	G6C14	
15	KL213 (6)	350×800	2C25+ (2C12)		C8@100/200 (4)	G6C14	
16	KL214 (6)	350×800	2C25+ (2C12)		C8@100/200 (4)	G6C14	
17	KL215 (6)	350×800	2C25+ (2C12)		C8@100/200 (4)	G6C14	
18	KL216 (5)	350×800	2C25+ (2C12)		C8@100/200 (4)	G6C14	
19	KL217 (5)	350×800	2C25+ (2C12)		C8@100/200 (4)	G6C14	
20	KL218 (6)	350×800	2C25+ (2C12)		C8@100/200 (4)	G6C14	
21	KL219 (5)	250×850	2C22		C8@100/200 (2)	N6C12	
22	KL220 (6)	250×850	2C22		C8@100/200 (2)	N6C12	
23	L201 (4)	250×650	2C20		C8@200 (2)	G4C12	
24	L202 (1)	250×650	2C16	3C22	C8@200 (2)	G4C12	
25	L203 (1)	250×800	2C22	8C25 4/4	C8@200 (2)	N6C12	-0.050
26	L204 (1)	200×400	2C16	3C20	C8@200 (2)		
27	L204a (1)	200×400	2C16	3C20	C8@200 (2)		
28	L205 (1)	250×350	2C16	3C16	C8@200 (2)		
29	L206 (7)	250×650	2C20		C8@200 (2)	G4C12	
30	L207 (7)	250×650	2C20		C8@200 (2)	G4C12	
31	L208 (6)	250×650	2C20		C8@200 (2)	G4C12	
32	L209 (6)	250×650	2C20		C8@200 (2)	G4C12	
33	L209A	250*650	2C20	7C22 3/4	C8@200 (2)	N6C12	
34	L210 (4)	250×650	2C20		C8@200 (2)	G4C12	
35	L211 (1)	250×800	2C22	8C25 4/4	C8@200 (2)	N6C12	-0.050
36	L212 (1)	250×650	2C22	4C20	C8@200 (2)	G4C12	
37	L213 (1)	250×500	2C16	4C20	C8@200 (2)		

◉ 显示全部集中标注　□ 显示没有断面的集中标注　□ 显示没有配筋的集中标注　　[梁表提取]　[高级设置]　[下一步]

图　15-6-5

注意点：参数设置中的 A、B、C、D、E 值不可以无限大调整，尽量接近原 CAD 图纸实际标注距离。参数设置值越小识别精度越高。

(4)点击图 15-6-6 中的下一步，弹出如图 15-6-7 所示对话框。

①识别的优先顺序为从上到下。

②多字符识别用"/"划分，如在框架梁后填写 K/D 表示凡带有 K 和 D 的都被识别为框架梁。并区分大小写，如框住后填写 K/d 表示带有 K 和 d 的都识别为框梁。

③识别符前加 @ 表示识别符是"柱名称的第一个字母"。

④ 设置梁边线到支座的最大距离：相邻梁之间的支座长度，在设置的范围之内将会被识别为一根梁，如果超出设定值将识别为两根梁。

⑤ 设置形成梁平面偏移最大距离：相邻梁之间的偏心，在设置的范围之内将会被识别为一根梁，如果超出设定值将识别为两根梁。

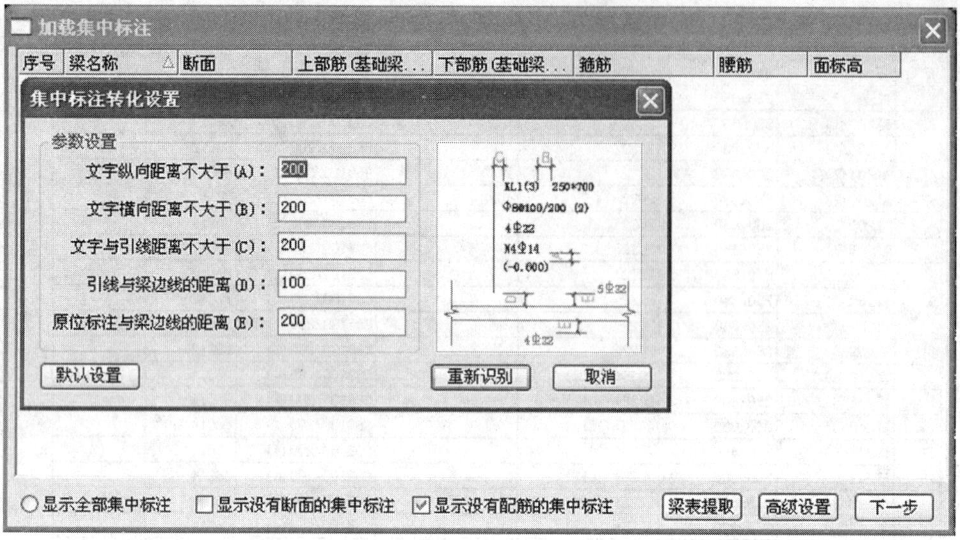

图 15-6-6

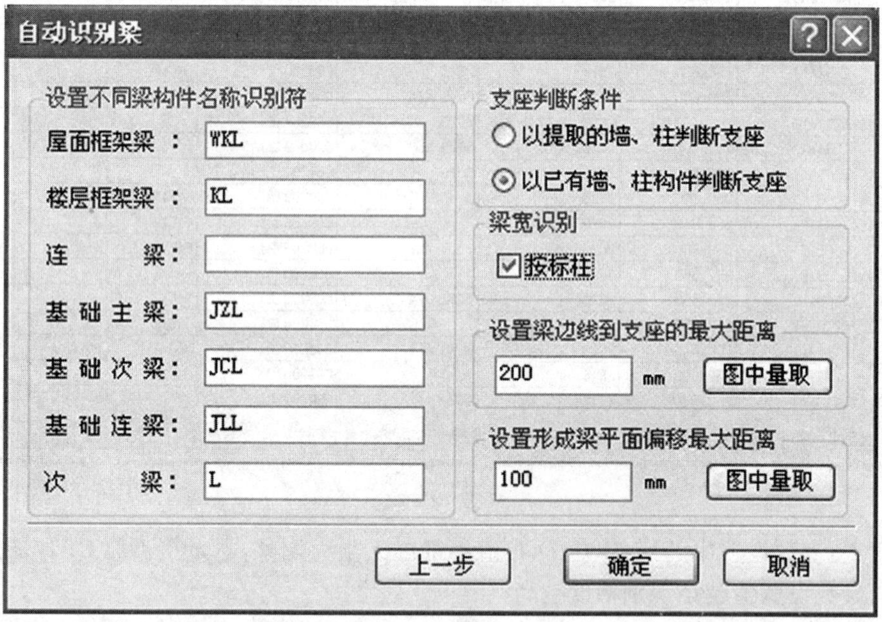

图 15-6-7

⑥ 以提取的墙、柱判断支座 ：当转化梁之前，软件中并无柱、墙构件图形存在，应该在提取梁前先提取柱、墙后再提取梁构件，并应选择【以提取的墙、柱判断支座】。

⑦ 以已有墙、柱构件判断支座 ：当转化梁前，软件中柱、墙构件图形已经存在，应该选择【以已有的墙、柱判断支座】。

（5）确定识别完成之后，打开识别后的构件图层，如果发现梁构件是如图红色显示的，就表示这根梁的识别出现错误，并且梁的名称会自动默认"NoName，L0"，这时就需要对这根梁重新识别。

(6)当存在没有识别成功的梁时,需要执行【单个识别梁】命令。

15.6.3　单个识别梁

(1)执行下拉菜单【转化梁】→【单个识别梁】命令,或点击构件布置栏下的【转化梁】→【单个识别梁】命令,弹出如图 15-6-8 所示对话框。

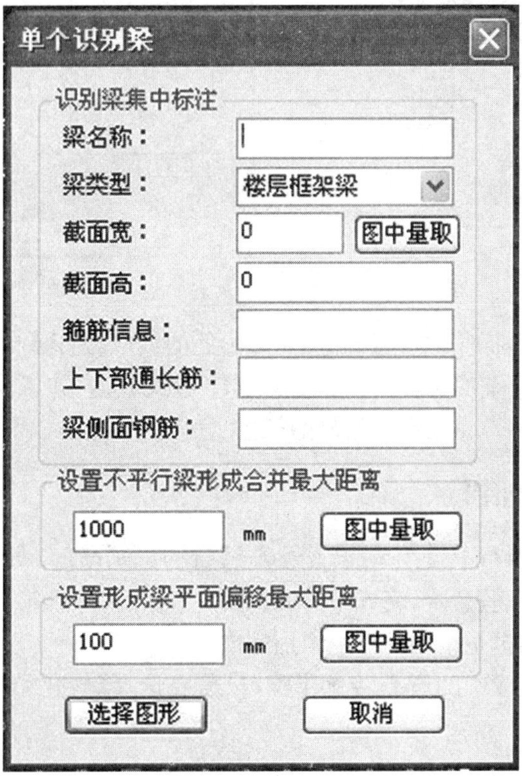

图　15-6-8

(2)在图形中,先选择梁边线,然后选择梁的集中标注,确定后完成单个梁的识别。

技巧:当鼠标点击梁的集中标注时,软件支持键盘输入。

(3)当打开 CAD 图层的识别后的构件图层,查看图形中无红色的(识别不成功的梁)时,可以执行下一步命令【自动识别梁原位标注】。

15.6.4　支座编辑

对于转化过程中梁的跨数不正确的,可以通过 ⌨支座编辑 ⊬ 来修改梁的跨数。

15.6.5　自动识别梁原位标注

(1)自动识别梁原位标注:执行下拉菜单【转化梁】→【自动识别梁原位标注】命令,或点击构件布置栏下的【转化梁】→【自动识别梁原位标注】命令,提示弹出完成原位标注识别,如图 15-6-9 所示。

(2)完成梁的原位标注识别后,如果原 CAD 图纸中有吊筋信息,可执行【提取吊筋】命令。

15.6.6 提取吊筋

(1)提取吊筋:执行下拉菜单【转化梁】→【提取吊筋】命令,或点击构件布置栏下的【转化梁】→【提取吊筋】命令,提示弹出如图 15-6-10 所示的对话框。

图 15-6-9

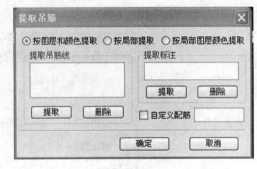

图 15-6-10

(2)分别提取吊筋线、标注,点击【确定】完成吊筋的提取,进入【自动识别吊筋】命令。

提示:很多图纸中,吊筋的标注一般都是以文字形式表达,如未注明的吊筋为 2C16,遇到这样的情况时,选择 ☑自定义配筋 2C16 来完成吊筋的标注。

15.6.7 自动识别吊筋

(1)自动识别吊筋:执行下拉菜单【转化梁】→【自动识别吊筋】命令,或点击构件布置栏下【转化梁】→【自动识别吊筋】命令,完成吊筋的识别。

提示:识别吊筋的前提是梁构件已经识别完成。

(2)完成此步骤即完成梁的所有转化步骤,只需要选择【转化结果运用】命令完成梁的布置,如图 15-6-11 所示。

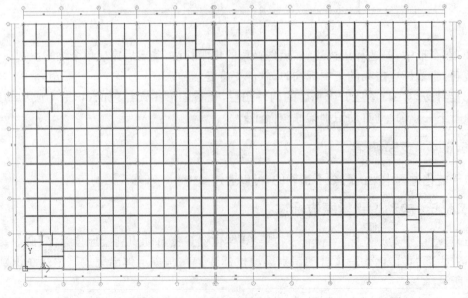

图 15-6-11

15.7　电子文档转化——板筋

转化板筋前先要快速形成板,因为板筋是布在板上的。根据祥瑞科技有限公司一期厂房二层板结构图纸要求,先增加现浇板,板厚110,重命名110 如图 15-7-1 所示。

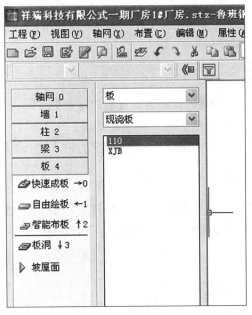

图　15-7-1

接着点击 [快速成板 →0]命令按钮,选择[按墙梁中线生成],如图 15-7-2 所示。

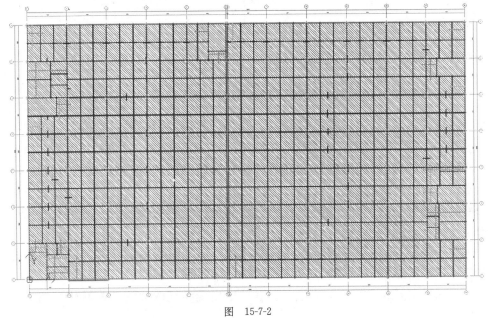

图　15-7-2

　　然后依照根据祥瑞科技有限公司一期厂房二层板结构图纸要求,先增加现浇板板厚为100、120,然后双击现浇板名称,进行属性替换即可。

　　本节应掌握内容:提取板筋、自动识别板筋、布筋区域选择。

　　转化板筋的步骤选择:

　　①当转化板筋时,软件界面中还不存在梁、墙等板支座构件时,板筋转化过程为:提取支座→识别支座→提取板筋→根据已提取的支座判断识别板筋。

　　②当转化板筋时,软件界面中已有梁、墙等板支座构件时,板转化过程为:提取板筋一根据以已有的墙、梁支座判断识别板筋。

15.7.1　提取板筋

　　(1)提取板筋:执行下拉菜单【转化板筋】→【提取板筋】命令,或点击构件布置栏下的【转化板筋】→【提取板筋】命令,弹出如图 15-7-3 所示对话框。

　　(2)分别提取板筋、板筋名称及标注后,点击确定后进入【自动识别板筋】命令。

15.7.2　自动识别板筋

　　(1)自动识别板筋:执行下拉菜单【转化板筋】→【自动识别板筋】命令,或点击构件布置栏下的【转化板筋】→【自动识别板筋】命令,弹出如图 15-7-4 所示对话框。

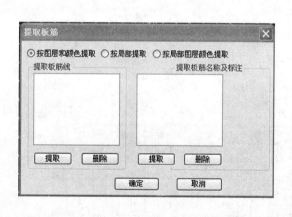

图　15-7-3

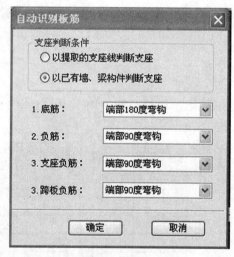

图　15-7-4

　　⊙以提取的支座线判断支座:在提取板筋前,软件中尚未布置墙、梁等板筋支座,需要先提取及识别支座以提取的支座线判断支座。

　　⊙以已有墙、梁构件判断支座:在提取板筋前,软件中已经布置了墙、梁等板筋支座,应该以已有墙、梁构件判断支座。

　　1.底筋: 端部180度弯钩 :底筋的判断条件选择,按原 CAD 图纸中底筋端部的弯钩形式决定。在下拉框中选择同图纸形式一致。

　　(2)点击【确定】,完成板筋的识别。在软件中出现粉红的标注即为转化好的板筋,如图

15-7-5所示。

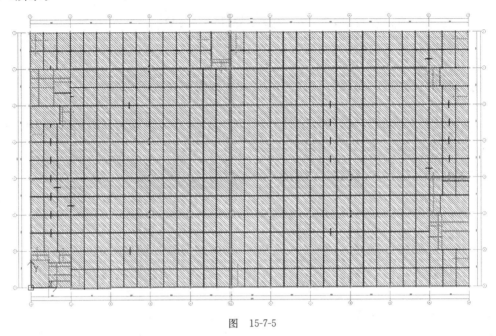

图 15-7-5

（3）确定无误后,只需要选择【转化结果运用】命令完成板筋的布置。

（4）对板筋转化结果运用后,还需要进行对板筋结果区域选择。

提示:在执行【板筋区域】命令前,需先对工程形成板。具体做法详见板的布置。

（5）板筋区域选择:执行下拉菜单【布置】→【布筋区域选择】命令,或点击构件布置栏下的【板筋】→【布筋区域选择】(注:支座钢筋转化完毕后可以用 布筋区域匹配 命令完成)

（6）点击命令后,鼠标变成"□"形,再选择 CAD 转化过来的板筋,然后选择板,右键就可以将板筋的布筋区域确定下来了,如图 15-7-6 所示,板筋的区域选择好之后,板筋的构件颜色会产生变化,如图 15-7-6 所示。

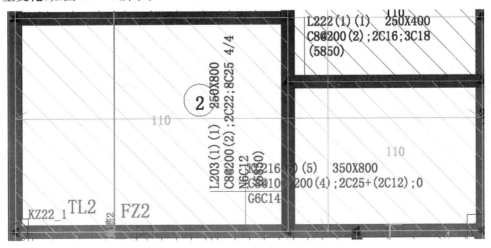

图 15-7-6

15.8 转化结果运用

本节应掌握内容：对转化结果运用。

提示：对于已经转化好的文件，需要应用到图形法中才可以完成计算。

转化结果运用：

(1)执行下拉菜单【CAD 转化】→【转化结果运用】命令，或点击构件布置栏下的【CAD 转化】→【转化结果运用】命令，弹出如图 15-8-1 所示的对话框。

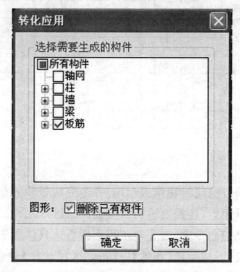

图 15-8-1

(2)在选择需要生成的构件，可以选择要运用哪些构件到图形法中去。

(3)图形：勾选【删除已有构件】，则把原有图形中的构件删除。

15.9 备 注

上面我们以基础层和一层为例进行了 CAD 转化，二层、三层、四层、五层和顶层操作方法与基础层和一层 CAD 转化操作步骤类似，这里我们就不在一一举例讲解，具体操作方法请参照以上基础层和一层的操作步骤。

第16章 导出做好的钢筋工程

本章应掌握内容:钢筋、土建版本互导。

提示:对已经做好的钢筋工程,需要导入到土建当中才能实现钢筋数据和土建数据的共享。

(1)执行工程下拉菜单 保存.LBIM(V)   Ctrl+Shift+P 命令,弹出如图16-1-1所示的对话框。

图 16-1-1

(2)选择LBIM模型保存的位置,然后点击【保存】命令即可。

(3)打开鲁班土建软件,执行工程下拉菜单 导出导入(T) ▶ 导入 LBIM 命令,弹出如图16-1-2所示的对话框。

图 16-1-2

(4)然后再查找范围对话框中,找到"祥瑞科技有限公司一期厂房. LBIM",点打开即可,如图 16-1-3 所示。

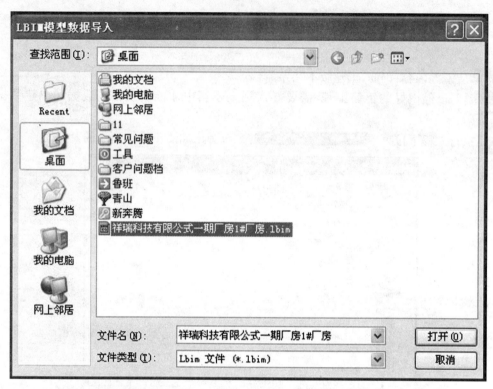

图 16-1-3

(5)导入方式选择对话框中选择楼层导入,如图 16-1-4 所示。

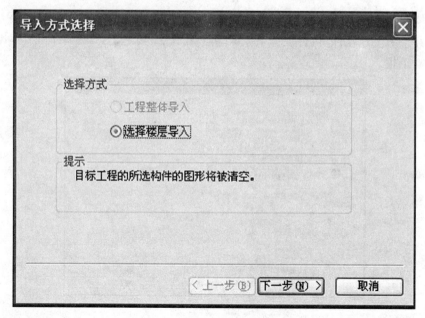

图 16-1-4

（6）单击图 16-1-4 中的下一步，会弹出如图 16-1-5 所示的对话框。

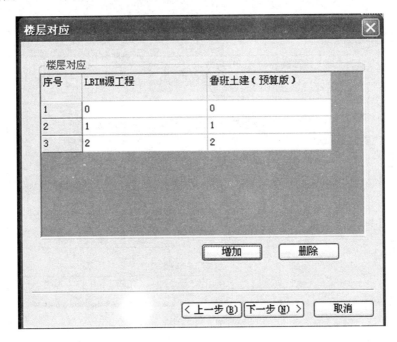

图　16-1-5

（7）单击图 16-1-5 中的下一步，单击增加后会弹出如图 16-1-6 所示的对话框。

图　16-1-6

（8）单击图 16-1-6 中的【完成】，会弹出如图 16-1-7 所示的对话框。
（9）单击图 16-1-7 中的【确定】，会弹出如图 16-1-8 所示的对话框。

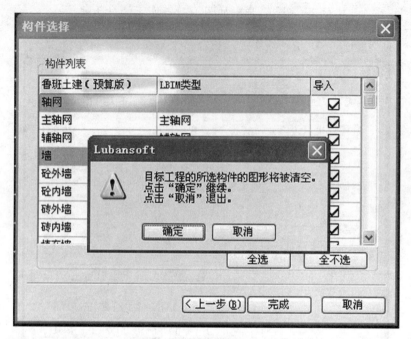

图 16-1-7

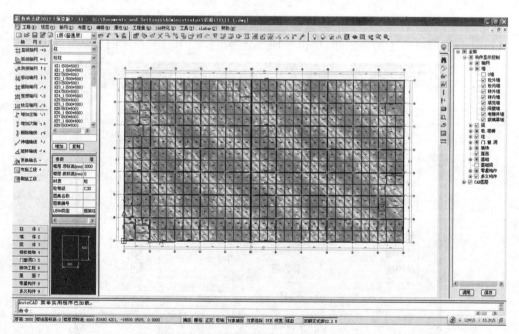

图 16-1-8

（10）以下的操作方法，会在鲁班土建软件操作中详细讲解，这里就不再赘述。

第二部分

鲁班土建算量软件

第1章 手工算量与电算化的区别

传统的工程量计算,预算人员先要读图,脑海中要在多张图纸间建立三维的立体联系,导致工作强度大。而用算量软件则完全改变了工作流程,拿到其中一张图就将这张图的信息输入电脑,一张一张进行处理,不用思维联想每张图之间的三维关系。这种三维关联的思维工作会被计算机数据模型轴网、标高等几何关系自动解决代替,这样不仅会大大降低预算员的工作强度和工作复杂程度,更从根本上改变了算量工作流程。

手工算法流程如图1-1-1所示。

图 1-1-1

土建三维工程量计算软件(鲁班软件)流程,如图1-1-2所示。

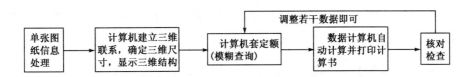

图 1-1-2

第2章 鲁班算量原理

2.1 计 算 项 目

"鲁班算量"是将图纸信息输入电脑,软件自动形成三维关系并输出工程量,按照构件"计算项目"来计算工程量。从工程量计算的角度,一种构件可以包含多种计算项目,每一个计算项目都可以对应具体的计算规则和计算公式。

2.2 计算的构件

2.2.1 基础层需要计算的构件

基础层需要计算的构件有:砖基础、条形基础、桩基础、满堂基础基础梁、独立基础、柱井,如图 2-2-1 所示。

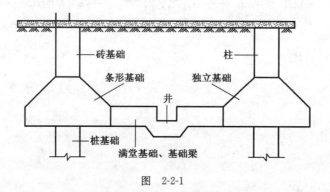

图 2-2-1

2.2.2 中间层需要计算的构件

中间层需要计算的构件有:梁、圈梁、楼板、天棚装饰、过梁、墙、柱等,如图 2-2-2 所示。

2.2.3 顶层需要计算的构件

顶层需要计算的构件有:女儿墙、天沟、老虎窗雨篷等,如图 2-2-3 所示。

2.3 软件建模的原则

(1)对应关系。需要用图形法计算工程量的构件,必须绘制到算量平面图中。

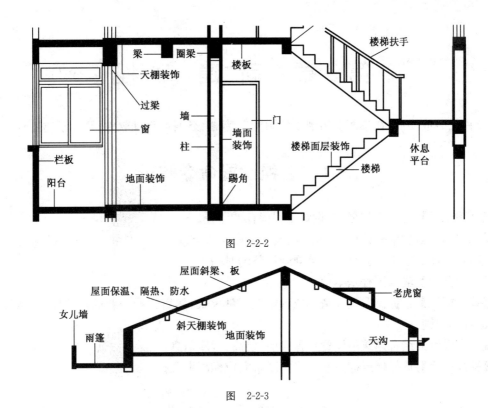

图　2-2-2

图　2-2-3

(2)完整的属性。绘制算量平面图上的构件,必须有属性名称及完整的属性内容。

(3)确定要计算的构件项目。

(4)一个建筑模型,我们可以理解为是"点、线、面"的组合体,在运用鲁班软件建模时,借助点、线、面的思路可以更快地熟悉命令。"点"构件:柱子、楼梯、门窗、单房间装饰、坡道、台阶、雨水口等一般采用点选布置;"线"构件:墙、梁、散水、天沟等一般采用连续布置;"面"构件:板、屋面、建筑面积等一般采用自动生成或自由绘制。

第3章 新建工程

软件安装成功后,在桌面上出现软件图标,双击该图标,启动软件,开始新建工程。

3.1 工程设置命令解析

【新建工程】:建立工程名称,设置工程保存的路径。

【用户模板】:软件默认构件的属性,要按实际工程重新定义构件属性。利用已做工程构件的属性,省去属性定义、套定额、计算规则调整的时间。

【工程概况】:输入工程基本信息。

【算量模式】:根据需要选择清单或者定额算量模式,然后选择需要的清单库、定额库以及对应的计算规则。

【楼层设置】:结合建筑图设置工程楼层、层高、材质信息。

【标高设置】:选择楼层标高和工程标高来完成标高设置。

3.2 算量模式

清单与定额的选择根据实际工程需要,算量模式中清单与定额的选择根据实际工程需要,如图 3-2-1、图 3-2-2 所示。如默认选项中没有可选清单或定额,可直接登录鲁班官方网站下载,全国各地清单与定额库均免费提供。

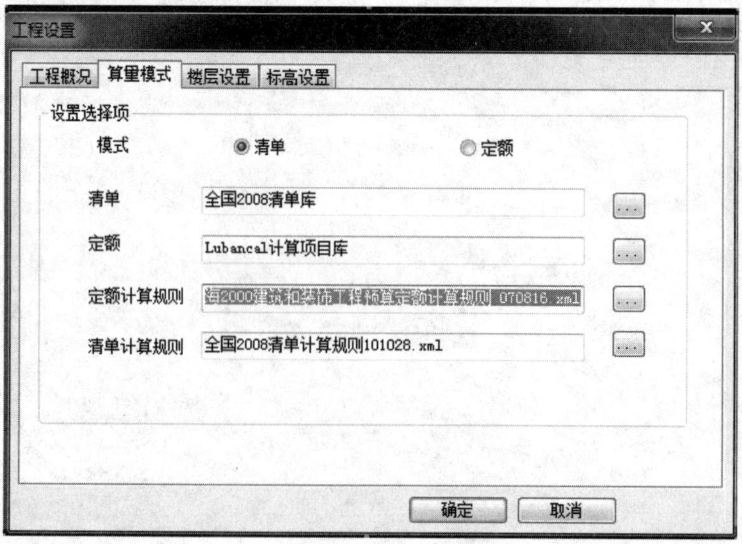

图 3-2-1

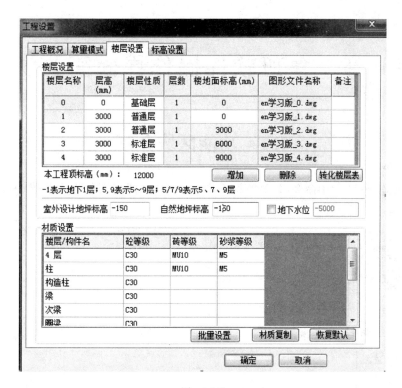

图 3-2-2

第4章 鲁班软件操作界面简要说明

4.1 功能区域介绍

熟悉图形绘制区、常用命令区、计算区命令的分布，以便在实际工程建模中能更快捷地利用命令，如图 4-1-1 所示。

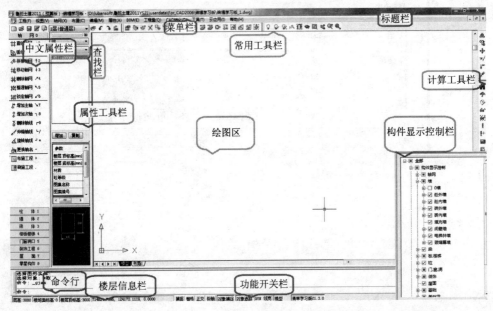

图 4-1-1

【标题栏】：显示软件的名称、版本号、当前的楼层号、当前操作的平面图名称。

【菜单栏】：菜单栏是 Windows 应用程序标准的菜单形式，包括【工程】、【视图】、【轴网】、【布置】、【编辑】、【属性】、【工程量】、【CAD 转化】、【工具】、【帮助】。

【常用工具栏】：这种形象而又直观的图标形式，让我们只需单击相应的图标就可以执行相应的操作，从而提高绘图效率，在实际绘图中非常有用。

【属性工具栏】：在此界面上可以直接复制、增加构件，并修改构件的各个属性如标高、断面尺寸、混凝土的等级等。

【中文属性栏】：此处中文命令与工具栏中图标命令作用一致，用中文显示出来，更便于您的操作。例如左键点击【轴网】，会出现所有与轴网有关的命令。

【命令行】：是屏幕下端的文本窗口。包括两部分：第一部分是命令行，用于接收从键盘输入的命令和命令参数，显示命令运行状态，CAD 中的绝大部分命令均可在此输入，如画线等；第二部分是命令历史纪录，记录着曾经执行的命令和运行情况，它可以通过滚动条上下滚动，以显示更多的历史纪录。

　　【技巧】：如果命令行显示的命令执行结果行数过多，可以通过 F2 功能键激活命令文本窗口的方法，来帮助用户查找更多的信息。再次按 F2 功能键，命令文本窗口即消失。

　　【构件显示控制栏】：查看楼层构件，方便对构件进行修改（点击常用工具栏的灯泡打开）。

　　【功能开关栏】：在图形绘制或编辑时，状态栏显示光标处的三维坐标和代表【捕捉】（SNAP）、【正交】（ORTHO）等功能开关按钮。按钮凹下去表示开关已打开，正在执行该命令，按钮凸出来表示开关已关闭，退出该命令。

4.2　建模前应注意的事项

4.2.1　鼠标的使用

　　我们目前使用的多为 3 键鼠标，在建模过程中，一般情况下，左键起"选择"作用，右键起"确认"作用，中键（滚轮）起平移和缩放作用：按住中键（滚轮）即可平移，中键（滚轮）往前滑为放大，往后滑为缩小。

4.2.2　捕捉点的设置

　　无论是布墙、布柱或其他构件，都需要频繁使用【捕捉点】，只有精确捕捉到正确的点，才能保证工程量的正确性。

　　【捕捉点】设置模式应选择常用的【端点】、【交点】、【圆心】、【垂足】、【最近点】，如图 4-2-1 所示，对象捕捉开关的快捷键为 F3。

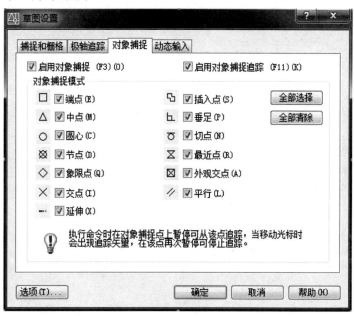

图　4-2-1

4.2.3 自动保存时间

为防止突然断电等意外造成的工作成果丢失,应设置好自动保存时间,一般可设置为15min,时间不宜过长,也不能过短,点击**工具(T)**按钮,【选项】见图 4-2-2。

图　4-2-2

第5章 轴网建立

5.1 命令解析

【主轴和辅轴】：主轴在每一层都有显示，辅轴只在本层显示。

【旋转角度】：整个轴网相对于坐标原点的旋转角度，软件默认为0°。

【自动排轴号】：根据起始轴号的名称，自动排列其他轴号的名称。如需自定义轴号，只需将前面的"√"去掉即可。

直线轴网【高级】展开命令如下。

【轴号标注】：四个选项，主要用于轴号显示与隐藏，选择所需要的选项，如不需要显示，将前面的"√"去掉即可。

【轴号排序】：可以正向、反向排序。

【纵横轴夹角】：是指横向轴网和纵向轴网之间的夹角，软件默认为90°。

【调用同向轴线参数】：如果上下开间（左右进深）的尺寸相同，输入下开间（左进深）的尺寸后，切换到上开间（右进深），左键点击【调用同向轴线参数】，上开间（右进深）的尺寸将拷贝下开间（左进深）的尺寸。

【初始化】：将轴网恢复到初始状态。相当于清除本次操作的所有内容，使用该命令后，绘制图形窗口内的内容将全部清空。

【图中量取】：在原CAD图纸中量取两轴间的距离。

【调用已有轴网】：点击此命令，可以找到在本工程中曾经建过的轴网，进行编辑使用（可以加快建轴网的速度）。

5.2 实例讲解

由一层平面图建立轴网，如图5-2-1所示。

开间与进深参数输入：下开间依次输入3600,2740,3000,3000。左进深依次输入4000,970。

上开间与下开间一样，可在 高级>> 里点击【调用同向轴网】。

右进深与左进深一样，同上，如图5-2-2所示。

输入完成后，在图形界面上确定轴网位置。直接回车可定位到"0,0,0"原点。

注意：模型应建立在原点位置，如果离原点太远，会造成计算速度延长。

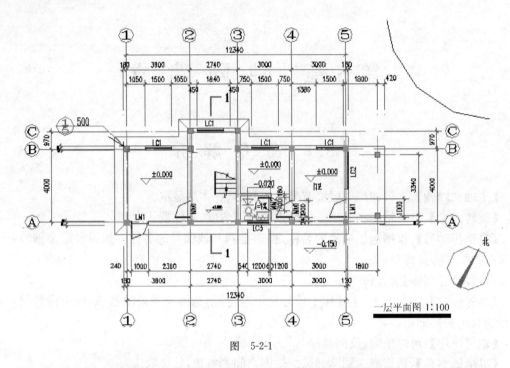

图 5-2-1

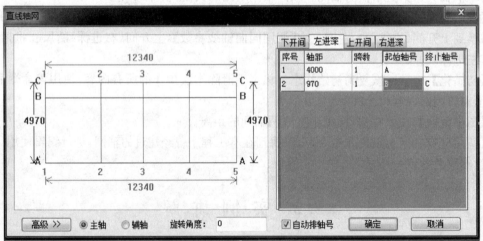

图 5-2-2

第6章 墙

6.1 命令解析

(1)点击左边中文工具栏中 绘 制 墙 ➔ 图标,进行墙体绘制。

(2)点击左边中文工具栏中 轴网变墙 ┕ 图标。框选轴网可以以将轴网变成墙;此命令适用于至少有纵横各两根轴线组成的轴网。

(3)点击左边中文工具栏中 布填充体 ﹨ 图标,进行填充墙布置。填充墙不用套定额。

(4)点击左边中文工具栏中 形成外边 ﹨ 图标,启动此命令后软件会自动寻找本层外墙的外边线并将其变成绿色,从而形成本层建筑的外边线。

6.2 实例讲解

实例如图 6-2-1 所示。

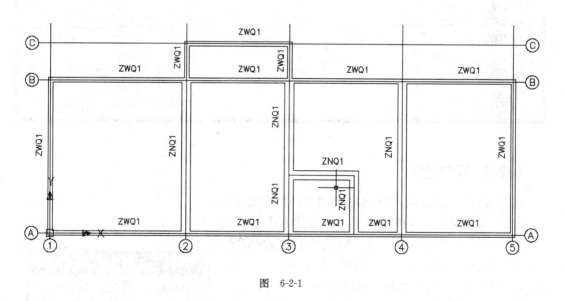

图 6-2-1

6.2.1 识图及属性定义

(1)墙体属性信息:1层墙体加气混凝土砌块,外墙厚度为 240mm,内墙厚度分为 240mm 与 120mm。

在软件中进行属性定义,分别定义外墙与内墙属性(名称及厚度)。

(2)墙属性定义及步骤：

点击【属性定义】图标，进入属性定义对话框，如图 6-2-2 所示。

选择墙类构件，依次布置砖外墙与砖内墙的名称及厚度。

注意：名称可自由定义，与工程量无关，只要自己熟悉即可，此处重点控制的参数是墙厚与标高。

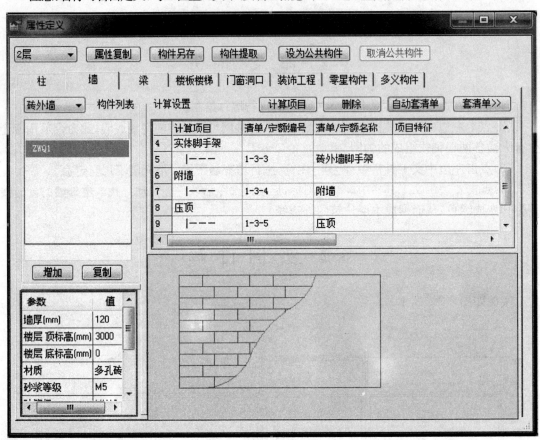

图　6-2-2

6.2.2　布置墙体

先布置外墙，点击 绘 制 墙→ ，根据图纸将外墙布置完毕。

注意：本楼层外墙存在偏移，偏移设置的方式有以下两种：

(1)在布置的时候同步完成：在【连续布墙】的情况下，右下角会弹出【输入左边宽度】对话框，如图 6-2-3 所示，设置好左边宽度即可同时完成墙的偏移。

(2)假如外墙已经按【居中】布置好了，则可通过 设置偏移 命令完成。

左键选取需偏移的墙的名称，选中的墙线变为虚线，回车确认（一次可以选择同个方向偏移的多个同类构件）。

图　6-2-3

在命令行输入偏移距离,也可鼠标左键在算量平面图选取两点为偏移长度,再回车确认;用鼠标左键在所选择的构件某一侧(即偏移的一侧)点击一下即可。

6.2.3 内墙布置

内墙的布置同外墙如图 6-2-4 所示。

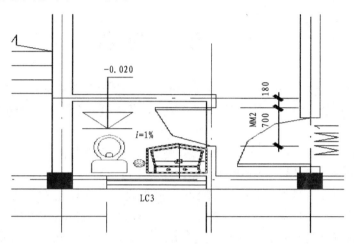

图 6-2-4 一层内墙区域

注意:卫生间墙体部分没有轴网交点,不能直接定位,可使用参考点"R"的方法来绘制。

方法:执行【绘制墙】命令,依据命令行提示,按键名 R,回车确认,左键选取一个参考点(A 与 3 轴的交点),光标控制方向(按 F8 键打开正交,往右拉),键盘中输入数值控制长度(1740),回车确认。

6.2.4 内外墙绘制效果

内外墙绘制完成后,效果如图 6-2-5 所示。

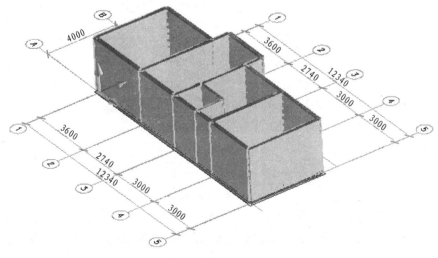

图 6-2-5

第7章 门　　窗

7.1　命　令　解　析

(1)点击左边中文工具栏中▯布 门→图标,可以在左边的属性工具栏中选择要布置的门或窗,左键选取加构件的一段墙体的名称,命令行提示:指定定位距离或[参考点(R)/插入基点(I)]。

(2)点击左边中文工具栏中▯布 窗→图标,方法与【布门】完全相同。

(3)点击左边中文工具栏中布平飘窗↑图标,方法与【布门】完全相同。

(4)点击左边中文工具栏中△开启方向↙图标,可以更改门窗在墙上的开启方向,命令行提示【请选择门:】,左键选取门,可以选中多个门,回车确认,命令行提示:按鼠标左键一改变左右开启方向,按鼠标右键一改变前后开启方向。单击鼠标左键,改变门的左右开启方向;单击右键改变门的前后开启方向。

7.2　实　例　讲　解

将门窗表输入到软件中,此处介绍 Excel 表格输入转化法。

(1)将门窗表输入到 Excel 表中,仅输入门窗编号与截面尺寸,见图 7-2-1。

	A	B	
1	LC1	1500*1500	
2	LC2	2100*1500	
3	LC3	1200*1500	
4	LM1	1000*2400	
5	MM1	900*2100	
6	MM2	700*2100	
7	GM1	700*1800	
8			
9			
10			

图　7-2-1

(2)在 Excel 表选择门窗编号与截面尺寸两列的所有数据,右击,在弹出的菜单里选择【复制】,见图 7-2-2。

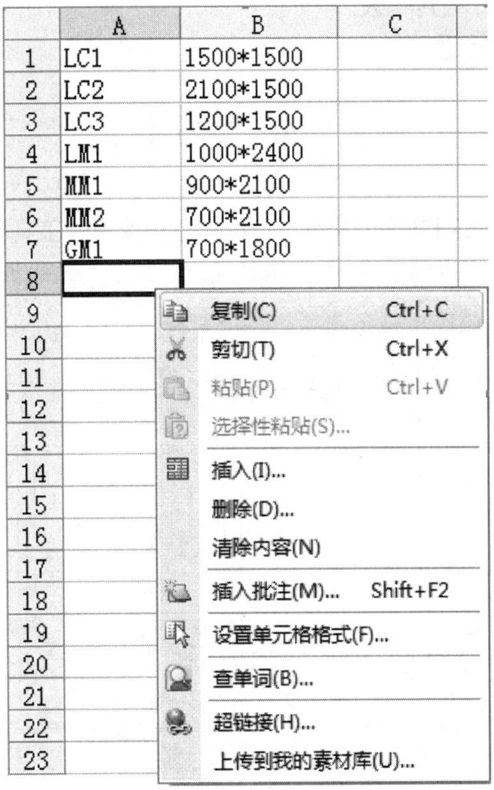

	A	B	C
1	LC1	1500*1500	
2	LC2	2100*1500	
3	LC3	1200*1500	
4	LM1	1000*2400	
5	MM1	900*2100	
6	MM2	700*2100	
7	GM1	700*1800	
8			

复制(C)　　　　Ctrl+C
剪切(T)　　　　Ctrl+X
粘贴(P)　　　　Ctrl+V
选择性粘贴(S)...
插入(I)...
删除(D)...
清除内容(N)
插入批注(M)...　　Shift+F2
设置单元格格式(F)...
查单词(B)...
超链接(H)...
上传到我的素材库(U)...

图 7-2-2

(3)切换到鲁班软件界面,在【CAD 转化】下拉菜单中选择 Excel 表格插入,见图 7-2-3,将门窗表复制到软件界面中。

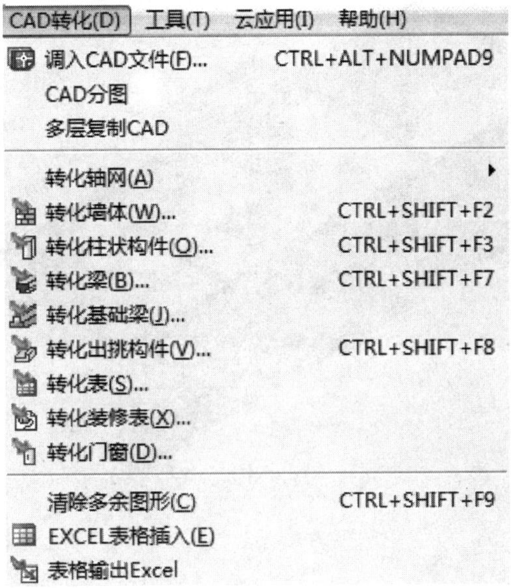

CAD转化(D)　工具(T)　云应用(I)　帮助(H)

调入CAD文件(F)...　　CTRL+ALT+NUMPAD9
CAD分图
多层复制CAD

转化轴网(A)　　　　　　▶
转化墙体(W)...　　　　CTRL+SHIFT+F2
转化柱状构件(O)...　　CTRL+SHIFT+F3
转化梁(B)...　　　　　CTRL+SHIFT+F7
转化基础梁(J)...
转化出挑构件(V)...　　CTRL+SHIFT+F8
转化表(S)...
转化装修表(X)...
转化门窗(D)...

清除多余图形(C)　　　CTRL+SHIFT+F9
EXCEL表格插入(E)
表格输出Excel

图 7-2-3

（4）执行【CAD 转化】——转化表

将粘贴过来的门窗表转化即可。

7.3　布置门窗

点击左边中文工具栏中【门】或【窗】图标，可以在左边的属性工具栏中选择要布置的门或窗。通常情况下，用户可以随意定位门或窗，不需精确定位。布置后效果如图 7-3-1 与图 7-3-2 所示。

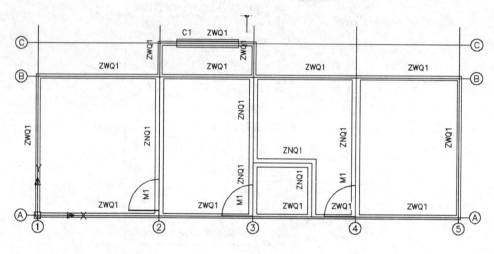

图　7-3-1

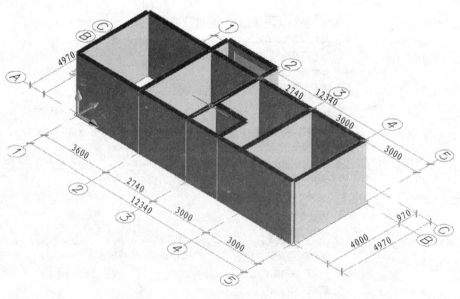

图　7-3-2

第8章 柱

8.1 命令解析

(1)点击左边中文工具栏中 `工点击布柱→` 图标,进行柱子布置。

(2)点击左边中文工具栏中 `轴交点柱+` 图标,框选要布置柱子的范围进行柱子绘制。

(3)点击左边中文工具栏中 `布暗柱` 图标,鼠标左键框选墙体的交点,选取暗柱的位置,布暗柱最少要包含一个墙体交点。

(4)点击左边中文工具栏中 `设置偏心` 图标,对进行柱子偏心设置。

(5)点击左边中文工具栏中 `批量偏心` 图标,对柱子进行批量偏心设置。

8.2 实 例 讲 解

实例如图 8-2-1 所示。

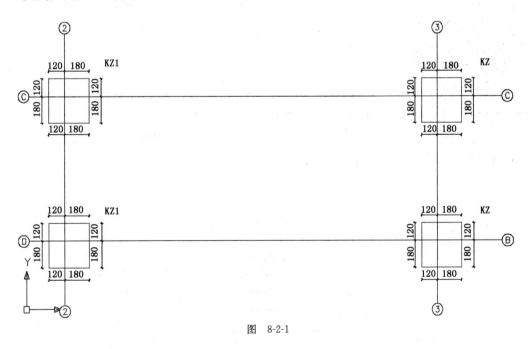

图 8-2-1

8.2.1 柱属性定义

本层柱子分别为 KZ1(截面尺寸 300×300),KZ2(截面尺寸 300×300),见图 8-2-1。

点击 图标,进入【属性定义】对话框,选择柱类构件,根据柱平面标注设置名称及截面尺

405

寸,见图 8-2-2。

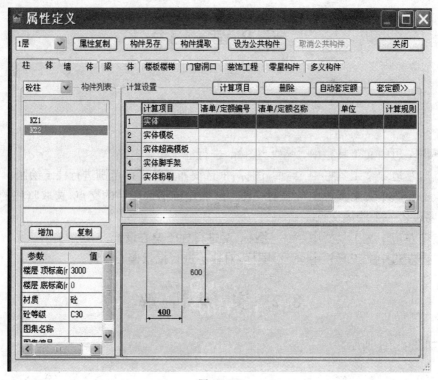

图 8-2-2

8.2.2 柱布置

(1)最常用的布置方式(点击布柱):根据柱平面图,依次在相应位置将柱子点击布置上去。同样,本楼层柱子也适合采用【轴交点布柱】或【墙交点布柱】。

(2)根据前面一步的操作,柱子已经布置好,但均是按居中布置的,从柱平面图得知,本层柱子均存在偏心。以 1/A 轴交点的柱子为例讲解柱的偏心设置,见图 8-2-3。

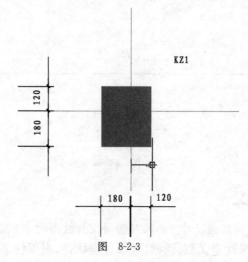

图 8-2-3

点击左边中文工具栏中【设置偏心】图标,那么已布置的所有柱子自动出现上下、左右的偏心数据,这时用鼠标点击需要修改的参数修改数据即可,如图 8-2-4 所示。

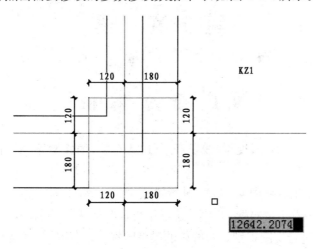

图 8-2-4

第9章 梁

9.1 命令解析

(1)绘制梁、轴网变梁、轴段变梁、线段变梁、口式布梁、偏移梁体、复制梁与墙的操作方法完全相同。

(2)点击左边中文工具栏中 █绘制梁→进行梁绘制。注意:平面上,同一位置只能布置上一道梁,若在已有梁的位置上再布置一道梁,新布置的梁将会替代原有的梁。

(3)点击 █识别支座→进行支座识别。布置好的梁呈暗红色,表示处于无支座、无原位标注的未识别状态,左键点选或框选需要识别的梁,选中的梁体变虚,回车确认即可。已识别的梁变成蓝色。

(4)点击左边中文工具栏中 █布过梁√图标,进行过梁布置。过梁布置在门窗洞口上,因此必须有门窗洞口存在。

(5)点击左边中文工具栏中 █原位标注→图标,左键点击已经支座识别过的梁名称,选中的梁体变虚,软件自动弹出属性对话框,点击跨截面、跨偏移和跨标高后面的三角标志,可修改梁相应的参数值,回车确认即可。

(6)点击左边中文工具栏中 █设置拱梁 图标,鼠标左键选取需要进行拱形设置的梁,在命令行中有"输入拱高"的提示,输入想设置的拱高,回车确认即可。提示:①拱高应小于或等于梁长的一半;②支座识别过的多跨梁,打断后才能设置拱梁。

9.2 实例讲解

实例如图 9-2-1 所示。

9.2.1 识图及属性定义

由梁平面标注可知,本层有两种截面梁:KL1(300×450),KL2(300×400),见图 9-2-1;在软件中进行属性定义,分别定义梁的属性(宽度和高度)。

梁属性定义步骤:点击█图标,进入【属性定义】对话框,选择梁体类构件,根据梁平面图标注设置名称及截面尺寸,见图 9-2-2。

9.2.2 梁布置

梁布置的方法与墙一样。首先点击 █绘制梁→按钮,然后沿已画好的墙中线分别布置已经定义好的梁。

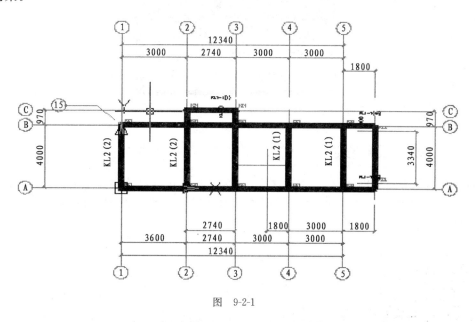

图 9-2-1

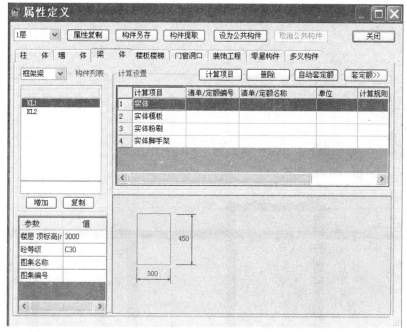

图 9-2-2

　　注意此处的梁也偏心的,假如我们没有先画墙,就必须利用【输入左边宽度】设置框来处理,见图 9-2-3。通过标注信息,我们在【左边宽度】中输入偏移值"180";或者我们画好梁后再用偏移梁来偏移。当有墙体或者柱子时我们也可以用 寻柱墙端齐 命令来固定梁的位置。

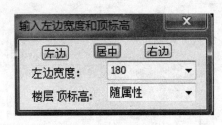

图 9-2-3

9.2.3 梁的支座识别

布置好的梁为暗红色,表示处于无支座、无原位标注的未识别状态,用 识别支座 命令对梁进行支座识别,如果梁的跨数不对,那就根据图纸对其进行 编辑支座 ,直到跨数正确,如图 9-2-4 所示。

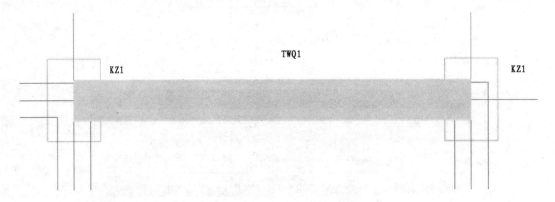

图 9-2-4

最后完成的二层梁如图 9-2-5 所示。

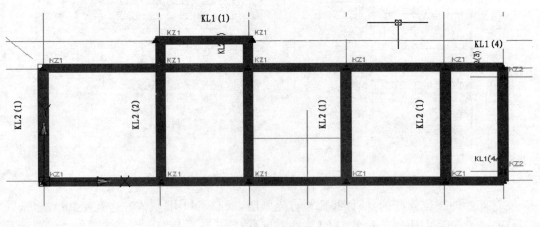

图 9-2-5

9.3 过梁实例讲解

由表 9-3-1 可知,本工程分别为过梁 GL1(高度 120),GL2(高度 200),GL3(高度 150),GL4(高度 240);在软件中进行属性定义,分别定义过梁的属性(名称和高度)。

过梁断面及配筋表   表 9-3-1

L	b=120			b=120		
	(1)	(2)	h	(1)	(2)	h
$0<L\leqslant1200$	2φ8	2φ10	120	2φ8	2φ10	200
$1200<L\leqslant2100$	2φ8	2φ12	150	2φ8	2φ12	200

(左上角标注：墙厚、配筋)

9.3.1 过梁属性定义步骤

点击 进入【属性定义】对话框,见图 9-3-1。选择梁类构件中的【过梁】,根据说明中标注尺寸设置其名称及厚度。因为过梁的宽度默认是随墙厚的,因此我们不需要再设置宽度。

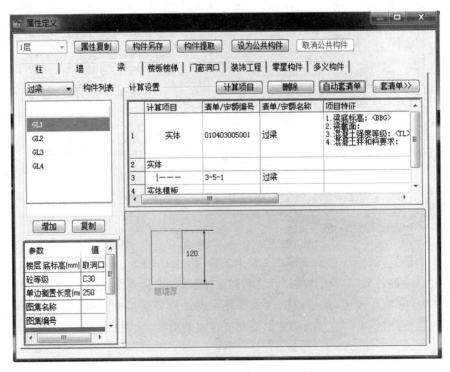

图 9-3-1

9.3.2 过梁布置

(1)首先点击 [布置过梁] 命令,弹出【布置过梁方式】对话框。选择【自动生成】,点击【确定】,见图9-3-2。

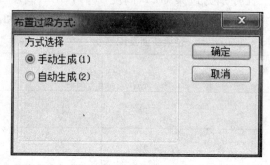

图 9-3-2

(2)弹出【自动生成过梁区域】对话框,在对话框中根据洞口宽度设置过梁,见图9-3-3。

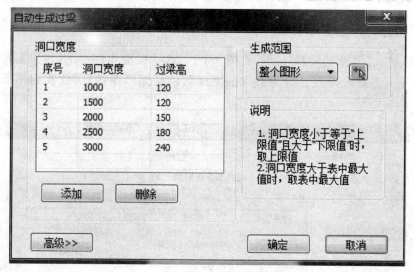

图 9-3-3

(3)设置完成后点击【确定】,过梁根据设置自动布置到相应的门窗上,见图9-3-4。

9.3.3 过梁名称更换

根据图纸信息,我们注意到3轴到4轴上的MMl上的墙是120mm厚的,那么这个MMl门上面的过梁应该是GLl,我们可以利用【名称更换】命令进行调整更换。

点击 名称更换按钮,然后根据命令行提示选择需要更换的过梁,点击右键确定,弹出【选构件】对话框,选择GLl,点击【确定】,即完成过梁的更换,见图9-3-5。

注意:

(1)过梁自动生成不支持混凝土墙,只可在砖墙上面生成。

(2)如果门窗删除,则软件会自动删除该门窗上的过梁。

（3）过梁实现支持多层布置的功能。

（4）过梁的宽度是随墙厚的，因此我们不需要设置过梁宽。

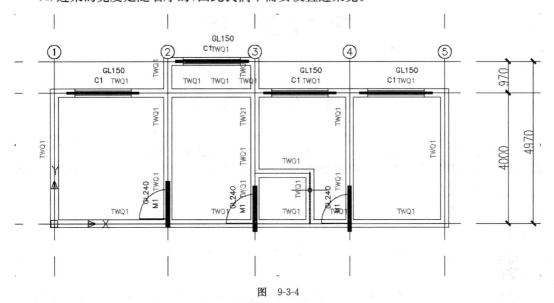

图 9-3-4

图 9-3-5

第10章 板

10.1 命令解析

(1)框选布板。点击左边中文工具栏中 ⊠框选布板↓ 图标,寻找框选范围的最大封闭区域,按此区域生成楼板,命令行提示:请选择要框选生成的区域,回车确认,框选范围,按照此范围的最大封闭区域形成板。

(2)矩形布板。点击左边中文工具栏中 矩形布板↓ 图标,鼠标左键选择第一角点,鼠标左键选择对角点,形成板。

(3)布预制板。点击左边中文工具栏中 布预制板↓ 图标,在左边的属性工具栏中选取要布置的预制板。

(4)布拱形板。点击左边中文工具栏中 布拱形板↗ 图标,选择第一点或(R-选参考点),指定下一点,命令完成、退出。

10.2 实例讲解

实例如图 10-2-1 所示。

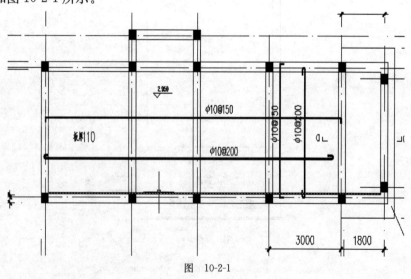

图 10-2-1

10.2.1 板识图及属性定义

由图 10-2-1 可知,本层板分别为 LBl(厚度 110),LB2(厚度 150)。在软件中进行属性定义,分别定义板的属性(厚度)。

414

板属性定义步骤：点击 按钮，进入【属性定义】对话框。选择楼板楼梯类构件，根据板平面图标注尺寸，设置名称及厚度，见图 10-2-2。

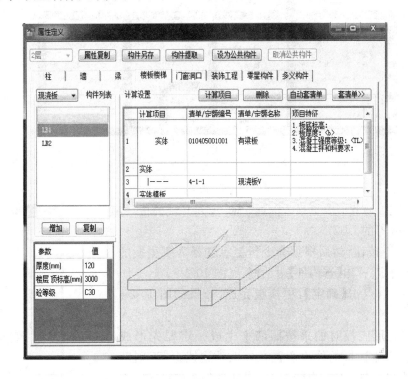

图 10-2-2

10.2.2 楼板布置

（1）楼板布置的方式非常快捷，先选择好要布置的板，如选择 LBl，然后点击形成楼板→命令，弹出【自动形成板选项】对话框，见图 10-2-3。我们可以根据需要选择相关的形成方式。

比如按梁生成：就是说按照梁构件为基准来形成一块一块的板。先选择【按梁生成】，在梁基线类型中选择【内梁按中线，外梁按外边线】，最后点击【确定】，即可形成板。板类型为 LBl，见图 10-2-4。

图 10-2-3

415

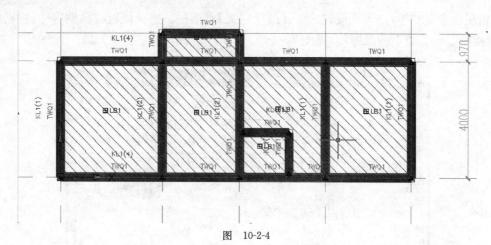

图 10-2-4

（2）形成完板后我们要更换 3 轴到 5 轴/A 到 B 轴的板，将它换成 150mm 厚的 LB2。

图 10-2-5

首先点击 按钮，然后根据命令行提示选择需要更换的板，点击右键确定，弹出【选构件】对话框，见图 10-2-5。

选择"LB2"，点击【确定】，更换板完成，效果如图 10-2-6 所示。

小结：注意形成板时如果按照墙来生成一定要先形成外墙外边线，才能让板的外边搁置在外墙外边线上，否则即使选择了【外墙按外边线，内墙按中线】也会全部布置在墙中线上。

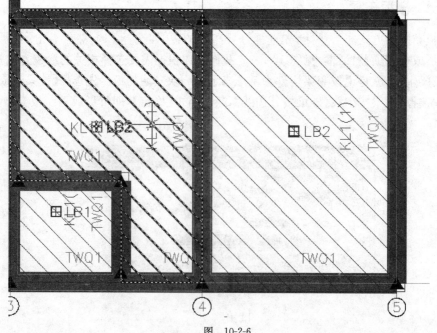

图 10-2-6

第11章 楼 梯

11.1 命 令 解 析

点击左边中文工具栏中【布楼梯】图标进行楼梯布置。

命令行提示:输入插入点(中心点),左键选取图中一个点作为插入点。命令行提示:指定旋转角度或[参照(R)]。

(1)指定旋转角度:输入正值,楼梯逆时针旋转;输入负值,楼梯顺时针旋转。

(2)参照(R):例如输入10,回车确认,表示以逆时针的10°作为参考;再输入90,回车确认,即楼梯只旋转了80°(90°−10°)。

可以在楼板的区域内布置楼梯,楼梯各个参数在属性定义对话框中完成,可参见【属性定义】→【楼梯】,楼板会自动扣减楼梯的。

11.2 实 例 讲 解

实例如图11-2-1所示。

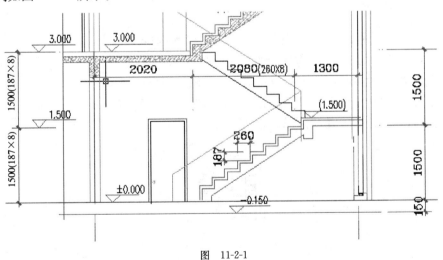

图 11-2-1

11.2.1 楼梯识图及属性定义

如图11-2-1,本工程的楼梯类型对应属性中的楼梯类型为标准双跑楼梯(类型一);在软件中进行属性定义,定义楼梯的属性。

楼梯属性定义步骤:点击 按钮,进入【属性定义】对话框,见图 11-2-2。

选择楼板楼梯类构件,根据楼梯平面和剖面图标注尺寸设置名称及参数。

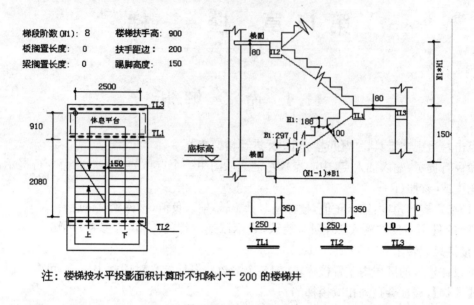

图 11-2-2

注意:楼梯设置好以后点击绿色空白处,在弹出的【楼梯类型选择】对话框下点击【重新统计计算】→【保存数据】。

11.2.2 布楼梯

定义完楼梯后点击 布楼梯 按钮,此时命令行提示:输入插入点。

双跑楼梯的插入点在楼梯休息平台的左上角(如图 11-2-3 中蓝点位置)。然后我们找到 2 轴与 C 轴的位置,将楼梯的插入点定位在这个位置的墙阴角处(如图 11-2-4 所示位置)。点击该点后命令行提示:指定旋转角度,或[复制(C)/参照(R)]〈0〉。如果我们不用旋转,就直接按回车,即可布置在默认的位置,如图 11-2-5 所示。

图 11-2-3

小结:注意理解布置楼梯时【选择插入点】的含义,这样才能准确将楼梯进行定位。同时如果楼梯布置好插入点以后如果要旋转的话,输入正值角度,楼梯是按照逆时针方向旋转,负值角度按照正值方向旋转。

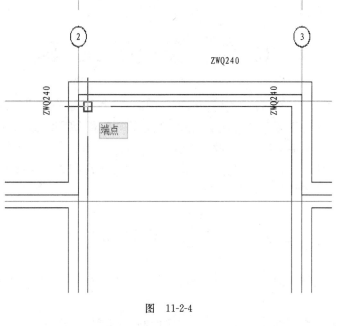

图 11-2-4

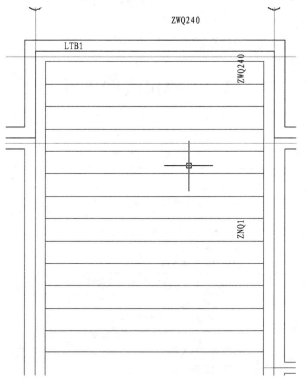

图 11-2-5

第12章　装　饰　工　程

完成了主体结构模型的布置后,进行装饰的布置。装饰大体分为房间内装饰与外墙装饰两部分,而房间内装饰又具体分为楼地面、天棚、内墙面、墙裙、踢脚线等,每种装饰根据做法不同进行分类和命名,定义完成后分配到相应房间后布置。外墙装饰主要区分是否有墙裙、踢脚线的做法,同样根据外墙面材质不同命名布置。本节以一个房间为例详细讲解装饰布置流程,以便掌握。

12.1　装饰大类构件命令解析

【装饰属性定义】:将房间、楼地面、天棚、内墙面、墙裙、踢脚线、外墙面等装饰做法按照要求进行完整定义。

【单房装饰】:将设置好的楼地面、天棚、内墙面同房间属性一键布置。

【柱面装饰】:单独布置柱四面的装饰粉刷。

【外墙装饰】:将外墙装饰的墙面、墙裙和踢脚布置在外墙面上。

12.2　单房实例讲解

单房实例见表12-2-1。

装 修 一 览 表　　　　　　　　　　　　　　　　表12-2-1

种　类	名　称	构　造　做　法	适　用　处
外墙面	涂料面层	①丙烯酸外墙面涂料二道; ②5～8mm厚聚合物抗裂砂浆(压入两层耐玻璃纤网格布); ③20mm厚胶聚苯柯栓保温材料; ④墙面滑砂浆; ⑤标准多空稀土砖	
踢脚	水泥墙角	20mm厚1:2水泥砂浆,分二次完成 ,高450mm	踢脚
	一般涂料面层	喷白涂料二道; 5mm厚1:0.3:2.5水泥石灰膏砂浆罩面压光; 15mm厚1:0.3:3水泥石灰膏砂浆打底扫毛; 标准多空黏土砖	内墙面
内墙面	防水涂料面层	①喷白涂料二道; ②5mm厚1:2.5水泥砂浆罩面压光; ③1.5mm厚聚合物水泥剂复合防水材料; ④15mm厚1:0.3:3水泥石灰膏砂浆打底扫毛1%; ⑤砖墙基层	办公室,楼梯间
踢脚	水泥踢脚线	20厚1:2水泥砂浆分二次抹光,高150	办公室,楼梯间

420

续上表

种 类	名 称	构 造 做 法	适 用 处
地面	细石混凝土地面	①40厚C20细石混凝土抹光； ②水泥浆一过内(掺建筑胶)； ③100厚C15混凝土垫层； ④80厚碎石垫层； ⑤浆土夯实	办公室楼梯间
	水泥地面	①C20细石混凝土40mm厚，表面抹1:1水泥砂子打腊抹光； ②1.5mm厚聚合物水泥剂复合防水材料； ③最薄处20cm厚1:3水泥砂浆或C20细石混凝土找坡抹平； ④水泥浆已过(内掺建筑胶)； ⑤60cm厚C10混凝土垫层； ⑥素土夯实	卫生间
顶棚	一般涂料面层	①喷白涂料二道； ②5mm厚1:2.5水泥砂浆罩面压光； ③15mm厚1:0.3:3.3混合砂浆打底； ④现浇钢筋混凝土板底刷素水泥浆一道内掺水量3%～5%,107	办公室楼梯间
		①喷白涂料二道； ②5mm厚1:2.5水泥砂浆罩面压光； ③15mm厚1:3水泥砂浆打底； ④现浇钢筋混凝土板底刷素水泥浆一道内掺水量3%～5%,107	卫生间
屋面	巷树防水屋面不上人 (Ⅲ级防水)	①用涂料保护层； ②高聚酸改性沥青防水卷材,≥4； ③刷处理剂一道； ④1:3水泥砂浆找平层,20； ⑤40mm厚挤塑聚苯乙烯保温,2%； ⑥1:3水泥砂浆找平层,20； ⑦结构板	办公室楼梯间

12.2.1 装饰识图及属性定义

(1)装饰属性定义步骤

点击 按钮,进入【属性定义】对话框,见图12-2-1。选择装饰工程类构件,根据说明中装饰表的内容设置各部分的装饰。

注意【房间】的定义要参考每一层的平面图上房间的标注。

(2)根据装饰表定义楼地面,见图12-2-2。

(3)根据装饰表定义内墙面,见图12-2-3。

(4)根据装饰表定义踢脚线,注意踢脚线高度需要改成150,见图12-2-4。

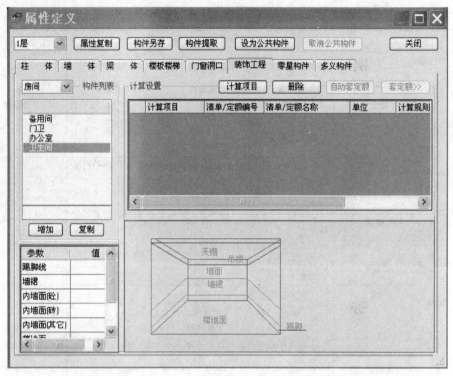

图 12-2-1

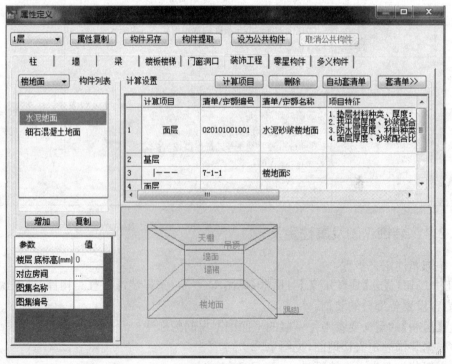

图 12-2-2

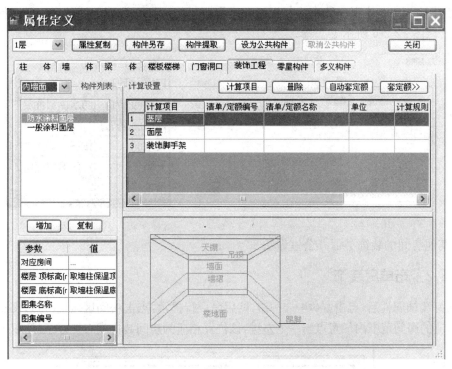

图 12-2-3

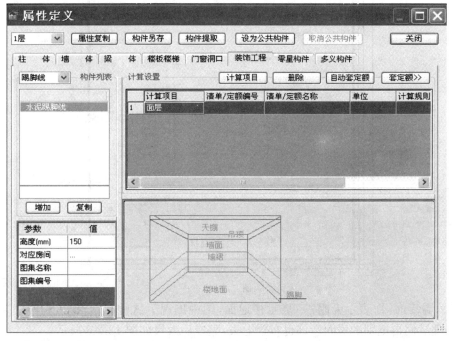

图 12-2-4

（5）全部定义完后接下来进入【属性定义】的【房间】中，首先从【办公室】开始选择相对应的
装饰。

例如，图纸中"办公室—防水涂料面层—水泥踢脚线—细石混凝土地面——般涂料面层"，如图 12-2-5、图 12-2-6 所示。

参数	值
内墙面(砼)	
内墙面(砖)	防水涂料面层
内墙面(其它)	
楼地面	细石混凝土地
天棚	一般涂料面层
吊顶	

图 12-2-5   图 12-2-6

注：其他房间的装饰类似办公室做法。

12.2.2 布单房装饰

定义好装饰属性后，点击 单房装饰 按钮，然后命令行提示：点击房间区域内一点，那么我们就在图中对应的房间范围内任意点击一下左键，该位置相应的房间装饰就布置好了，见图 12-2-7。

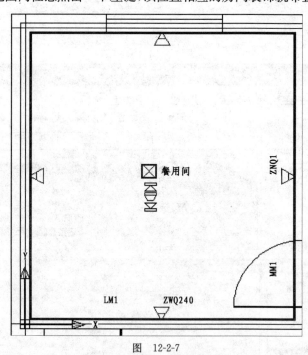

图 12-2-7

表示墙装饰，表示天棚，表示楼地面，图中出现了这些标示，代表相应的装饰布置成功。同理我们再把别的房间装饰也布置上去，完成后效果如图 12-2-8 所示。

小结：首先要理解单房装饰的原理，通过设置所有房间各部位的装饰做法后分别定义到各个房间中，最后将定义好的房间装饰直接点击【布置到相应的房间区域中】即可；其次要注意需要布置装饰的空间一定要封闭，否则会延伸到别的房间中。

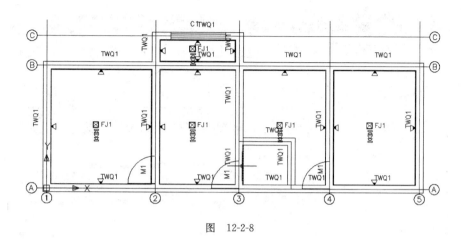

图 12-2-8

12.3 外墙装饰

外墙实例讲解见表12-3-1。

装修一览表   表12-3-1

种　类	名　称	构 造 做 法	适 用 处
外墙面	涂料面层	1.丙烯酸外墙面涂料二道 2.5～8mm厚聚合物抗裂砂浆(压入两层耐碱玻纤网格布) 3.20mm厚胶粉聚苯颗粒保温浆料 4.界面剂砂浆 5.标准多孔黏土砖	
勒脚	水泥勒脚	20mm厚1:2水泥砂浆,分二次完成,高450mm	勒脚

12.3.1 外墙装饰识图及属性定义

本工程外墙装饰为:外墙面(涂料面层)、踢脚(水泥勒脚450mm高),见表12-3-1。在软件中进行属性定义,定义外墙面装饰名和踢脚。

(1)装饰属性定义步骤

点击 📋 属性定义按钮,进入【属性定义】对话框。选择装饰工程类构件,根据说明中外墙表的内容设置外墙面名,以及踢脚(勒脚)名,如图12-3-1与图12-3-2所示。

(2)外墙装饰布置

①首先点击墙体命令中 📋 形成外边 r9 ,让外墙周围形成一条绿色边线,见图12-3-3。

②定义好外墙面和踢脚后,我们点击装饰工程中 🏠 外墙装饰 命令,弹出【选构件名称】对话框,见图12-3-4。

因为该工程外墙都是砖墙,因此我们在 砖墙面 ▼ 中选择我们定义好的【涂料面层】,然后在踢脚线中选择我们定义好的【水泥勒脚】,最后点击【确定】,软件会自动沿着外墙外边线形成外墙装饰,见图12-3-5。

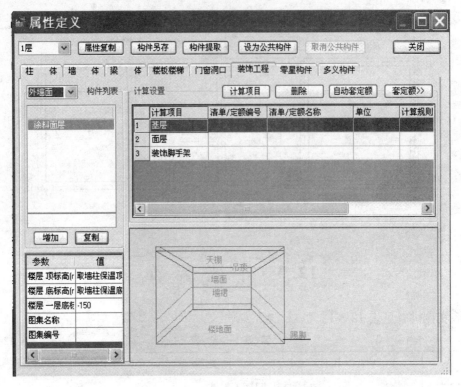

图   12-3-1

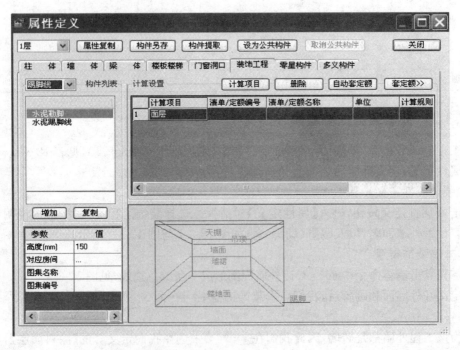

图   12-3-2

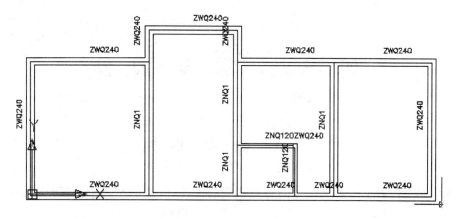

图　12-3-3

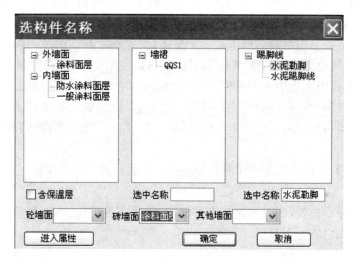

图　12-3-4

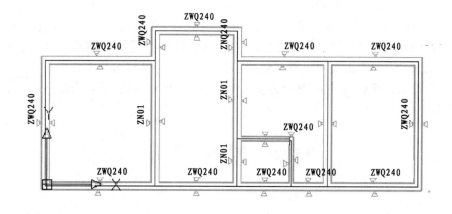

图　12-3-5

第 13 章 零 星 构 件

13.1 命 令 解 析

(1)【绘制挑件】:本命令支持在图上直接绘制出挑件,点击左边中文工具栏中 ⟨绘制挑件 ← 命令,根据命令行进行操作。

(2)【布散水】:点击左边中文工具栏中 布散水 ✓ 命令,弹出【请选择布置散水方式】对话框,选择【自由绘制】,点击【确定】。

注意:自动生成或自由绘制的散水是一个整体,因此删除其中的某一段,整个散水将被删除。如果自动生成或自由绘制的散水不符合图纸,可以使用 PEDIT 命令编辑散水。

(3)【布檐沟】:点击左边中文工具栏中 布檐沟 ↑ 图标,方法与自由绘制散水完全相同。

注意:连续选取各个点生成的檐沟构件是一个整体,因此删除其中的某一段,整个自檐沟构件将被删除;檐沟构件的每一边可以在【属性定义】→【自定义线性构件】及【自定义断面】中规定具体的做法。

(4)【布后浇带】:点击左边中文工具栏中 布后浇带 ↓ 图标,此命令主要用于布置混凝土构件处的后浇带。

注意:后浇带并非构件,所以不能三维显示,不能单个可视化,不能属性定义;后浇带结果统计在报表中(默认名称为 HJD)

(5)【布台阶】:点击左边中文工具栏 布台阶 ↗ 图标,布置方法与【布楼梯】完全相同。

(6)【布天井】:点击左边中文工具栏中 布天井 ↑ 图标,此命令用于屋面有天井或开洞口或扣建筑面积时,方法与【布板洞】相同。

(7)【形成面积】:点击左边中文工具栏中 形成面积 ┐ 图标,启动此命令后图形中会自动根据外墙的外边线形成图形的墙外包线,形成后可以使用【构件显示】命令查看墙外包线形成情况。

注意:此命令主要是为简便计算建筑面积而设置的,计算建筑面积之前均要形成墙外包线;通过鼠标拖动夹点后,软件将其视为非软件自动形成的建筑面积,再次使用该命令后,将会重新生成另一块建筑面积。

13.2 实 例 讲 解

13.2.1 阳台

阳台结构剖面如图 13-2-1 所示。

(1)识图及属性定义

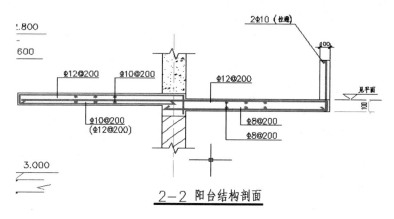

图 13-2-1

在软件中进行属性定义,设置阳台的挑板栏板的尺寸。

阳台属性定义步骤:点击■按钮,进入【属性定义】对话框;选择零星构件类构件,根据图中尺寸设置阳台的挑板、栏板的尺寸,见图 13-2-2。

注意:本工程的阳台布置在 2~3 层。

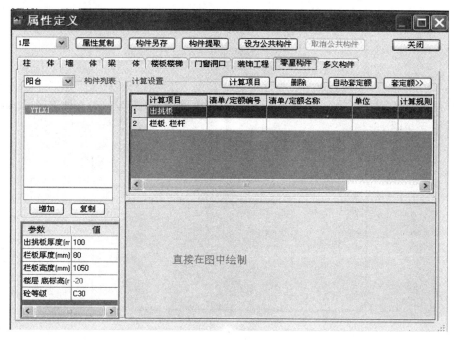

图 13-2-2

(2)布阳台

首先点击【零星构件】中的【绘制挑件】命令,然后在外墙处绘制阳台的外包尺寸,注意要画一个封闭的图形,右键确定,见图 13-2-3。

此时命令行提示:选择对象,我们就选择靠墙一侧的边(不设置栏板的边),如图 13-2-4 所示。

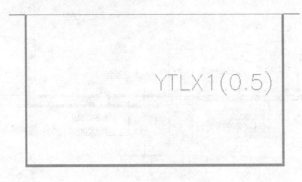

图 13-2-3

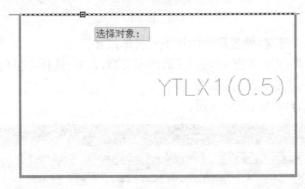

图 13-2-4

点击右键确定,然后输入一个旋转角度。旋转角度为零(即输入 0°)回车即可,布置后效果见图 13-2-5 与图 13-2-6。

图 13-2-5

13.2.2 雨篷

雨篷结构如图 13-2-7 所示。

(1)识图及属性定义

在软件中进行属性定义,设置雨篷的挑板栏板的尺寸。

雨篷属性定义步骤:点击 图标,进入【属性定义】对话框。选择零星构件类构件,根据图中尺寸设置雨篷的挑板、栏板的尺寸,见图 13-2-8。本工程的雨篷布置在首层。

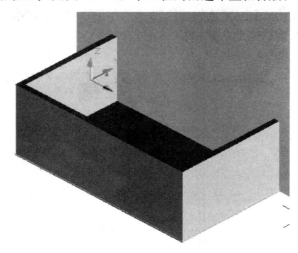

图 13-2-6

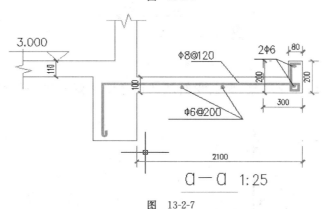

图 13-2-7

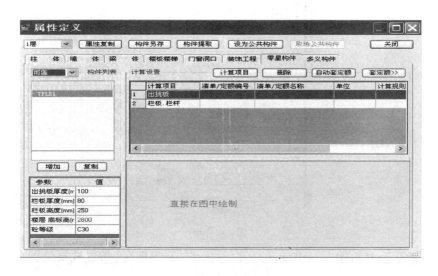

图 13-2-8

（2）布雨篷

首先点击【零星构件】中的【绘制挑件】命令，然后在外墙处绘制雨篷的外包尺寸，注意要形成一个封闭的区域，右键确定，见图13-2-9。

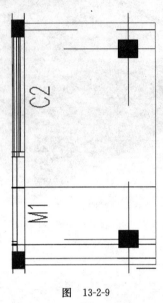

图　13-2-9

此时命令行提示：选择对象，那么我们就选择靠墙一侧的边（不设置栏板的边），见图13-2-10。

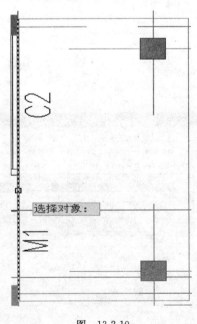

图　13-2-10

点击右键确定，然后输入一个旋转角度，输入 0°，回车即可，布置效果见图 13-2-11 与图13-2-12。

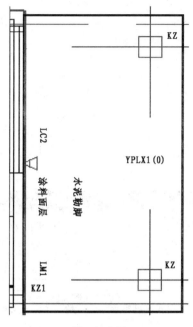

图 13-2-11

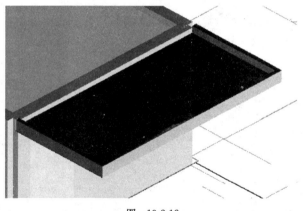

图 13-2-12

13.2.3 散水

散水结构如图 13-2-13 所示。

（1）识图及属性定义

在软件中进行属性定义，设置散水的宽度尺寸。

散水属性定义步骤：点击■按钮，进入【属性定义】对话框。选择零星构件类构件，根据图中尺寸设置散水尺寸，见图 13-2-14。

（2）布散水

首先点击【零星构件】里的【布散水】命令，弹出【布置方式】对话框，见图 13-2-15。

选择【自动生成】，点击【确定】即可，布置效果见图 13-2-16。

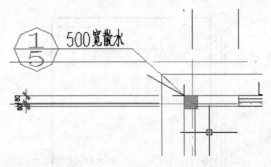

图 13-2-13

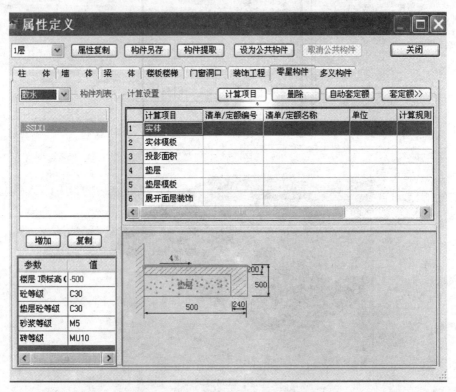

图 13-2-14

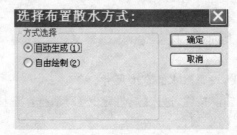

图 13-2-15

注意：由平面图可知，散水在雨棚位置（A-C/5 轴）是不存在的，但自动形成的散水是一个整体，所以需要通过打断命令来断开。

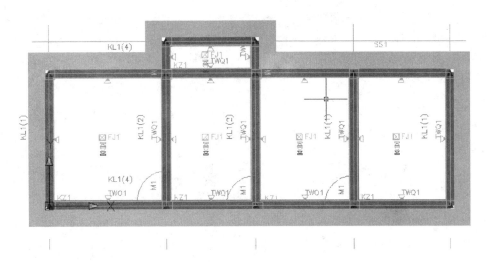

图 13-2-16

①在命令行输入 BR 命令(打断命令),见图 13-2-17,回车。

图 13-2-17

②选择自动形成的散水,此时命令行提示:指定第二个打断点或【第一点(F)】,那么我们选择第一个打断点,见图 13-2-18。

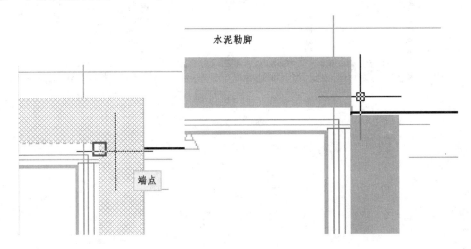

图 13-2-18

③再重复 BR 命令打断上面一半,打断后效果见图 13-2-19。
④利用构件删除命令 删除左边多余的散水即可,见图 13-2-20。

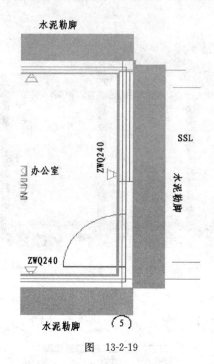

图 13-2-19

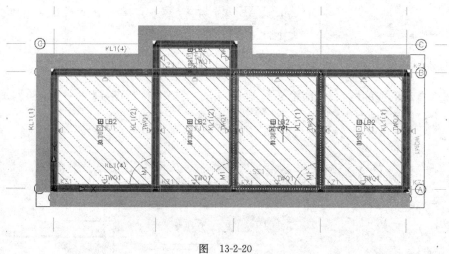

图 13-2-20

第14章　楼　层　复　制

14.1　楼层复制命令解析

【楼层复制】:选择楼层、选择构件来进行楼层间属性和构件的复制,加快建模速度。

【源楼层】:原始层,即要将那一层进行拷贝。

【目标楼层】:要将源层拷贝到的楼层。

【图形预览区】:楼层中有图形的,将在图形预览区中显示出来。

【所选构件目标层清空】:被选中的构件进行覆盖拷贝。例如,【可选构件】中选了【框架梁】,即使目标层中有框架梁,也将被清空,并由源层中的框架梁取代。

【可选构件】:选择要拷贝到目标层的构件。

14.2　实　例　讲　解

通过前面章节的学习,我们已经将1层所有构件建模完毕。根据图纸,标准层2～3层与1层基本类似,可以通过楼层复制将1层所有构件复制到2～3层。

(1)点击 命令,弹出【楼层复制】对话框,见图14-2-1。

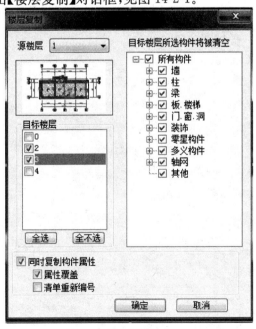

图　14-2-1

注意：

①源楼层与目标楼层千万不能弄错，源楼层为已经布置好构件的楼层，目标楼层为空白楼层。

②根据 1 层与标准层对比可知，除了零星构件不需要复制外，其他构件都必须选择。

（2）楼层复制完成后，2～3 层布置后效果如图 14-2-2 所示。

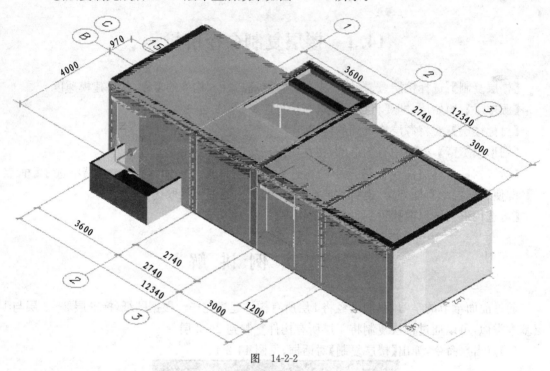

图 14-2-2

第15章 屋 面 层

15.1 命 令 解 析

【形成轮廓】:点击左边中文工具栏中 形成轮廓 图标时,命令行提示:请选择包围成屋面轮廓线的墙,框选包围形成屋面轮廓线的墙体,右键确定;注意:包围形成屋面轮廓线的墙体必须封闭。

【绘制轮廓】:点击左边中文工具栏中 绘制轮廓 图标时,命令行提示:请选择第一点[R—选择参考点],左键选取起始点;命令行提示:下一点[A—弧线,U—退回]<回车闭合>,依次选取下一点,绘制完毕回车闭合,绘制坡屋面轮廓线结束。

【单坡屋面】:点击左边中文工具栏中 单坡屋板 图标时,命令行提示:请选择坡屋面轮廓线,左键选取一段需要设置的坡屋面轮廓线,右键确定;命令行提示:输入高度,输入屋面板高度,右键确定;命令行提示:输入坡度角:[I—坡度],输入屋面板坡度角(输入 I 确定,切换输入坡度),右键确定,软件自动生成单坡屋面板。

【布屋面】:点击左边中文工具栏中 布屋面 图标,这里的屋面主要是指屋面的构造层,屋面的结构层可以使用【自动形成板】、【绘制楼板】等命令生成。

15.2 实 例 讲 解

实例结构如图 15-2-1 所示。

15.2.1 屋面板属性及布置

从屋面层平面图(图 15-2-1)我们可得知,屋面墙柱与 2~3 层一样,梁只是由 KL 改为 WKL,可直接从 2~3 层楼层复制到屋面层,将梁的名称改变即可。

屋面层需重新布置的构件为:屋面板、屋面。另外斜梁、山墙、柱可直接执行【区域墙柱梁随板顶高】。

(1)布置坡屋面板。属性定义同"板",此处不再赘述,坡屋面在软件中可一键生成。

(2)布置步骤:

①根据图纸分析坡度值(坡度角),如图 15-2-2 所示,我们可以得知各坡面的坡度值为 58%。

说明:参数设置中的坡度和坡度角只需要填其中一项,因为一个坡度角对应一个 0°~180° 以内的一个角度。坡度是坡度角 α 的 $\tan\alpha$ 值,单位是%。

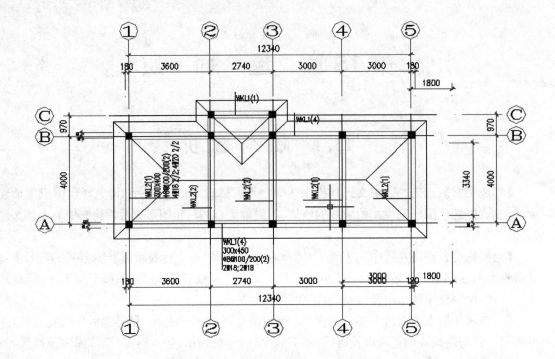

图 15-2-1 屋面梁,板平面图

②点击~~形成轮廓~~命令,将屋面轮廓线形成完毕,注意设置好正确的屋面偏移量,如图 15-2-2 所示,设置偏移量为 500。

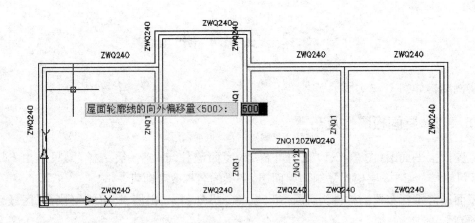

图 15-2-2

③根据图纸,选择生成双坡屋面或多坡屋面。本实例是多坡屋面,所以点击 多坡屋板 命令,在坡屋面板边线设置对话框里设置好每条边线的坡度值,即可完成坡屋面的一键生成,如图 15-2-3~图 15-2-6 所示。

(3)点击 命令,框选所有墙柱梁板,将坡屋面板下的墙柱梁一次性调整到位,如图 15-2-7~图 15-2-9 所示。

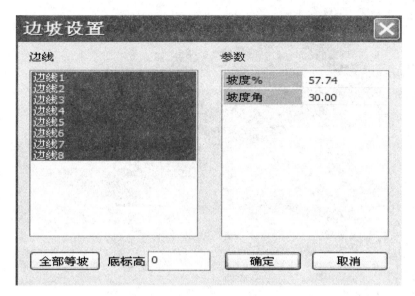

图　15-2-3

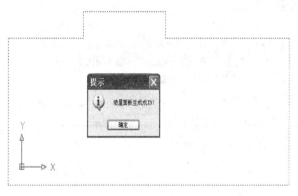

图　15-2-4

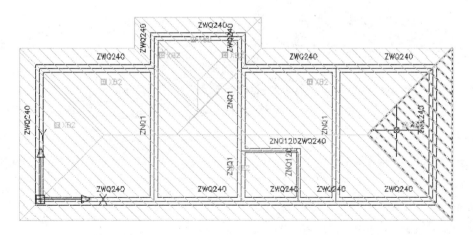

图　15-2-5

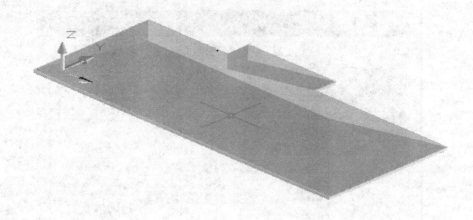

图 15-2-6

图 15-2-7

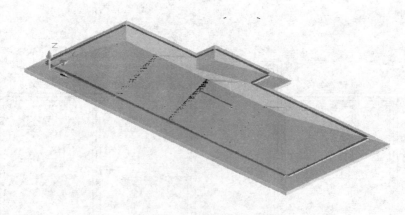

图 15-2-8

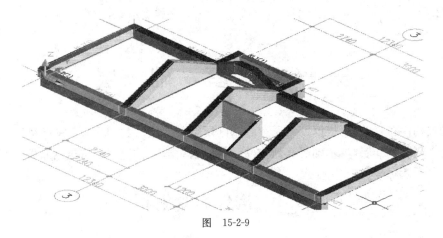

图 15-2-9

15.2.2 屋面属性定义及布置

屋面基本信息如图 15-2-10 所示。

		1.刷涂料保护层	
屋面	卷材防水屋面 不上人(Ⅲ级防水)	2.高聚物改性沥青防水卷材 ≥4 3.刷基层处理剂一道 4.1:3水泥砂浆找平层 20 5.40厚挤塑聚苯乙烯保温板 找坡2% 6.1:3水泥砂浆找平层 20 7.结构板	办公室、楼梯间

图 15-2-10

这里的屋面主要是指屋面的构造层,屋面的结构层可以使用【自动形成板】、【绘制楼板】生成,参见15.2节属性定义,与天棚装饰一样,参见前面装饰定义的设置。

点击 布屋面 ,选择随板生成方式,命令行提示【选择板】→【选择斜板】,则生成相应的自动随斜板变斜的屋面,见图15-2-11。

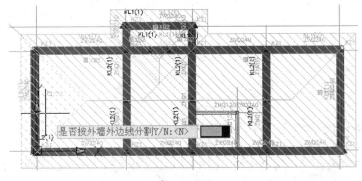

图 15-2-11

第16章 基 础 层

基础层构件布置前,可根据图纸了解到基础层柱与1层一样,同样可执行楼层复制命令,将1层的柱复制到0层,本基础层其他构件(承台、满堂基础、集水井)需重新布置。

16.1 构件命令解析

【条形基础】:条形基础是指基础长度远远大于宽度的一种基础形式。按上部结构分为墙下条形基础和柱下条形基础。基础的长度大于或等于10倍基础的宽度。软件中条形基础分为混凝土条基和砖石条基。

【基础梁】:基础梁是基础里为了结构稳定布置的梁,主要起联系或把建筑物的重力传到基础底板上的作用。布置方法同梁。

【满堂基础】:点击左边中文工具栏中【满堂基础】图标,进行满堂基绘制。满堂基础软件新增自主设置顶、底标高的功能。

【设置边界】:点击左边中文工具栏中【设置边界】图标,主要是针对有些满堂基础的边界成梯形或三角形状,或相邻的满堂基础有高差而需要底边变大放坡。

【设置土坡】:该命令只能用于满堂基的土方放坡。

【设置边坡】:点击【设置边坡】图标,根据命令行提示,左建选择需修改设置的实体集水井构件弹出对话框,可对每边参数重新进行设置。该命令可用于对集水井边的参数进行修改设置。在用形成井或绘制井命令完成对集水井的布置和设置后,如果发现之前的参数值设置有误,可重新进行修改设置。

16.2 实 例 讲 解

实例结构如图16-2-1所示。

16.2.1 承台属性定义及布置

(1)在软件中对承台进行属性定义,由图16-2-1及相关详图,可知承台基本参数如下。

CT1:截面尺寸($B=1000$,$H=1000$,厚度为300,基础底标高为-2050)。属性定义如图16-2-2所示。注:在工程设置中要设置承台基础底标高为开启状态,顶标高随构件属性将自动调整,其他基础标高设置方法类似。

CT2:截面尺寸($B=1300$,$H=800$,厚度为600,基础底标高为-2100),属性定义如图16-2-3所示。

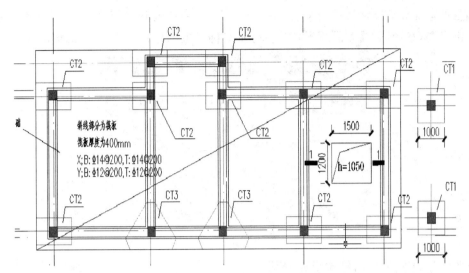

图　16-2-1

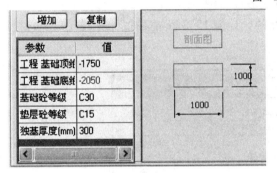

图　16-2-2

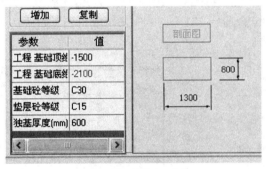

图　16-2-3

CT3：截面尺寸，如图 16-2-4 标注所示。

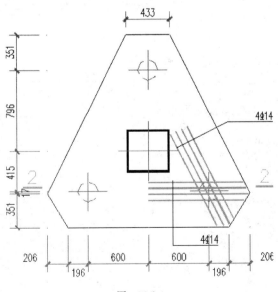

图　16-2-4

在属性定义界面默认显示的承台为矩形,CT3 为三桩承台,需在界面右下角缩略图空白位置左键点击,在弹出的【断面编辑】中选择【轴对称三桩承台】,如图 16-2-5 所示。

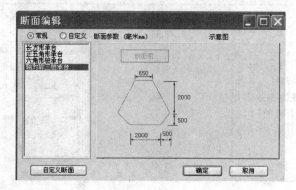

图　16-2-5

依照承台的截面尺寸,修改 CT3 变量值。

注意:因 CT 边垂直距离 B2,在图纸中是分三段尺寸标注的,在【修改变量值】窗口中可直接输入"＝351＋796＋415",以得到垂直距离 B2 的合计值 1562,无需通过计算器或口算,见图 16-2-6。

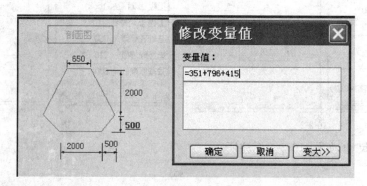

图　16-2-6

其他各边参数依次输入,最终完成属性定义,见图 16-2-7。

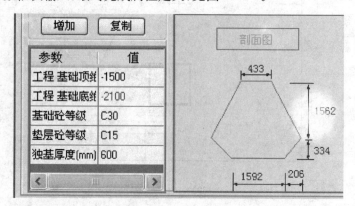

图　16-2-7

小结：

①承台属性定义需重点控制的三项参数：底标高、厚度、截面尺寸，这三项参数直接与工程量相关。

②对于多数据标注的三桩承台，应使用变量值的计算器功能。

(2)承台布置：依据图纸，以 1/A 轴承台布置举例，见图 16-2-8，采用【选择插入点】方式，见图 16-2-9。

根据提示，选择柱子，点击右键，确定即可，如图 16-2-10 所示。

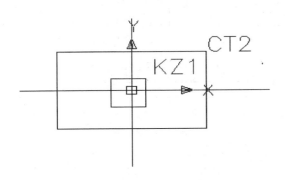

图 16-2-8

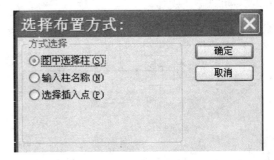

图 16-2-9

基础转角不对，用 □设置转角 ↓3 命令调整基础的方向，点击 □设置转角 ↓3，选择相应基础，右键确定 输入新的转角(度)<90>，输入 360°。即可调整过来。其他承台依照此法分别绘制，最终布置后效果如图 16-2-11 所示。

16.2.2 柱随基础顶高

(1)实例讲解

此时通过三维显示，可以看出所有的柱子标高均为 0，见图 16-2-12，需要通过【柱随基础顶高】命令对柱子的标高进行调整。

(2)操作步骤

点击左边中文工具栏中 柱随基础顶 ↓* 命令，选择要调整的柱，选择完毕点击鼠标右键或敲回车，命令行提示：选择相关的基础。选择相关基础之后，字体变蓝，即操作成功，如图 16-2-13、图 16-2-14 所示。

基础层柱标高调整后效果如图 16-2-15 所示。

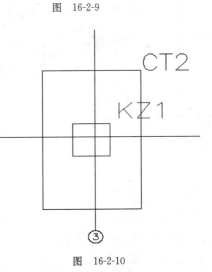

图 16-2-10

16.2.3 满堂基础属性定义及布置

(1)属性定义

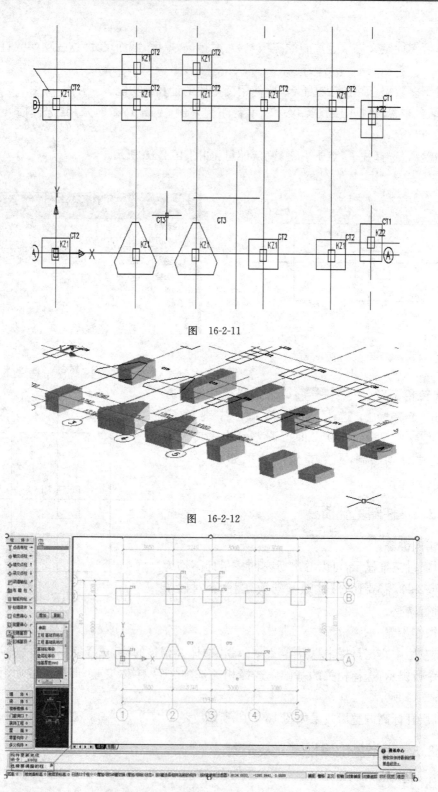

图　16-2-11

图　16-2-12

图　16-2-13

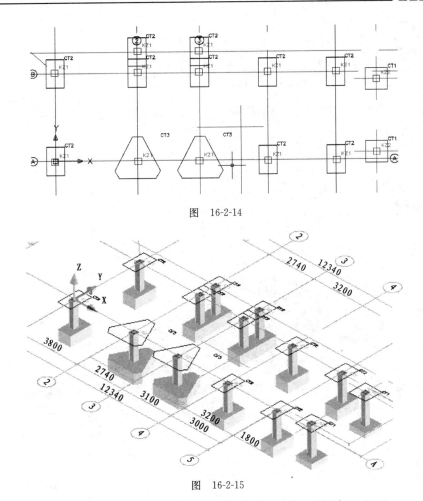

图 16-2-14

图 16-2-15

图纸基本参数,满堂基础厚度为 400mm,顶标高为 -1400,见图 16-2-16。

属性定义如图 16-2-17 所示。

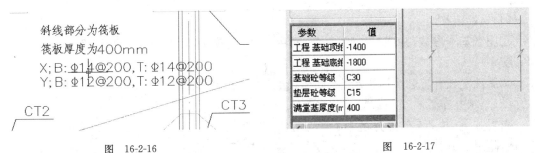

斜线部分为筏板

筏板厚度为400mm

X;B:Φ14@200,T:Φ14@200
Y;B:Φ12@200,T:Φ12@200

CT2 　　　　CT3

图 16-2-16

参数	值
工程 基础顶线	-1400
工程 基础底线	-1800
基础砼等级	C30
垫层砼等级	C15
满堂基厚度(m	400

图 16-2-17

注意:控制两个参数"工程基础顶标高"与"满堂基厚度"。

(2)满堂基础布置

依据图纸,采用【自由绘制】方式,依照图纸沿着承台外边绘制一圈即可,如图 16-2-18 所示。

绘制好后,三维效果如图 16-2-19 所示。

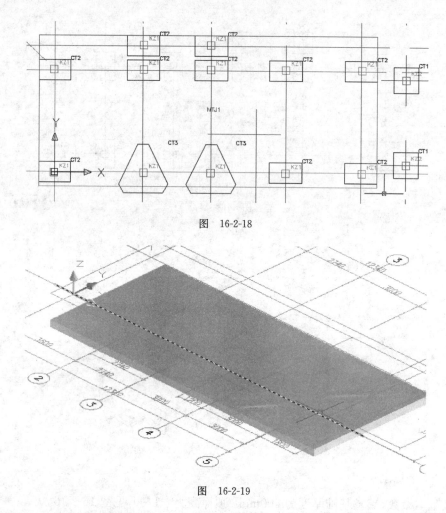

图 16-2-18

图 16-2-19

16.2.4 集水井的布置

（1）属性定义

①图纸基本参数：井坑 $B=1500mm$，$H=1200$，深度为 1050mm，如图 16-2-20 与图 16-2-21 所示。

②属性定义井坑和实体集水井，如图 16-2-22 和图 16-2-23 所示。

（2）集水井布置

布置井坑：执行【布置井坑】命令，在弹出的对话框中，选择【矩形】，指定图中某一点，命令行中输入"D"，回车确定；输入长度：1500，回车确定；输入宽度：1200，回车确定。布置好的井坑如图 16-2-24 所示。

形成井：执行【形成井】命令，弹出如图 16-2-25 所示对话框，输入底标高，参数栏修改外偏距离，改为 300。成形井后如图 16-2-26 所示，三维图形如图 16-2-27 所示。

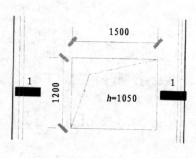

图 16-2-20

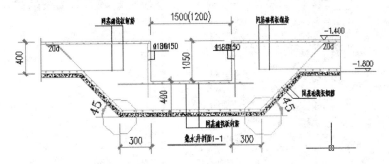

图 16-2-21　集水井剖面示意

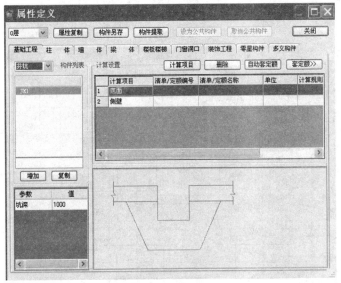

图　16-2-22

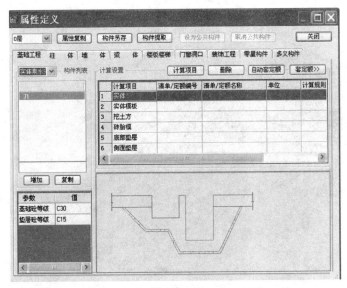

图　16-2-23

451

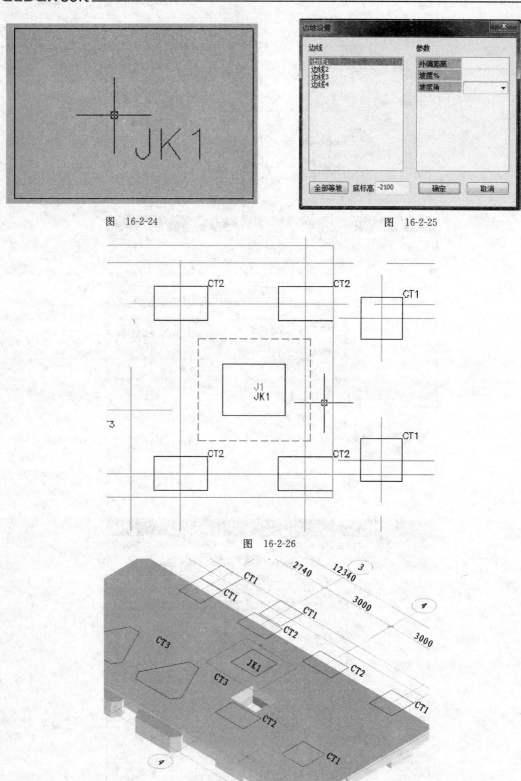

图 16-2-24

图 16-2-25

图 16-2-26

图 16-2-27

16.2.5 砖基础的布置

（1）砖墙的楼层复制

砖基础属于寄生构件，因此必须存墙体上布置，可以利用楼层复制功能把一层墙体复制到0层，如下图 16-2-28 所示，只复制砖外墙和砖内墙，其他构件不选。

（2）砖基础属性定义

进入【属性定义】对话框，如图 16-2-29 所示，参数：高度 1400，阶数 1，阶宽 62.5，阶高 120。

图 16-2-28

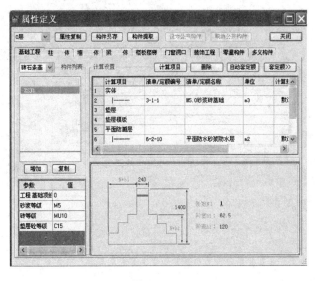

图 16-2-29

（3）布置砖基础

执行【砖石条基】命令，左键框选所有墙体，对应的砖基础将自动生成，如图 16-2-30 所示，三维图如图 16-2-31 所示。

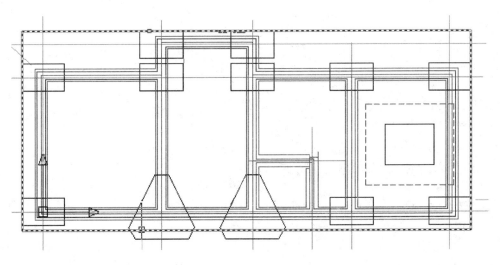

图 16-2-30

453

（4）地圈梁布置

圈梁属于寄生构件，因此必须在墙体上布置，属性定义和布置方法与砖石条基相同。

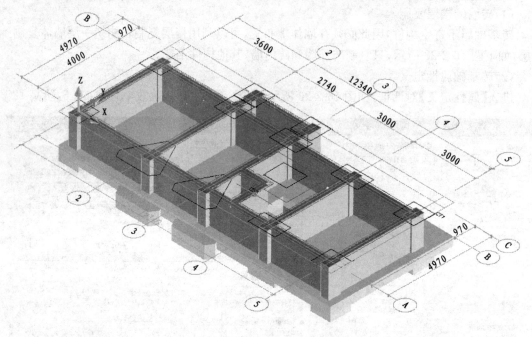

图 16-2-31

第 17 章　实例 CAD 转化

17.1　命　令　解　析

　　CAD 电子文档指的是从设计部门拷贝来的设计文件（磁盘文件），这些文件应该是 dwg 格式的文件（AutoCAD 的图形文件），本软件可以采用两种方式把他们转化为算量平面图。

　　(1)自动转化。如果您拿到的 CAD 文件是使用 ABD5.0 绘制的建筑平面图，本系统可以自动将它转换成算量平面图，转换以后，算量平面图中包含轴网、墙体、柱、门窗，建立起了基本的平面构架，交互补充工作所剩无几，极大地提高建模的速度。

　　(2)交互式转换。如果您拿到的 CAD 文件不是由 ABD5.0 产生的，有两种方法提高效率。

　　①可以使用本系统提供的交互转换工具，将他们转换成算量平面图。交互转换以后，算量平面图中包含轴网、墙体、柱、梁、门窗。尽管这种转换需要人工干预，但是与完全的交互绘图相比，建模效率明显提高，并且建模的难度会明显降低。

　　②调入 CAD 文件后，用鲁班算量的绘构件工具，直接在调入的图中描图。

　　本软件支持 CAD 数据转换，并且提倡用户使用此功能。同时我们要提醒用户在以下问题上能有一个正确的认识：正确的计算工程量，应该使用具有法定依据的以纸介质提供的施工蓝图，而用磁盘文件方式提供的施工图纸，只是设计部门设计过程中的中间数据文件，可能与蓝图存在差异，找出这种差异，是您必须要进行的工作。下列因素可能导致差异的存在。

　　①在设计部门，从磁盘文件到蓝图要经过校对、审核、整改。

　　②交付到甲方以后，要经过多方的图纸会审，会审产生的对图纸的变更，直接反映到图纸上。

　　③其他因素，现阶段各设计单位、甚至同一单位不同的设计人员，表达设计思想和设计内容的习惯相差很大，设计的图纸千差万别，因此转化过程中会遇到不同的问题，这就需要灵活运用，将转化与描图融为一体。

　　dwg 文件转化等工具的使用：在下拉菜单的【CAD 转化】栏目中，设置了一些工具，从而增强了软件的功能。

17.2　步　骤　操　作

17.2.1　调入图纸(注：请学员练习时从 www.JNQS.com 网站下载电子版图纸)

　　(1)首先我们找到需要转化的图纸（一层平面图为例），见图 17-2-1，框选这张图纸。注意最好从右往左框选，然后点击鼠标右键，选择【带基点复制】，此时命令行提示：copybase 指定基点,那么我们就选择 CAD。图中 1 轴和 A 轴的交点为基点,如图 17-2-2 所示。

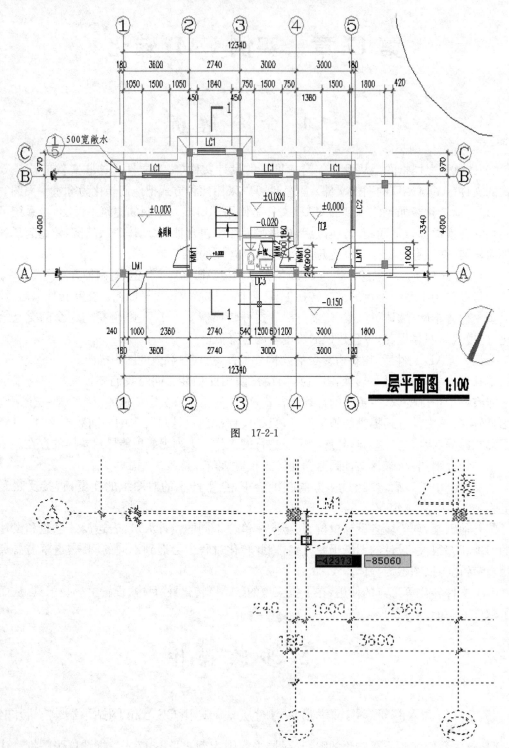

图 17-2-1

图 17-2-2

此时图形上会出现很多夹点,就表示带基点复制成功,见图 17-2-3 所示。

图　17-2-3

　　(2)然后我们切换到鲁班软件当中,在绘图区点击鼠标右键选择粘贴,将图纸布置在坐标原点。方法就是在命令行输入 0,0,0 回车 指定插入点: 0, 0, 0 。注意要在英文状态下输入。这样,图纸的1轴和 A 轴的交点就会被定位在 XY 坐标原点上,见图 17-2-4。

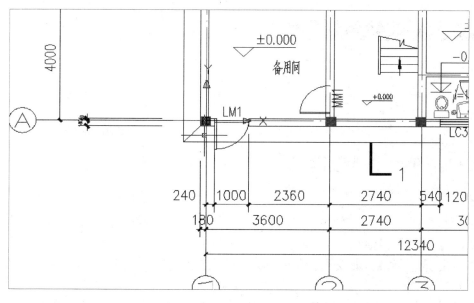

图　17-2-4

17.2.2 转化轴网

(1)首先点击 CAD转化(D) 下拉菜单,选择【转化轴网】,其中轴网转化类型分为主轴和辅轴。

主轴是指在本层所创建的轴网其他几层同时也被建立好。辅轴是指在本层所创建的轴网只有本层所有,其他层没有被建立。那么我们一般可以根据需要选择对应的类型。根据本工程实际我们选择转化类型为辅轴。选择主轴后会弹出转化轴网对话框,见图17-2-5。

(2)然后我们点击【轴符层】下面的【提取】按钮,在CAD图中选一个轴符,见图17-2-6。

图 17-2-5

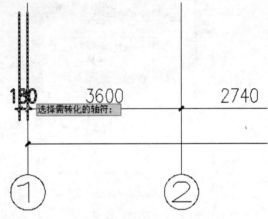

图 17-2-6

(3)点击所选轴符后,轴符图层消失,然后点击右键所选图层就进入到轴符层的列表中,见图17-2-7。

(4)接下来再提取【轴线层】下面的【提取】按钮,在图中选择一根轴线,见图17-2-8。

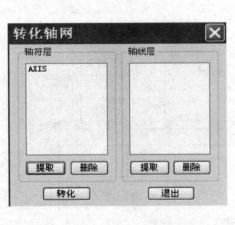

图 17-2-7

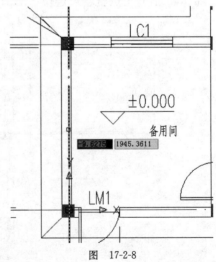

图 17-2-8

(5)点击所选轴线后,轴线图层消失,然后点击右键所选图层就进入到轴线层的列表中,见图17-2-9。

(6)最后点击下面的【转化】按钮,轴网就转化完成。我们可以点击 打开构件显示栏,把

※ ☑ CAD图层 图层的勾去掉，关闭 CAD 图，即可看到转化好的轴网，见图 17-2-10。

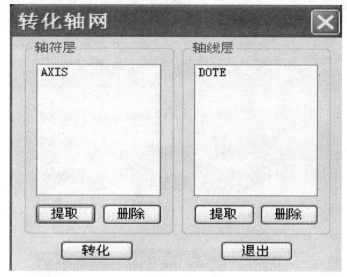

图　17-2-9

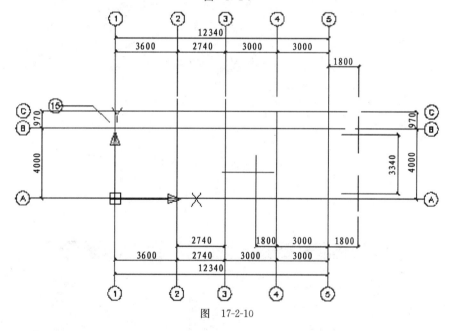

图　17-2-10

17.2.3　转化墙

(1)首先点击 CAD转化(D)，选择【转化墙体】，弹出【转化墙】的对话框，见图 17-2-11。

设置一下【形成墙体合并的最大距离】。这个合并距离是指门窗洞口处墙体两端的合并距离。一般我们取图形中最大的门窗洞口间距即可。点击【图中量取】按钮，在图形中找到最大的门窗洞口，量取这个门窗的洞口宽度。工程中最大的是 LC2，直接量取它的宽度，见图 17-2-12。

(2)点击【添加】按钮，弹出图层提取框，见图 17-2-13。

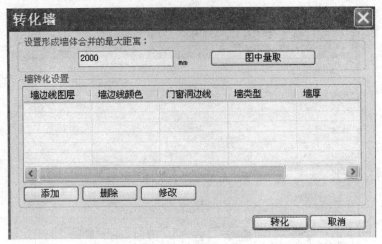

图 17-2-11

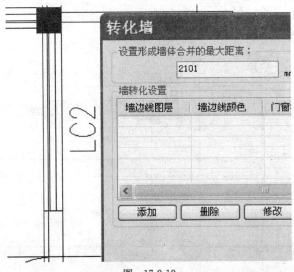

图 17-2-12

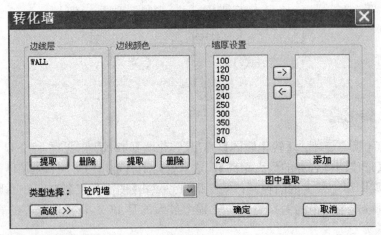

图 17-2-13

原理和转化轴网类似,先点击【边线层】提取,在图形中选择一段墙边线,见图17-2-14。

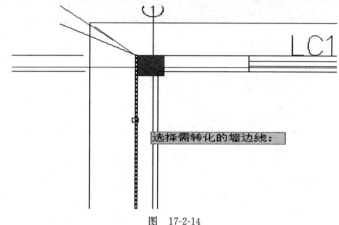

图 17-2-14

(3)点击左键后墙边线图层消失,点击右键后所选图层就被列入到列表中了,见图17-2-15。

然后点击【边线颜色】下面的【提取】,再在图形中选择一根墙边线,点击右键。图层颜色信息就被提取到列表中,见图17-2-16。

图 17-2-15

图 17-2-16

(4)接下来设置【墙厚设置】,本工程墙厚为240和120,在左边列表中选择240和120的厚度,点击[→]将厚度列入到右边的列表中,见图17-2-17。或者用【图中量取】在图中量取厚度,点击【添加】设置墙厚。

(5)在【类型选择】中,我们选择【砖外墙】,见图17-2-18。

点击【确定】按钮,转化墙的图层编辑框自动关闭,编辑信息进入到【提取墙】对话框中,见图17-2-19。

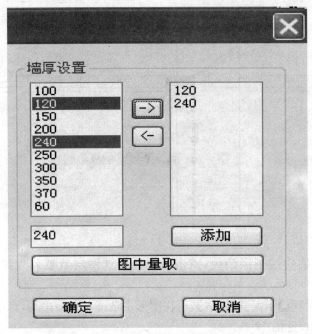

图　17-2-17

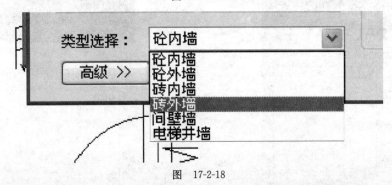

图　17-2-18

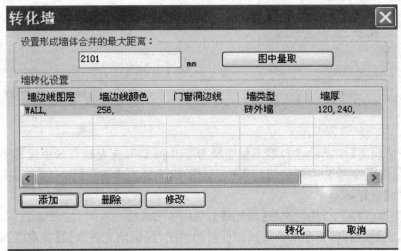

图　17-2-19

（6）点击【转化】按钮，墙体转化完成，见图 17-2-20。

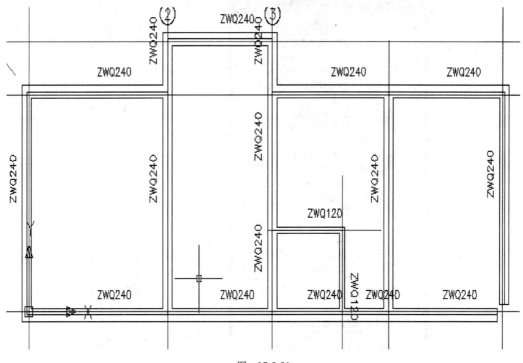

图 17-2-20

（7）转化好墙后我们还需要对墙体进行修补。比如 5 轴与 A 轴处的墙体缺了一个角，那么我们可以用 命令来调整。首先点击【构件】命令，根据命令行提示选择一段墙体，见图 17-2-21。再选择另一段墙体，见图 17-2-22。那么墙体就自动闭合在一起了，见图 17-2-23。

图 17-2-21　　　　　　　图 17-2-22

同理 1 轴和 A 轴处也这样处理一下。

（8）墙体修补完成后我们还要将内墙部分的砖外墙换成内墙。

该工程中内墙部分有两种墙厚，因此更换起来要有一点技巧。首先点击 命令，根据命令行提示选择需要更改的构件，那么我们先左键选择内墙部分的一段砖外墙，见图 17-2-24。

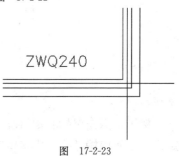

图 17-2-23

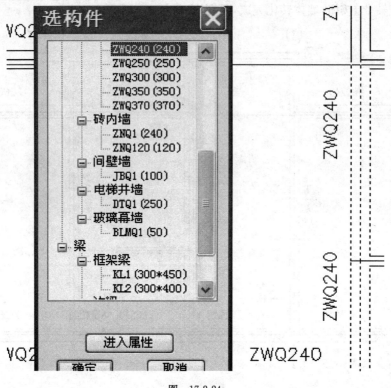

图　17-2-24

在英文输入法状态下输入"S"，此时命令行：已转为选择相同名称状态。注意：按 S 的时候不要回车。然后我们在内墙区域框选图形，软件就会自动只选择 ZWQ240，ZWQ120 则不被选中，见图 17-2-25。

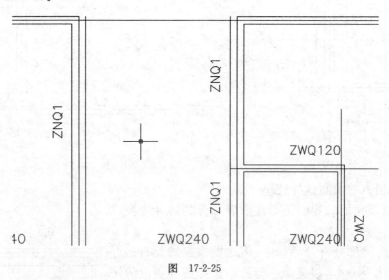

图　17-2-25

接下来点击鼠标右键，弹出【选构件】对话框。点击【进入属性】，在【属性定义】→【墙体】里定义一个砖内墙 240（ZNQ240）和砖内墙 120（ZNQ120），见图 17-2-26。

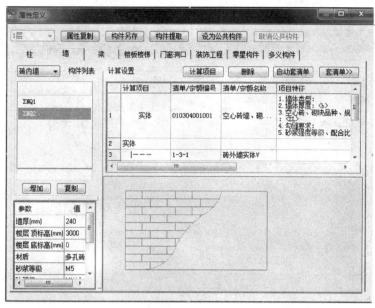

图 17-2-26

　　然后关闭【属性定义】对话框,【选构件】的列表中就有 ZNQ240 和 ZNQ120 这两种墙体了。选择 ZNQ240 点击右键确定,则内墙部分的 ZWQ240 被替换成了砖内墙 ZNQ240,见图 17-2-27。

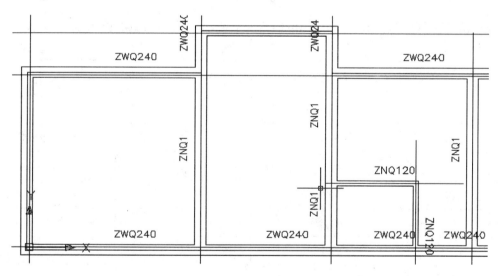

图 17-2-27

上述步骤把 ZWQ120 替换成 ZNQ120。

17.2.4　转化门窗

(1)转化门窗前先要转化门窗表,将门窗的尺寸信息提取到软件中。

①在 CAD 图中找到门窗表,利用【带基点复制】或者【复制】把门窗表复制到软件中。然

后点击 CAD转化(D) 下拉菜单中的【转化表】对话框,见图 17-2-28。

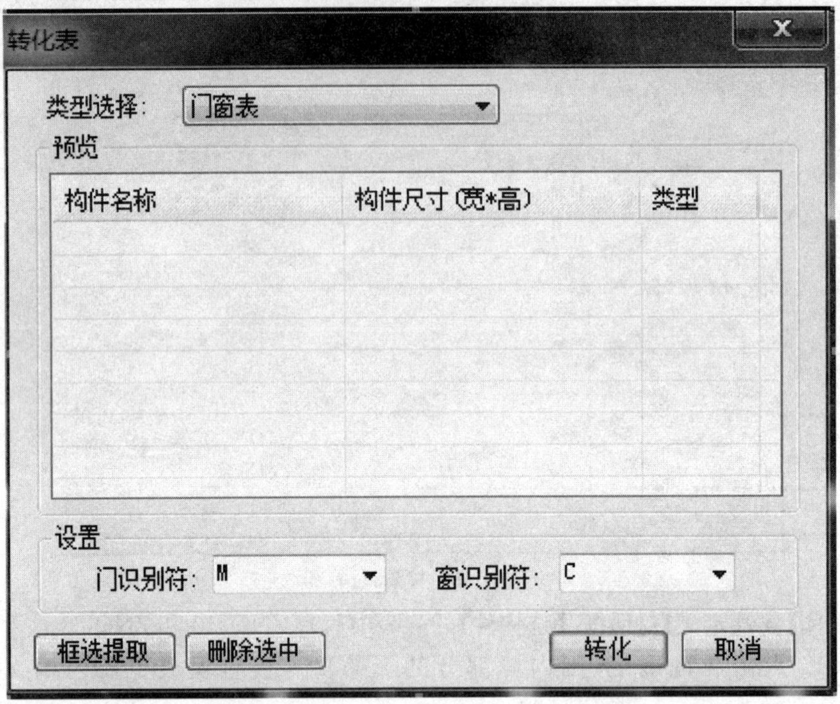

图 17-2-28

②点击 框选提取 按钮,在复制进来的门窗表中框选门窗名称、宽度信息,见表 17-2-1。

门 窗 表   表 17-2-1

门 窗 名	洞 口 尺 寸 宽×高	樘 数	备 注
LC1	1500×1500	4	铝合金推拉窗
LC2	2100×1500	1	铝合金推拉窗
LC3	1200×1500	1	铝合金推拉窗
LM1	1000×2400	2	铝合金乎开门
MM1	900×2100	1	木门
MM2	700×2100	1	木门
GM1	700×1800	1	钢板门

注意:框选时不要框到多余信息,以免软件识别不到尺寸。

③框选完成后门窗尺寸就进到列表中,见图 17-2-29。

④最后点击【转化】,门窗的信息就进入到软件的属性中,见图 17-2-30。

(2)门窗表转化完成后,现在开始转化门窗。首先点击 CAD 转化下拉菜单,选择【转化门

图 17-2-29

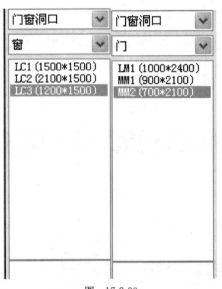

图 17-2-30

窗】弹出【转化门窗墙洞】对话框,见图17-2-31。原理和转化轴网、转化墙体相同。

　　①首先点击【标注层】下面的【提取】按钮。在图形中选择一个门窗标注,见图17-2-32。

　　②点击左键后门窗标注图层消失,点击右键后所选图层就进入到列表中,见图17-2-33。

　　③然后再提取【边线层】,点击边线层下面的【提取】按钮。在图形中选择任意一个门窗的边线,见图17-2-34。

　　④点击左键后门窗边线图层消失,再点击右键所选图层就进入到列表中,见图17-2-35。

　　⑤最后点击【转化】,门窗转化完成,见图17-2-36。

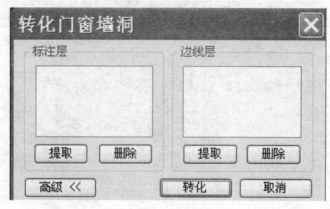

图　17-2-31

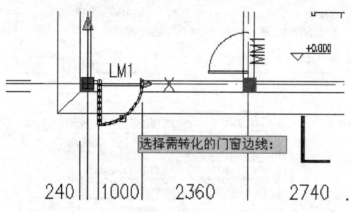

图　17-2-32

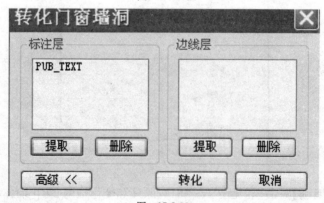

图　17-2-33

17.2.5 柱转化

对于建筑平面图而言,所能转化的内容已经结束,接下来需要转化结构部分。因此需要先将现在界面上的建筑图清除。

(1)首先点击 CAD转化⑩ 下拉菜单,选择【清除多余图形】,那么界面中所有的 CAD 图文件都被清除掉了。然后我们再利用带基点复制调入柱图,见图 17-2-37。注意基点选择 1 轴和 A 轴

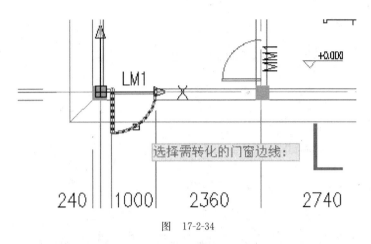

图 17-2-34

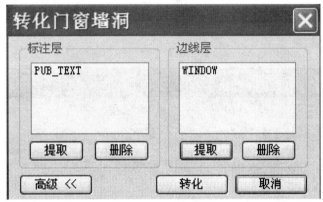

图 17-2-35

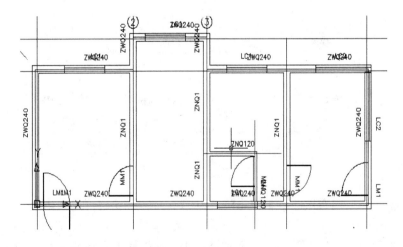

图 17-2-36

的交点,利用(0,0,0)坐标将柱图与已经转化好的墙拼接在一起。

(2)接下来就可以开始转化。首先点击下拉菜单,选择【转化柱状构件】,弹出【转化柱】对话框,见图17-2-38。

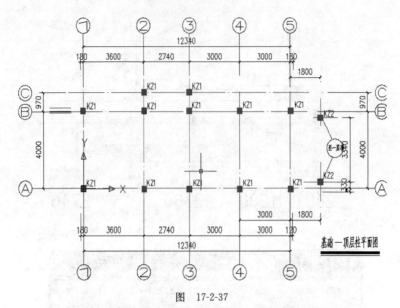

图 17-2-37

图 17-2-38

(3)类型选择中选择【混凝土柱】,点击【标注层】下面的【提取】,在图形中选择一个柱名称,见图 17-2-39。

(4)点击左键后柱名称图层消失,点击右键后所选图层就进入到列表中,见图 17-2-40。

(5)然后再点击【边线层】下面的【提取】按钮。在图形中选择一个柱的边线,见图 17-2-41。

(6)点击左键后柱边线图层消失,再点击右键后所选图层就进入到列表中,见图 17-2-42。

(7)最后点击【转化】,柱转化完成,见图 17-2-43。

注意:【转化柱状构件】命令还可以用来转化基础
承台。本工程基础层的承台转化与上述柱的转化方
式类似。

17.2.6 转化梁

(1)柱图转化完成后就可以将柱结构 CAD 图纸
清除掉。

①首先点击 CAD转化(D) 下拉菜单,选择【清除多余图
形】,那么界面中所有的 CAD 图文件都被清除掉了。

②然后我们再利用带基点复制调入二层梁图,见
图 17-2-44。注意基点选择 1 轴和 A 轴的交点,利用
0,0,0 坐标将柱图与已经转化好的墙拼接在一起。

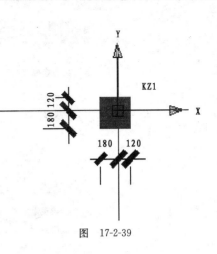

图　17-2-39

图　17-2-40

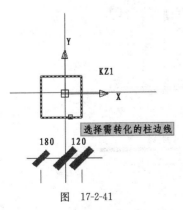

图　17-2-41

(2)接下来可以开始进行转化梁的操作。首先点击
CAD转化(D) 下拉菜单,选择【转化梁】,弹出【转化方式选择】对
话框,这里有三种转化方式,见图 17-2-45。

其中:第一种适用在梁图中以平法标注的形式表示梁
信息的图纸转化;第二种适用在以梁表或者梁断面的形式
表示梁信息的图纸转化;第三种适用在没有梁标注只有梁
边线的图纸转化。

本工程适用第一种,选择第一种转化方式,点击【下一
步】,弹出图层提取框,见图 17-2-46。

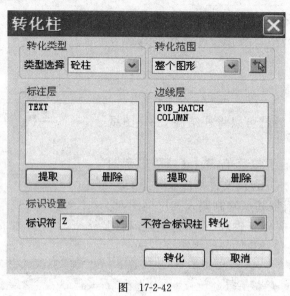

图 17-2-42

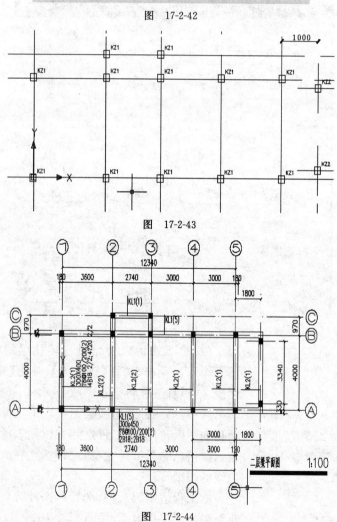

图 17-2-43

图 17-2-44

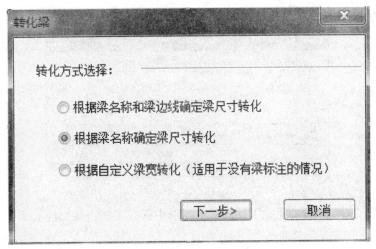

图 17-2-45

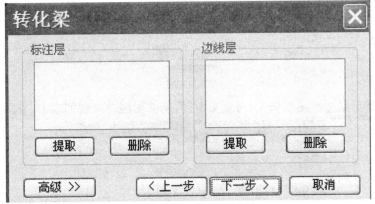

图 17-2-46

①首先点击【标注层】下面的【提取】按钮,选择图形中一个梁的标注,见图 17-2-47。

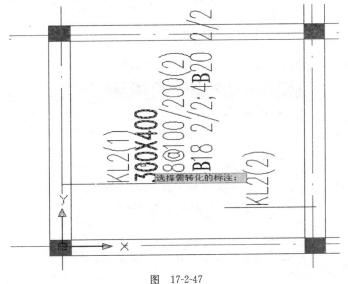

图 17-2-47

②点击左键后标注层消失,再点击右键后所选图层就进入到列表中,见图 17-2-48。

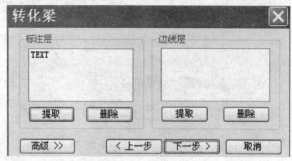

图 17-2-48

③再点击【边线层】下面的【提取】按钮,在图形中选择梁的边线,见图 17-2-49。

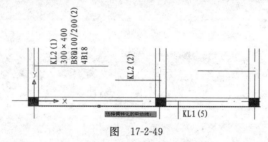

图 17-2-49

④点击左键后梁边线图层消失,再点击右键,所选图层进入到列表中,见图 17-2-50。

图 17-2-50

⑤然后点击【下一步】弹出【构件名称识别符】对话框,见图 17-2-51。

图 17-2-51

⑥框架梁、次梁名称与图纸上名称对应即可,最后点击【转化】完成梁转化,见图17-2-52。

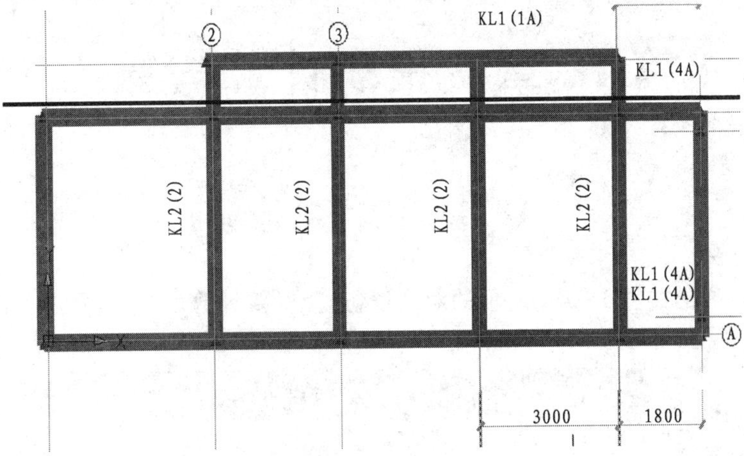

图　17-2-52

转化梁的操作,同样适用于转化基础梁。

小结:CAD转化是一个能大幅度提高建模速度的功能,大家首先要明白转化的原理,熟练转化的步骤,注意图层的提取,不要提错、提漏图层。同时要注意检查是否有转化失败的构件,如果有就利用基本命令进行修改、补充。

第18章　报表计算与输出

18.1　工程量计算

点击右边 ，弹出如图18-1-1所示的对话框，选择所要计算的构件项目打上对勾，点击【确定】，进行计算。

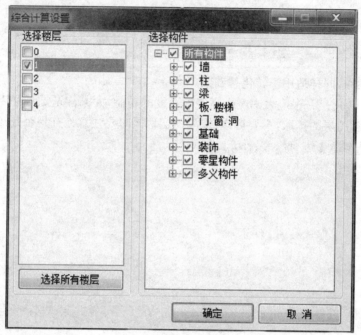

图　18-1-1

计算完毕后出现如图18-1-2所示的对话框。

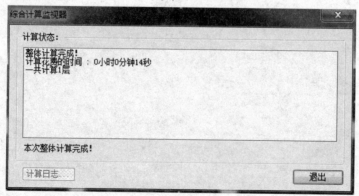

图　18-1-2

18.2 报表输出及检查

(1)查看报表,点击,查看构件工程量,如图 18-2-1 所示。

序号	项目编码	项目名称	计量单位	工程量	金额(元) 单价	合价	备注
		A.4 混凝土及钢筋混凝土工程					
1	010402001001	矩形柱 1.柱高度: 0 2.柱截面尺寸: 3.混凝土强度等级: C30 4.混凝土拌和料要求:	m³	0.40			
2	010403002001	矩形梁 1.梁底标高: 2350 2.梁截面: 3.混凝土强度等级: C30 4.混凝土拌和料要求:	m³	0.92			
3	010405001001	有梁板 1.板底标高: 2.板厚度: 120 3.混凝土强度等级: C30 4.混凝土拌和料要求:	m³	5.04			
4	010405008001	雨篷、阳台板 1.混凝土强度等级: C30 2.混凝土拌和料要求:	m³	0.07			
5	010407002001	散水、坡道 1.垫层材料种类、厚度: 2.面层厚度: 3.混凝土强度等级: C30 4.混凝土拌和料要求: 5.填塞材料种类:	m²	15.94			
		B.1 楼地面工程					
6	020105001001	水泥砂浆踢脚线 1.踢脚线高度: 150 2.底层厚度、砂浆配合比: 3.面层厚度、砂浆配合比:	m²	3.84			
		B.2 墙、柱面工程					
7	020201001001	墙面一般抹灰 1.墙体类型: 2.底层厚度、砂浆配合比: 3.面层厚度、砂浆配合比: 4.装饰面材料种类: 5.分格缝宽度、材料种类:	m²	113.72			

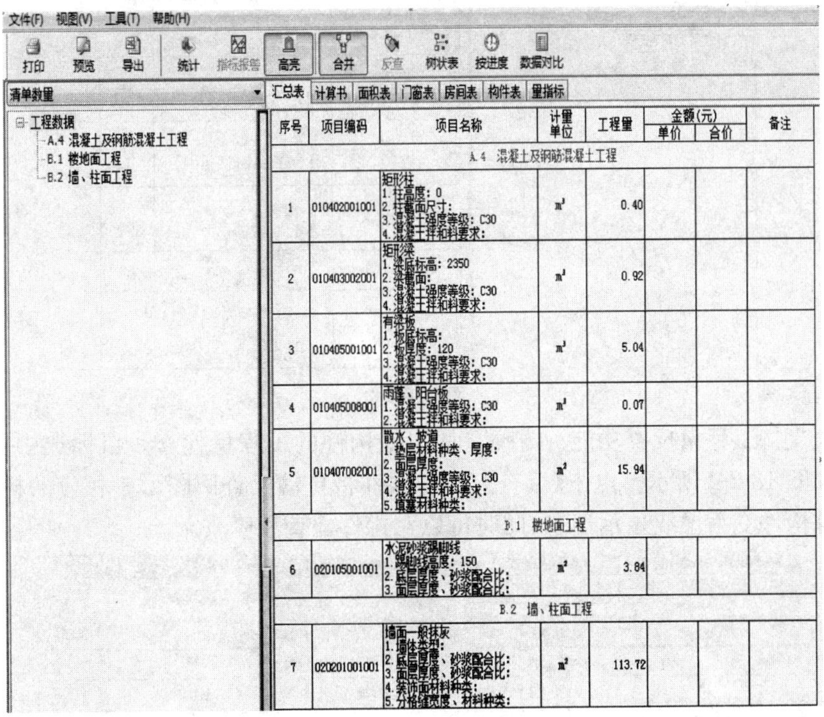

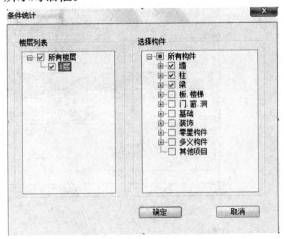

图 18-2-1

在图 18-2-1 中我们可以选择任何形式的报表样式 汇总表 计算书 面积表 门窗表 房间表 构件表 量指标 ,点击任何一个按钮,报表将以此形式展现出来。

(2)同时软件支持条件统计功能,例如我只想看此工程 1 层墙体和门窗的工程量,点击,弹出图 18-2-2 所示对话框。

图 18-2-2

1 层混凝土及钢筋工程量如图 18-2-3 所示。

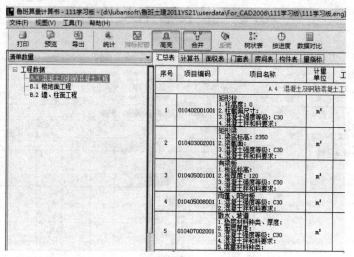

图 18-2-3

(3)报表支持工程量反查功能。方便一些出错构件的工程量检查。鼠标选中要反查工程量的构件,如图 18-2-4 所示。点击【反查】命令,软件将自动反查回图形中相应的构件,出现反查结果,并且构件变为虚线显示出来,此时可以对构件检查和修改。

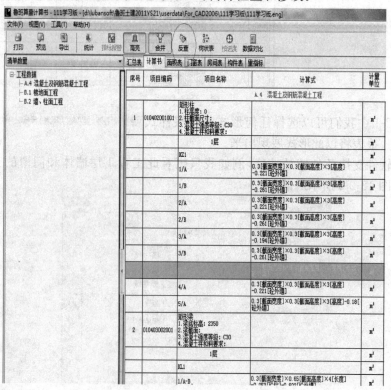

图 18-2-4

(4)报表支持直接打印和导出到 Excel。

第 19 章　软件使用技巧分享

19.1　土建导入钢筋

（1）土建导出模型：土建建模完成后可以直接点击软件左上角 ⬛ 工程(F) →【导出】→选择存放位置→选择对象（任意一根轴线）→点击右键确定→正在导出→导出完成→确定，如图 19-1-1～图 19-1-4 所示。

图　19-1-1

图　19-1-2

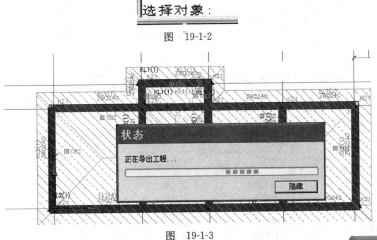

图　19-1-3

图　19-1-4

（2）钢筋导入土建模型：

点击钢筋左上角 ⬛工程(F) →【LBIM 导入】→选择文件存放位置→在文件名处点击打开—选择导入方式—选择需要导入的构件—点击【确定】→提示所选构件将被清空（确定）→提示整体导入前先保存工程→选择存放位置→正在导入→导入完成→【确定】。操作步骤如图 19-1-5～图 19-1-12 所示。

图 19-1-5

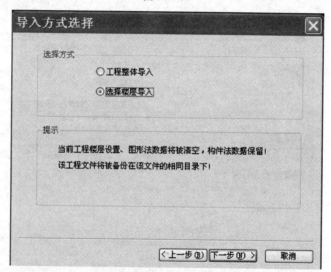

图 19-1-6

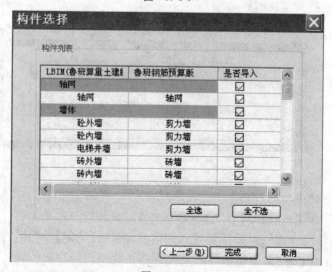

图 19-1-7

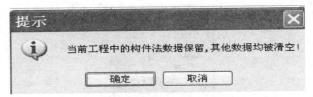

图 19-1-8

图 19-1-9

图 19-1-10

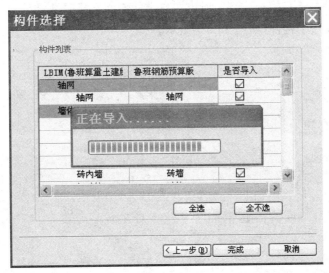

图 19-1-11

图 19-1-12

土建模型导入钢筋后的工程图,如图 19-1-13 所示。

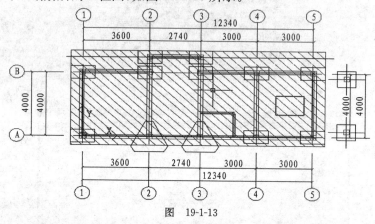

图 19-1-13

注:土建和钢筋的互导功能大大提高我们的建模速度,鲁班软件在 LBIM 导入和导出上功能强大,我门要充分利用其强大的功能。

19.2 自定义线性构件

当遇到一些比较复杂造型的构件时,软件中可能没有这种形式的剖面,我们可以使用自定义线性构件,软件是基于 CAD 平台的,所以在自定义剖面上是非常灵活的。

(1)例如自定义一个构件,如图 19-2-1 所示。

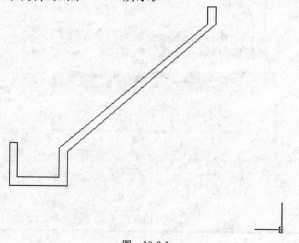

图 19-2-1

①提取图形。【属性】→【自定义断面】→【创建】，如图 19-2-2 所示。

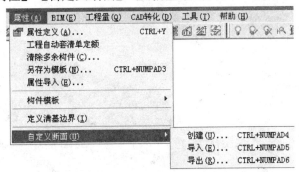

图　19-2-2

②在自定义线性构件里→天沟 4（单击右键）→提取图形→框选图形→指定基准点→可以修改构件尺寸→保存，如图 19-2-3 所示。

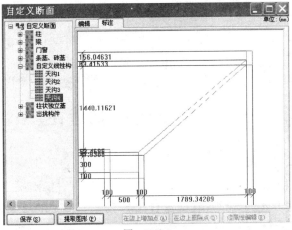

图　19-2-3

（2）图形已被提取进来。

①属性定义并画构件，如图 19-2-4 所示。

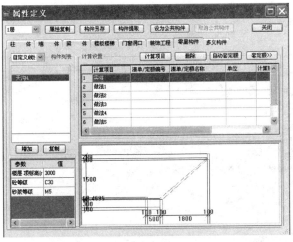

图　19-2-4

②属性定义完毕后关闭,在零星构件里选择布檐沟,开始画构件,如图 19-2-5 所示。

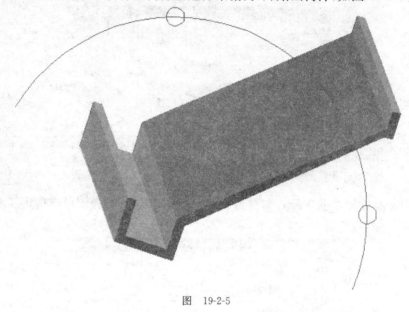

图 19-2-5

19.3 智能布置构造柱

软件可以根据图纸总说明里的各种条件,智能在图形上自动生成构造柱。按判断条件的优先等级,进行多次判断,智能生成构造柱。在左边中文工具栏点击 智能构柱 ,根据图纸进行属性设置并且选择生成方式,然后点击【确定】,如图 19-3-1、图 19-3-2 所示。

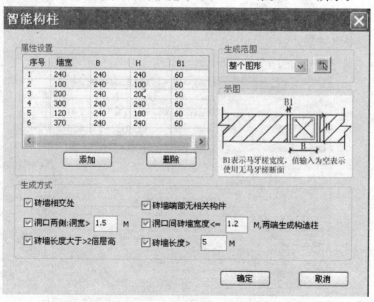

图 19-3-1

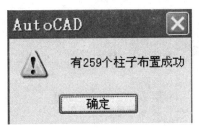

图　19-3-2

19.4　灵活运用 CAD 命令

通过按钮来实现鲁班与 CAD 界面的切换，CAD 常用命令鲁班中都可用，如【镜像】、【阵列】、【移动】、【S 命令】等。

19.5　工　程　合　并

一个工程由多人合作，可以合并工程，如图 19-5-1 所示。

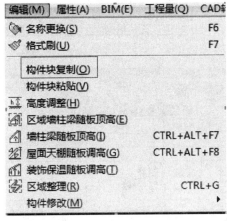

图　19-5-1

19.6　浮动显示开关

点击右边工具栏中的按钮，然后把鼠标放到想要看其属性的构件上，那此构件的所有属性、工程量、定额号、标高都会显示出来，如图 19-6-1 所示。

19.7　报表的反查功能

工程量报表支持各种形式，并且可以通过【反查】命令返回到图形中检查构件及其工程量，如图 19-7-1 所示。

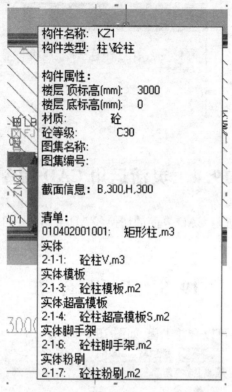

构件名称: KZ1
构件类型: 柱\砼柱

构件属性:
楼层 顶标高(mm): 3000
楼层 底标高(mm): 0
材质: 砼
砼等级: C30
图集名称:
图集编号:

截面信息: B,300,H,300

清单:
010402001001: 矩形柱,m3
实体
2-1-1: 砼柱V,m3
实体模板
2-1-3: 砼柱模板,m2
实体超高模板
2-1-4: 砼柱超高模板S,m2
实体脚手架
2-1-6: 砼柱脚手架,m2
实体粉刷
2-1-7: 砼柱粉刷,m2

图 19-6-1

鲁班算量计算书 - 111学习版 - [d:\lubansoft\鲁班土建2011YS21\userdata\For_CAD2006\111学习版\111学习版.eng]

文件(F) 视图(V) 工具(T) 帮助(H)

打印 预览 导出 统计 指标报告 高亮 合并 反查 树状表 按比例 数据对比

清单数量 ▼ 汇总表 计算书 面积表 房间表 构件表 量指标

序号	项目编码	项目名称	计算式	计量单位	工程量	备注
		B/1-2	0.3[截面宽度]×0.65[截面高度]×3.6[长度]-0.053[砼柱]-0.539[砼外墙]	m²	0.11	
		C/2-3	0.3[截面宽度]×0.65[截面高度]×2.74[长度]-0.053[砼柱]-0.398[砼外墙]	m²	0.08	
3	010405001001	有梁板 1.板底标高: 2.板厚度: 120 3.混凝土强度等级: C30 4.混凝土拌和料要求:		m³	5.04	
		1层		m²	5.04	
		LB2		m²	5.04	
		1-2/A-B	3.6[长]×4[宽]×0.12[厚度]-0.221[砼外墙]-0.042[框架梁]	m²	1.47	
		2-3/A-B	2.74[长]×4[宽]×0.12[厚度]-0.195[砼外墙]-0.037[框架梁]	m²	1.08	
		2-3/B-C	2.74[长]×0.97[宽]×0.12[厚度]-0.104[砼外墙]-0.019[框架梁]	m²	0.20	
		3-4/A-B	3[长]×4[宽]×0.12[厚度]-0.293[砼外墙]-0.054[框架梁]	m²	1.09	
		4-5/A-B	3[长]×4[宽]×0.12[厚度]-0.203[砼外墙]-0.039[框架梁]	m²	1.20	
4	010405008001	雨篷、阳台板 1.混凝土强度等级: C30 2.混凝土拌和料要求:		m²	0.07	
		1层		m²	0.07	
		YP1		m²	0.02	
		1-2/B-C	0.228[面积]×0.1[厚度]	m²	0.02	
		YT1		m²	0.05	
		3-4/B-C	0.494[面积]×0.1[厚度]	m²	0.05	
5	010407002001	散水、坡道 1.垫层材料种类、厚度: 2.面层厚度: 3.混凝土强度等级: C30 4.混凝土拌和料要求: 5.变形缝材料种类:		m²	15.94	
		1层		m²	15.94	
		SS1		m²	15.94	
		1-5/A-C	0.5[宽度]×19.281[长度]	m²	9.64	

图 19-7-1